高等学校计算机应用规划教材

SQL Server 2012
数据库应用与开发教程
(第三版)

卫 琳 主编

唐国良 李冬芳 姚瑶 副主编

清华大学出版社

北 京

内 容 简 介

本书全面讲述了 Microsoft SQL Server 关系型数据库管理系统的基本原理和技术。全书共分为 13 章,深入介绍了 Microsoft SQL Server 2012 系统的基本特点、安装和配置技术、Transact-SQL 语言、安全性管理、数据库和数据库对象管理,以及索引、数据更新、规则与完整性约束、数据库备份和恢复、系统数据库备份和恢复、视图、存储过程、触发器、分区管理、事务锁和游标等内容。

本书内容丰富、结构合理、思路清晰、语言简练流畅、示例翔实。主要面向数据库初学者,适合作为各种数据库培训班的培训教材、高等院校计算机专业学生的数据库教材,还可作为 Microsoft SQL Server 应用开发人员的参考资料。

本书的电子教案、实例源文件和习题答案可以到 http://www.tupwk.com.cn/downpage 网站下载。

图书在版编目(CIP)数据

SQL Server 2012 数据库应用与开发教程 / 卫琳主编. —3 版. —北京:清华大学出版社,2014
(2019.5 重印)
(高等学校计算机应用规划教材)
ISBN 978-7-302-37675-0

Ⅰ.①S… Ⅱ.①卫… Ⅲ.①关系数据库系统—高等学校—教材 Ⅳ.①TP311.138

中国版本图书馆 CIP 数据核字(2014)第 185204 号

责任编辑:胡辰浩   袁建华
装帧设计:孔祥峰
责任校对:成凤进
责任印制:宋   林

出版发行:清华大学出版社
　　　网　　　址:http://www.tup.com.cn,http://www.wqbook.com
　　　地　　　址:北京清华大学学研大厦 A 座　　　邮　　编:100084
　　　社 总 机:010-62770175　　　　　　　　　邮　　购:010-62786544
　　　投稿与读者服务:010-62776969,c-service@tup.tsinghua.edu.cn
　　　质 量 反 馈:010-62772015,zhiliang@tup.tsinghua.edu.cn
　　　课 件 下 载:http://www.tup.com.cn,010-62794504

印 装 者:三河市君旺印务有限公司
经　　销:全国新华书店
开　　本:185mm×260mm　　　印　　张:22.5　　　字　　数:519 千字
版　　次:2007 年 9 月第 1 版   2014 年 8 月第 3 版　　印　　次:2019 年 5 月第 5 次印刷
定　　价:59.00 元

产品编号:050586-02

前　言

信息技术的飞速发展大大推动了社会的进步，已经逐渐改变了人类的生活、工作和学习方式。数据库技术和网络技术是信息技术中最重要的两大支柱。自从 20 世纪 70 年代以来，数据库技术的发展使得信息技术的应用从传统的计算方式转变到了现代化的数据管理方式。在当前热门的信息系统开发领域，如管理信息系统(Management Information System，MIS)、企业资源计划(Enterprise Resource Planning，ERP)、供应链管理系统(Supply Chain Management System，SCMS)、客户关系管理系统(Customer Relationship Management System，CRMS)等，都可以看到数据库技术应用的影子。

作为一个关系型数据库管理系统，Microsoft SQL Server 起步较晚。但是，由于 Microsoft SQL Server 产品不断地采纳新技术来满足用户不断增长和变化的需要，该产品的功能越来越强大、用户使用起来越来越方便、系统的可靠性也越来越高，从而使该产品的应用越来越广泛。在我国，Microsoft SQL Server 的应用已经深入到银行、邮电、电力、铁路、气象、民航、公安、军事、航天、财税、制造、教育等多个行业和领域。Microsoft SQL Server 为用户提供了完整的数据库解决方案，可以帮助用户建立自己的商务体系，增强用户对外界变化的敏捷反应能力，以提高用户的竞争力。

本书从 Microsoft SQL Server 2012 的基本概念出发，由浅入深地讲述了该系统的安装过程、服务器的配置技术、Transact-SQL 语言、系统安全性机制、数据库管理、各种数据库对象的管理，以及索引技术、数据更新技术、数据完整性技术、数据复制技术、数据互操作性技术、性能监视和调整技术、并发性技术等内容。在讲述 Microsoft SQL Server 的各种技术时，运用了丰富的实例，注重培养读者解决实际问题的能力并快速掌握 Microsoft SQL Server 的基本操作技术。

本书内容丰富、结构合理、思路清晰、语言简练流畅、示例翔实。每一章的开头都由某一场景导入问题，通过解决问题引出本章的知识点。在每一章的正文中，结合所讲述的关键技术和难点，精选大量极富实用价值的示例。每一章末尾都安排了有针对性的疑难解惑，典型习题有助于读者巩固所学的基本概念，培养读者的实际动手能力，增强对基本概念的理解和实际应用能力。

本书主要面向数据库初学者，可作为各种数据库培训班的培训教材、高等院校的数据库教材及各种数据库应用程序开发人员的参考资料。

本书是集体智慧的结晶，由卫琳任主编，唐国良、李冬芳、姚瑶任副主编，全书共分 13 章，其中卫琳编写第 7 章、第 8 章和第 9 章，李冬芳编写第 1 章、第 2 章和第 3 章，姚瑶编写第 4 章、第 5 章和第 10 章，李建芳编写第 6 章、第 11 章和第 12 章，唐国良编写了第 9 章和第 13 章，并与卫琳共同负责全书的统稿及修订工作。参加本书编写的人员还有石云、陶永才、曹仰杰、王秉宏、吴保东、高宇飞、张丹丹、向春阳、李俊艳、王亚敏、王会霞、王战红、何宗真、李文洁、丁雷道、王冬等人。由于作者水平有限，本书难免有不足之处，欢迎广大读者批评指正。我们的信箱是 huchenhao@263.net，电话是 010-62796045。

作　者
2014 年 6 月

目　　录

第1章 初识SQL Server 2012

微软公司发布的 Microsoft SQL Server 2012，是一款典型的关系型数据库管理系统。以其强大的功能、简便的操作和可靠的安全性，赢得了很多用户的认可，应用也越来越广泛。SQL Server 2012 是一个重大的新产品版本，它在原有版本的基础上，推出了许多新的特性和关键的改进，使得它成为至今为止最强大和最全面的 SQL Server 版本。该产品不仅可以有效地执行大规模联机事务，而且还能完成数据仓库和电子商务应用等许多具有挑战性的工作。Microsoft SQL Server 2012 不仅继承了微软产品的一贯特点，而且在性能、可靠性、实用性、可编程性、易用性等方面都远远超过了以前版本。本章主要介绍 SQL Server 2012 的特点、安装和配置以及常用管理工具的使用。

本章学习目标
- 了解 Microsoft SQL Server 2012 的重要特性和新增功能
- 了解 Microsoft SQL Server 2012 的安装方法
- 理解 SQL Server 体系结构的特点和数据库引擎的作用
- 理解数据库和组成数据库的各种对象的类型与作用
- 熟练掌握 SQL Server Management Studio 工具的使用
- 熟悉 SQL Server 2012 常用管理工具的使用

1.1 了解 SQL Server 2012 的优势

作为新一代的数据平台产品，SQL Server 2012 不仅延续了现有数据平台的强大能力，全面支持云技术与平台，并且能够快速构建相应的解决方案，实现私有云与公有云之间数据的扩展与应用的迁移。SQL Server 2012 提供了对企业基础架构最高级别的支持——专门针对关键业务应用的多种功能与解决方案提供最高级别的可用性及性能。在业界领先的商业智能领域，SQL Server 2012 提供了更多更全面的功能以满足不同人群对数据和信息的需求，包括支持来自于不同网络环境的数据的交互，全面的自助分析等创新功能。针对大数据以及数据仓库，SQL Server 2012 提供从数 TB，到数百 TB 的全面端到端的解决方案。作为微软的信息平台解决方案，SQL Server 2012 的发布，可以帮助数以千计的企业用户突破性地快速实现各种数据体验，完全释放对企业的洞察力。

1. 安全性和可用性高

全新的 SQL Server AlwaysOn 将灾难恢复解决方案与高可用性结合起来，可以在数据中心内部、也可以跨数据中心提供冗余，从而有助于在计划性停机和非计划性停机的情况下快速地完成应用程序的故障转移。

全新的 StreamInsignt 技术功能可以很好地迎合关键用户的需求，为其提供高可用的管理功能。

2. 超快的性能

(1) 内存中的列存储

通过在数据库引擎中引入列存储技术，SQL Server 成为第一个能够真正实现列存储的万能主流数据库系统。

(2) 全面改进全文搜索功能

SQL Server 2012 的全文搜索功能(Full-Text Search，FTS)拥有显著提高的查询执行机制，以及并发索引更新机制，从而使 SQL Server 的性能、可伸缩性得以改善。

(3) 扩展表格分区

目前，表格分区可扩展到 15000 个之多，从而能够支持规模不断扩大的数据仓库。

(4) 扩展事件增强

扩展事件功能中新的探查信息和用户界面使其在功能及性能方面的故障排除更加合理化。其中的事件选择、日志、过滤等功能得到增强，从而使其灵活性也得到了相应提升。

3. 企业安全性

(1) 审核增强

SQL Server 在审核功能方面的改进使其灵活性和可用性得到一定程度的增强，这能够帮助企业更加自如地应对合规管理所带来的问题。

(2) 针对 Windows 组提供默认架构

Windows 组可以和数据库架构相关联，简化了数据库架构的管理，削减了 Windows 用户管理数据库架构的复杂性。

(3) 用户定义的服务器角色

允许用户创建新的服务器角色，而且角色可以嵌套。使职责划分更加规范化。也使企业避免过多依赖 sysadmin 固定服务器角色。

(4) 包含数据库身份验证

数据库身份验证允许用户无需使用用户名就可以直接通过用户数据库的身份验证，从而使合规性得到增强。用户的登录信息(用户名和密码)不会存储在 Master 数据库中，而是直接存储在用户数据库中，这是非常安全的。因为用户在用户数据库中只能进行 DML 操作，而无法进行数据库实例级别的操作。

4．快速的数据发现

(1) 报表服务项目 PowerView

从业务主管到信息工作者，微软向各级用户提供基于网络的高交互式数据探索、数据可视化以及数据显示体验，这使得自助式报表服务成为现实。

(2) PowerPivot 增强

微软能够帮助企业释放突破性的业务洞察力。各级用户均得到授权，可以进行如下操作：访问并整合几乎来自任何数据源的数据、创建有说服力的报表以及分析应用程序。

5．方便易用

SQL Server 2012 为用户提供了图形化的管理工具，用户使用鼠标就可以创建数据库对象，降低了数据库设计的难度。

6．高效的数据压缩功能

SQL Server 2012 的压缩功能可以使数据量存储削减 50-60%，从而加快 I/O 处于高负荷状态下的工作速度，大幅度改善性能。

7．集成的开发环境

SQL Server 2012 在可用性、部署、管理这几个方面进行了增强。在对包进行故障排除、对比以及合并等操作时提供全新的报表，样例和教程的获取将会更加方便。集成服务包含了全新的清除转换功能，它与数据质量服务的数据质量知识库相集成。

对于不同规模的企业，SQL Server 集成服务(SSIS)均可以通过所提供的各种功能来提高它们在信息管理方面的工作效率，从而能够使企业实施在信息方面所做出的承诺，这有助于减少启用数据集成时可能出现的障碍。

1.2　了解 SQL Server 2012 的新功能

SQL Server 2012 数据库引入了一些新的功能，这些功能可以提高设计、开发和维护数据存储系统的架构师、开发人员和管理员的能力和工作效率。

SQL Server 2012 新增加的功能如下：

(1) AlwaysOn 技术

AlwaysOn 是 SQL Server 2012 全新的高可用灾难恢复技术，它将数据库的镜像提到了一个新的高度，用户可以针对一组数据库做灾难恢复而不是一个单独的数据库。它能够帮助企业在数据库故障时快速恢复，同时能够提供实时读写分离，保证应用程序性能的最大化。

(2) Windows Server Core 支持

Windows Server Core 是命令行界面的 Windows，使用 DOS 和 PowerShell 来做用户交互。它的资源占用更少，更安全，支持 SQL Server 2012。

(3) Columnstore 索引

列存储索引，是为数据仓库查询设计的只读索引。数据被组织成扁平化的压缩形式存储，极大地减少了 I/O 和内存使用。传统的数据库索引都采用行的形式进行存储，SQL Server 2012 引入先进的列存储索引技术，查询性能能够得到十倍至数十倍的提升，其中，星型联接查询及相似查询的性能提升幅度可以达到一百倍。

(4) 自定义服务器权限

DBA 可以创建数据库的权限，但不能创建服务器的权限。比如说，DBA 想要一个开发组拥有某台服务器上所有数据库的读写权限，必须手动地完成这个操作。但是 SQL Server 2012 支持针对服务器的权限设置。

(5) 增强的审计功能

所有的 SQL Server 版本都支持审计。用户可以自定义审计规则，记录一些自定义的时间和日志。

(6) BI 语义模型

这个功能是用来替代"Analysis Services Unified Dimentional Model"的。这是一种支持 SQL Server 所有 BI 体验的混合数据模型。

(7) Sequence Objects

一个序列(sequence)就是根据触发器能够实现自增值的 sequence 对象。Oracle 中有 sequence 的功能，SQL Server 类似的功能使用 Identity 列实现，但是有很大的局限性。在 SQL Server 2012 中，微软终于增加了 sequence 对象，功能和性能都有了很大的提高。

(8) 增强的 PowerShell 支持

所有的 Windows 和 SQL Server 管理员都应该认真地学习 PowderShell 的技能。微软正在大力开发服务器端产品对 PowerShell 的支持。

(9) 分布式回放(Distributed Replay)

此功能可以使用户记录生产环境的工作状况，然后在另外一个环境重现这些工作状况。该功能类似于 Oracle 的 Real Application Testing 功能。但需要额外购买。而 SQL Server 企业版自带了这个功能。

(10) Power View

Power View 是一个强大的自主 BI 工具，可以让用户创建 BI 报告。SQL Server 2012 商业智能提供了 Power View 可视化工具，迎合了 IT 消费化的趋势，使业务人员能够通过简洁易懂的形式使用商业智能，将数据转换为信息，更好地为企业决策服务。业务人员只需要进行简单的拖拽，就能在很短的时间内新建一个商业智能视图。生成的视图还可以快速导入 PowerPoint，业务人员可以安全地进行分享和汇报。

(11) SQL Azure 增强

这和 SQL Serve 2012 没有直接关系，但是微软确实对 SQL Azure 做了一个关键改进，例如，Reportint Service 备份到 Windows Azure。Azure 数据库的上限提高到了 150G。

(12) 大数据处理

针对大数据以及数据仓库，SQL Server 2012 提供了从数 TB 到数百 TB 全面端到端的解决方案。作为微软的信息平台解决方案，SQL Server 2012 可以帮助数以千计的企业用户突破性地快速实现各种数据体验，完全释放对企业的洞察力。

1.3　了解 SQL Server 2012 系统的体系结构

Microsoft SQL Server 2012 系统由 4 部分组成，这 4 个部分被称为 4 个服务，分别是数据库引擎、Analysis Services、Reporting Services 和 Integration Services，如图 1-1 所示。这些服务之间的关系如图 1-2 所示。

图 1-1　Microsoft SQL Server 2012 系统的体系结构

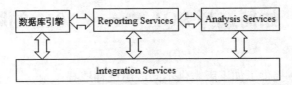

图 1-2　Microsoft SQL Server 2012 体系结构各组成部分间的关系

数据库引擎是用于存储、处理和保护数据的核心服务。利用数据库引擎可以控制访问权限并快速处理事务，从而满足企业内要求极高而且需要处理大量数据的应用需要。使用数据库引擎可以创建用于联机事务处理或联机分析处理数据的关系数据库。包括创建用于存储数据的表和用于查看、管理和保护数据安全的数据库对象(如索引、视图和存储过程)。可以使用 SQL Server Management Studio 管理数据库对象，使用 SQL Server Profiler 捕获服务器事件。

分析服务 Analysis Services Analysis Services 是一个针对个人、团队和公司商业智能的分析数据平台和工具集。服务器和客户端设计器通过使用 PowerPivot、Excel 和 SharePoint Server 环境,支持传统的 OLAP 解决方案、新的表格建模解决方案以及自助式分析和协作。Analysis Services 还包括数据挖掘,以便可以发现隐藏在大量数据中的模式和关系。

报表服务(SQL Server Reporting Services,简称为 SSRS)为用户提供了支持 Web 方式的企业级报表功能。Reporting Services 是基于服务器的报表平台,为各种数据源提供了完善的报表功能。Reporting Services 包含一整套可用于创建、管理和传送报表的工具以及允许开发人员在自定义应用程序中集成或扩展数据和报表处理的 API。Reporting Services 工具在 Microsoft Visual Studio 环境中工作,并与 SQL Server 工具和组件完全集成。使用 Reporting Services,可以从关系数据源、多维数据源和基于 XML 的数据源创建交互式、表格式、图形式或自由格式的报表。报表可以包含丰富的数据可视化内容,包括图表、地图和迷你图。开发人员可以发布报表、计划报表处理或按需访问报表。用户可以选择多种查看格式、将报表导出到其他应用程序(如 Microsoft Excel)以及订阅已发布的报表。我们创建的报表既可以通过基于 Web 的连接来查看,也可以作为 Microsoft Windows 应用程序或 SharePoint 站点的一部分来查看。我们还可以在发布到 SharePoint 站点的报表上创建数据警报并在报表数据更改时接收电子邮件。

集成服务(SQL Server Integration Services,简称 SSIS)是用于生成企业级数据集成和数据转换解决方案的平台。使用 Integration Services 可以解决复杂的业务问题,具体表现为:复制或下载文件,发送电子邮件以响应事件,更新数据仓库,清除和挖掘数据以及管理 SQL Server 对象和数据。这些包可以独立使用,也可以与其他包一起使用以满足复杂的业务需求。Integration Services 可以提取和转换来自多种源(如 XML 数据文件、平面文件和关系数据源)的数据,然后将这些数据加载到一个或多个目标。

1.4 如何选择 SQL Server 2012 的版本

SQL Server 2012 提供了如下版本供不同应用进行选择:

- 企业版 Enterprise(64 位和 32 位):作为高级版本,SQL Server 2012 Enterprise 版提供了全面的高端数据中心功能,性能极为快捷、虚拟化不受限制,还具有端到端的商业智能,可为关键任务工作负荷提供较高服务级别,支持最终用户访问深层数据。
- 商业智能版 Business Intelligence(64 位和 32 位):SQL Server 2012 Business Intelligence 版提供了综合性平台,可支持组织构建和部署安全、可扩展且易于管理的 BI 解决方案。它提供了基于浏览器的数据浏览与可见性等卓越功能、功能强大的数据集成功能,以及增强的集成管理。

- 标准版 Standard(64 位和 32 位)：SQL Server 2012 Standard 版提供了基本数据管理和商业智能数据库，使部门和小型组织能够顺利运行其应用程序并支持将常用开发工具用于内部部署和云部署，有助于以最少的 IT 资源获得高效的数据库管理。

- Web 版(64 位和 32 位)：对于为从小规模至大规模 Web 资产提供可伸缩性、经济性和可管理性的 Web 宿主和 Web VAP 来说，SQL Server 2012 Web 版本是一项总拥有成本较低的选择。

- 开发版 Developer(64 位和 32 位)：SQL Server 2012 Developer 版支持开发人员基于 SQL Server 构建任意类型的应用程序。它包括 Enterprise 版的所有功能，但有许可限制，只能用作开发和测试系统，而不能用作生产服务器。SQL Server Developer 是构建和测试应用程序的开发人员的理想之选。

- 简易版 Express 版(64 位和 32 位)：SQL Server 2012 Express 是入门级的免费数据库，是学习和构建桌面及小型服务器数据驱动应用程序的理想选择。它是独立软件供应商、开发人员和热衷于构建客户端应用程序的人员的最佳选择。如果以后需要使用更高级的数据库功能，则可以将 SQL Server Express 无缝升级到其他更高端的 SQL Server 版本。SQL Server 2012 中新增了 SQL Server Express LocalDB，这是 Express 的一种轻型版本，该版本具备所有可编程性功能，但在用户模式下运行，并且具有快速的零配置安装和必备组件要求较少等特点。

1.5　安装 SQL Server 2012

1.5.1　SQL Server 2012 安装环境需求

软件环境：SQL Server 2012 支持包括 Windows 7、Windows Server 2008 R2、Windows Server 2008 Service Pack 2 和 Windows Vista Service Pack 2。

硬件环境：SQL Server 2012 支持 32 位操作系统，至少 1GHz 或同等性能的兼容处理器，建议使用 2GHz 及以上处理器的计算机；支持 64 位操作系统，1.4GHz 或速度更快的处理器。最低支持 1GB RAM，建议使用 2GB 或更大的 RAM，至少 2.2GB 可用硬盘空间。

1.5.2　在 32 位 Windows 7 操作系统中安装 SQL Server 2012

SQL Server 2012 在 32 位 Windows 7 操作系统中的安装步骤如下：

(1) 根据微软的下载提示，32 位的 Windows 7 操作系统，只需下载列表最下面的 SQLFULL_x86_CHS_Core.box、SQLFULL_x86_CHS_Intall.exe 和 SQLFULL_x86_CHS_Lang.box 三个安装包即可，如图 1-3 所示。

图 1-3　"下载文件"页面

(2) 将下载的这 3 个文件放在同一个目录下，双击打开可执行文件 SQLFULL_x86_CHS_Intall.exe。系统解压缩之后打开另外一个安装文件夹 SQLFULL_x86_CHS。打开该文件夹，并双击 SETUP.EXE，开始安装 SQL Server 2012，如图 1-4 所示。

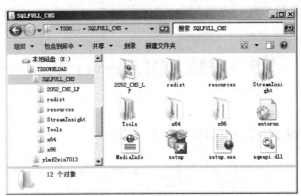

图 1-4　"安装文件夹"窗口

(3) 当系统打开"SQL Server 安装中心"时，说明我们可以开始正常地安装 SQL Server 2012 了。可以通过"计划"、"安装"、"维护"、"工具"、"资源"、"高级"、"选项"等进行系统安装、信息查看以及系统设置，如图 1-5 所示。

(4) 单击左侧的"安装"选项，然后选择右侧的第一项"全新 SQL Server 独立安装或向现有安装添加功能"并单击，通过向导一步步在"非集群环境"中安装 SQL Server 2012，如图 1-6 所示。

(5) 在安装之前，通过"安装程序支持规则"，检查系统中阻止 SQL Server 2012 成功安装的条件，以减少安装过程中报错的几率，如图 1-7 所示。

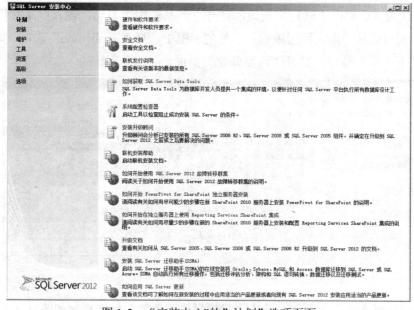

图 1-5　"安装中心"的"计划"选项页面

图 1-6　"安装中心"的"安装"选项页面

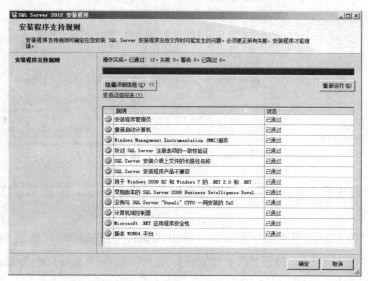

图 1-7　"安装程序支持规则"页面

(6) 检查通过后单击"确定"按钮，打开"产品密钥"界面，输入产品密钥。如果是体验版本，则可以从"指定可用版本"下拉列表框中选择"Evaluation"选项，如图 1-8 所示。单击"下一步"按钮，打开"许可条款"页面。

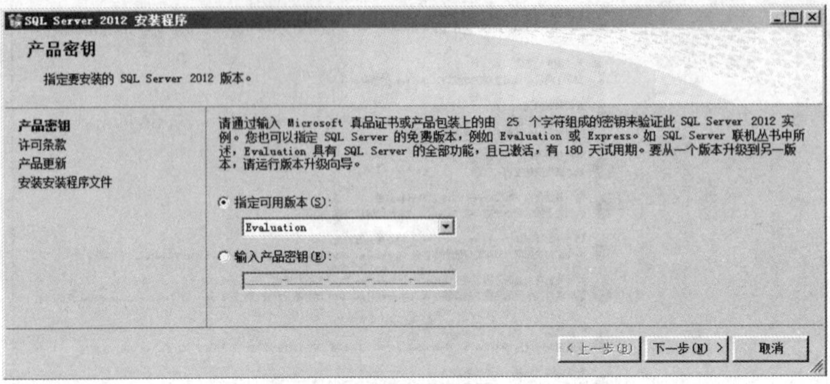

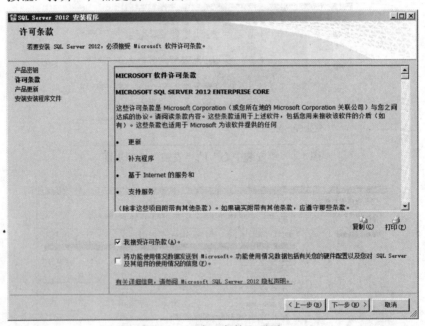

图 1-8　"产品密钥"页面

(7) 在"许可条款"页面中，选中"我接受许可条款"复选框，如图 1-9 所示，单击"下一步"按钮，打开"产品更新"页面。

图 1-9　"许可条款"页面

(8) 在"产品更新"页面中，单击"下一步"按钮，如图 1-10 所示。打开"安装安装程序文件"页面。

(9) 在"安装安装程序文件"页面中，单击"安装"按钮即可，如图 1-11 所示。

(10) 打开"安装程序支持规则"页面，进行安装前的程序支持规则检查，全部通过后，单击"下一步"按钮，如图 1-12 所示。

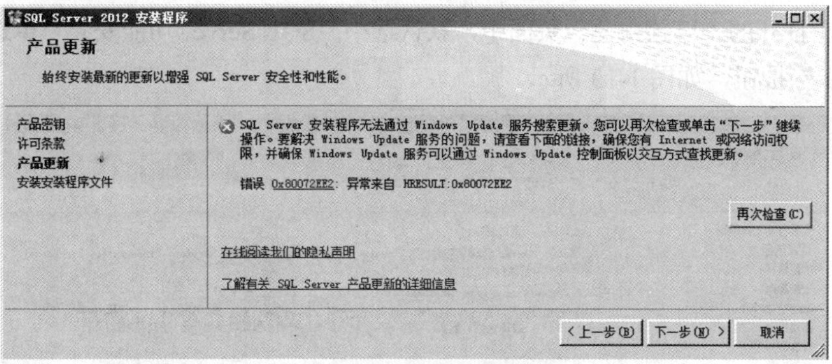

图 1-10　“产品更新”页面

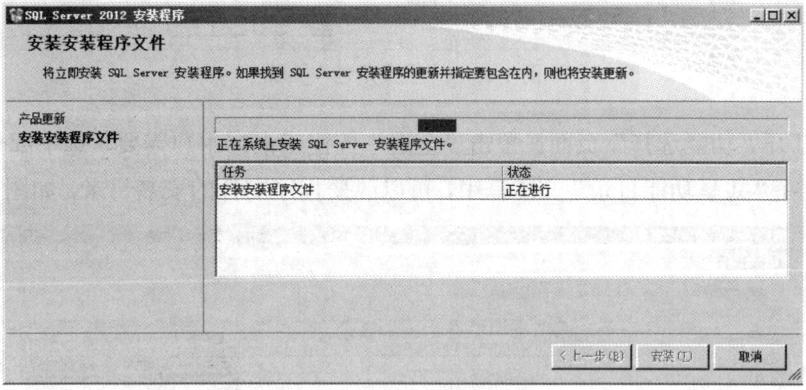

图 1-11　“安装安装程序文件”

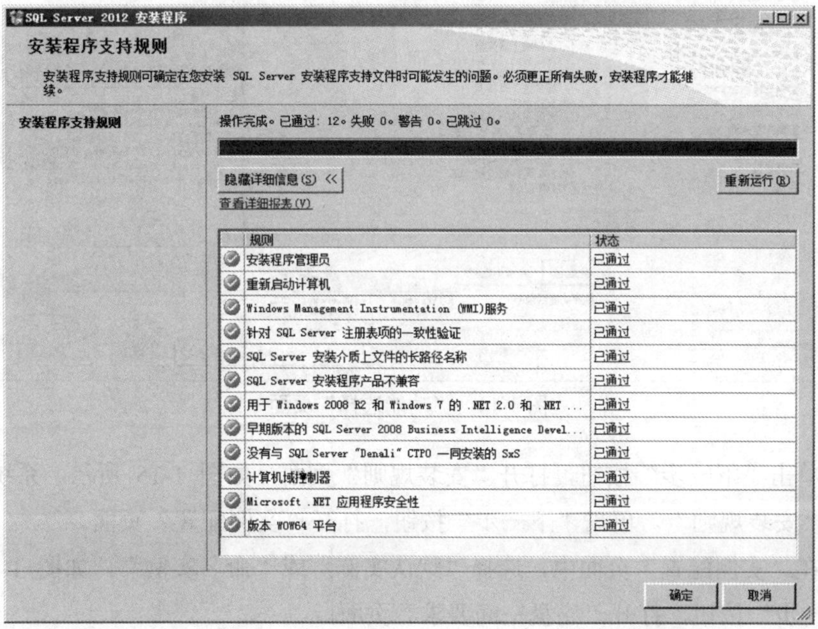

图 1-12　“安装程序支持规则”页面

(11) 在打开的"设置角色"页面中，默认选中"SQL Server 功能安装"单选按钮，单击"下一步"按钮，如图 1-13 所示。

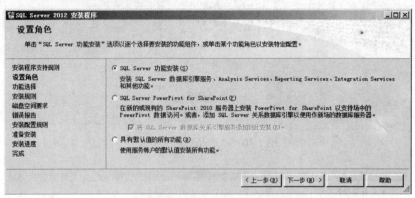

图 1-13　"设置角色"页面

(12) 打开"功能选择"页面，单击"全选"按钮或根据用户需要，选中部分功能前面的复选框，在"共享功能目录"文本框中，可以改变程序文件的安装目录，如图 1-14 所示。

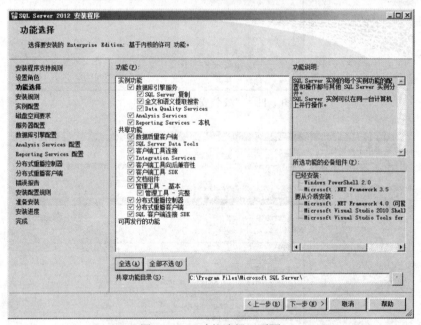

图 1-14　"功能选择"页面

(13) 单击"下一步"按钮，打开"安装规则"页面，如图 1-15 所示。系统再次检查是否符合"安装规则"。单击"下一步"按钮，打开"实例配置"页面。

(14) 在"实例配置"页面中，选择"默认实例"或"命名实例"，如图 1-16 所示，单击"下一步"按钮，打开"磁盘空间要求"页面。

(15) 在"磁盘空间要求"页面中，显示功能组件所需的磁盘空间与可用的磁盘空间的比较，如图 1-17 所示，单击"下一步"按钮，打开"服务器配置"页面。

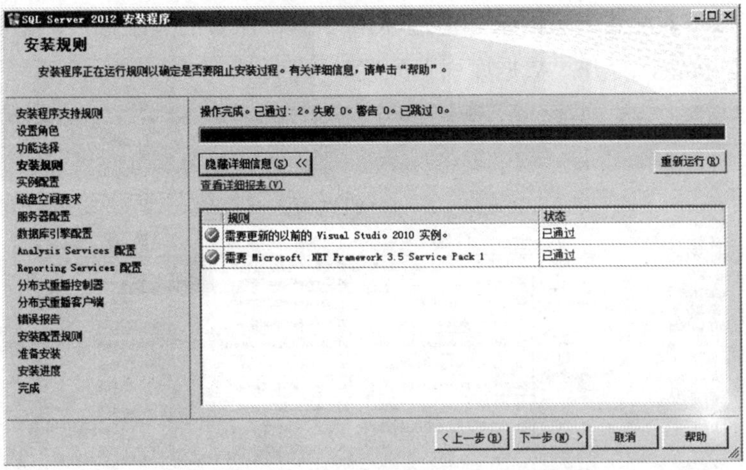

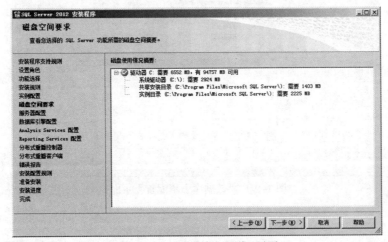

图 1-15   "安装规则"页面

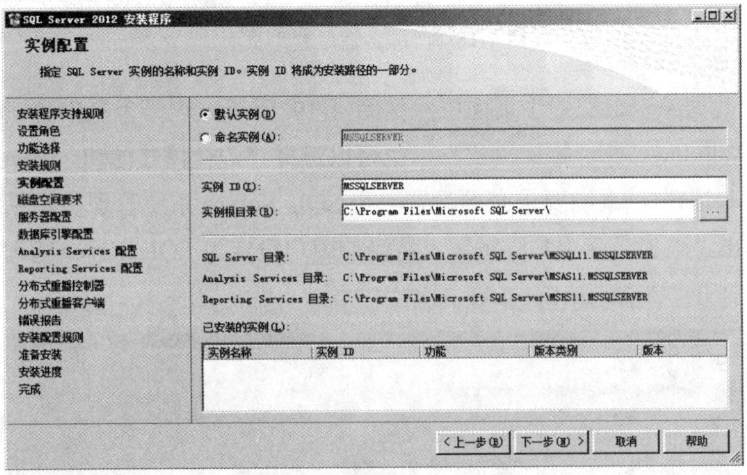

图 1-16   "实例配置"页面

图 1-17   "磁盘空间要求"页面

(16) 在"服务器配置"页面中，指定 SQL Server 服务的登录账户，如图 1-18 所示，单击"下一步"按钮，打开"数据库引擎配置"页面。

图 1-18　"服务器配置"页面

(17) 在"数据库引擎配置"页面中，如图 1-19 所示，选择"身份验证模式"，可以选择默认的"Windows 身份验证模式"，也可以选择"混合模式(SQL Server 身份验证和 Windows 身份验证)"，系统要求必须设置一个 SQL Server 系统管理员，系统默认管理员是 sa。接着单击"添加当前用户"按钮，将当前用户设定为 SQL Server 管理员。单击"下一步"按钮，打开"Analysis Services 配置"页面。

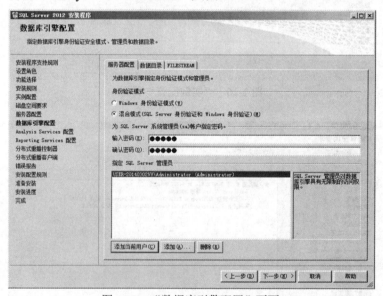

图 1-19　"数据库引擎配置"页面

注意：

在安装过程中，必须为数据库引擎选择身份验证模式。可供选择的模式有两种：Windows 身份验证模式和混合模式。Windows 身份验证模式会启用 Windows 身份验证并禁用 SQL Server 身份验证。混合模式会同时启用 Windows 身份验证和 SQL Server 身份验证。Windows 身份验证始终可用，并且无法禁用。

如果在安装过程中选择混合模式身份验证，则必须为名为 sa 的内置 SQL Server 系统管理员账户提供一个强密码并确认该密码。sa 账户通过使用 SQL Server 身份验证进行连接。

如果在安装过程中选择 Windows 身份验证，则安装程序会为 SQL Server 身份验证创建 sa 账户，但会禁用该账户。如果稍后更改为混合模式身份验证并要使用 sa 账户，则必须启用该账户。我们可以将任何 Windows 或 SQL Server 账户配置为系统管理员。由于 sa 账户广为人知且经常成为恶意用户的攻击目标，因此除非应用程序需要使用 sa 账户，否则请勿启用该账户。切勿为 sa 账户设置空密码或弱密码。

(18) 在"Analysis Services 配置"页面中，单击"添加当前用户"或"添加"按钮，为 Analysis Services 服务指定管理员，如图 1-20 所示。单击"下一步"按钮，打开"Reporting Services 配置"页面。

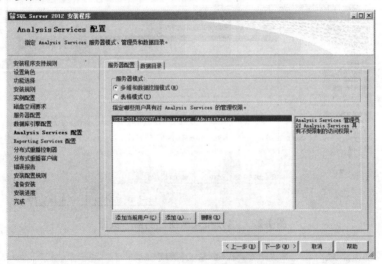

图 1-20　　"Analysis Services 配置"页面

(19) 在"Reporting Services 配置"页面中，如图 1-21 所示，显示要创建的 Reporting Services 的安装类型。选择默认的"安装和配置"单选按钮，单击"下一步"按钮，打开"分布式重播控制器"页面。

(20) 在"分布式重播控制器"页面中，单击"添加当前用户"或"添加"按钮，为"分布式重播控制器"服务指定管理员，如图 1-22 所示。单击"下一步"按钮，打开"分布式重播客户端"页面。

(21) 在"分布式重播客户端"页面中，如图 1-23 所示，指定"控制器名称"、"工作目录"及"结果目录"。单击"下一步"按钮，打开"错误报告"页面。

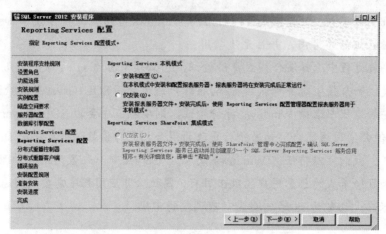

图 1-21　"Reporting Services 配置"页面

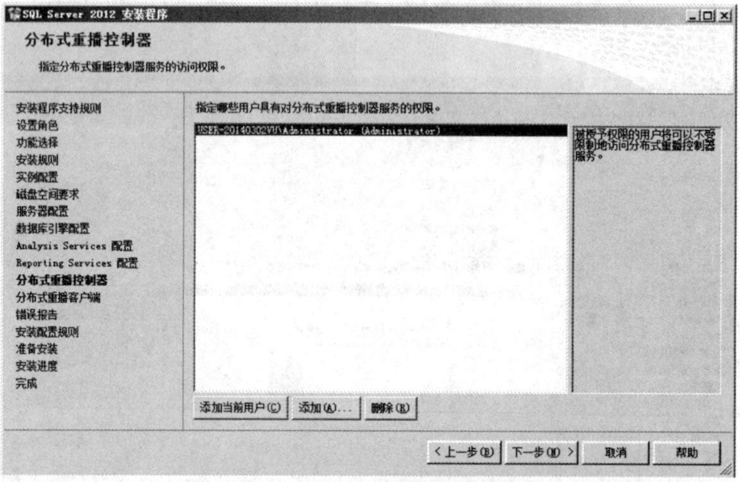

图 1-22　"分布式重播控制器"页面

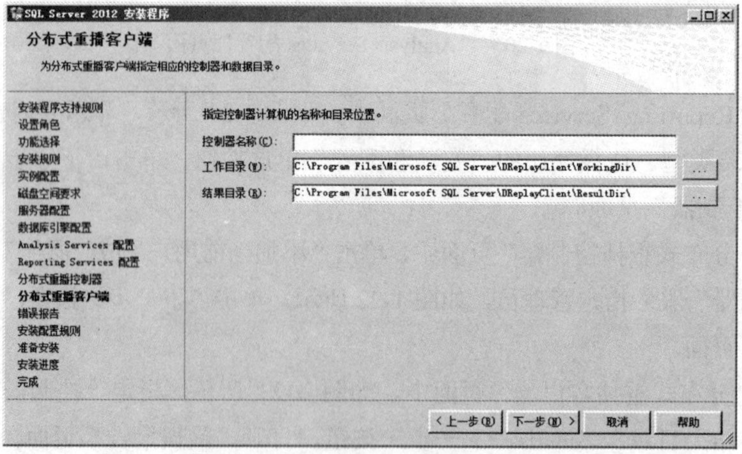

图 1-23　"分布式重播客户端"页面

(22) 在"错误报告"页面中，如图 1-24 所示，指定是否将 SQL Server 发生错误或异常关闭的状态发送给微软公司，以便得到改善。用户可以根据需要做选择，单击"下一步"按钮，打开"安装配置规则"页面。

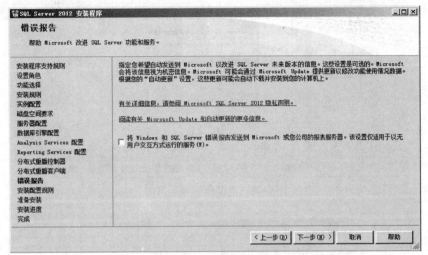

图 1-24　"错误报告"页面

(23) 在"安装配置规则"页面中，系统配置检查器再次进行规则验证，如图 1-25 所示，通过后，单击"下一步"按钮，打开"准备安装"页面。

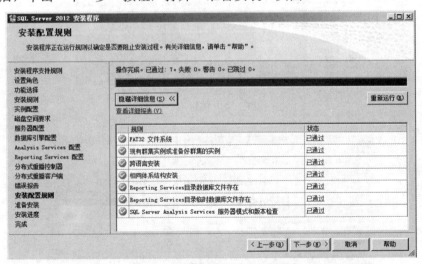

图 1-25　"安装配置规则"页面

(24) "准备安装"页面的左侧显示全部的安装过程，右侧显示安装选项及路径，如图 1-26 所示，单击"安装"按钮开始安装，打开"安装进度"页面。

(25) 在"安装进度"页面中，用户可以在安装过程中监视安装进度，如图 1-27 所示。

(26) 安装完成后，如图 1-28 所示，"完成"页面提供安装摘要日志文件以及其他重要说明的链接。单击"关闭"按钮，完成 SQL Server 2012 的安装。

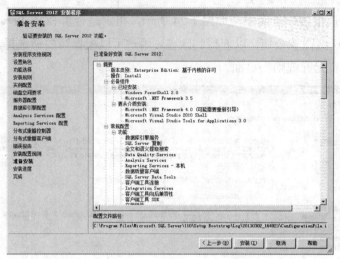

图 1-26　"准备安装"页面

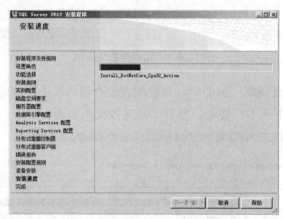

图 1-27　"安装进度"页面

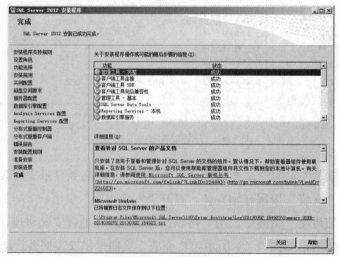

图 1-28　"完成"页面

1.5.3　SQL Server 2012 常用实用程序

1. SQL Server Management Studio

SQL Server Management Studio 简称为 SSMS，它是一个高度集成的管理开发环境，能够应付大多数的管理任务，并在单独的 SSMS 控制台中支持注册多个 SQL Server，从而可以在同一 IT 部门中管理多个 SQL Server 实例。例如，可以使用 SSMS 管理 SQL Server 服务，如数据库引擎、集成服务(SSIS)、报表服务(SSRS)以及分析服务(SSAS)等，同时还可以管理在多个服务器上的 SQL Server 数据库。SSMS 自带一些向导，可以帮助 DBA 和开发人员熟悉各种管理任务的操作，如 DDL 和 DML 操作、安全服务器配置管理、备份和维护等。SSMS 还提供了丰富的编辑环境，DBA 能够编写 Transact-SQL、MDX、DMX 和 XML/A 等脚本。此外，还可以根据具体的动作来生成脚本。

SSMS 还有 Template Explorer，它提供了一个丰富的模板集，DBA 可以根据它来创建自定义的模板。SSMS 还支持 sqlcmd 脚本、浏览 XML 结果，可以在不请求 SQL Server 连接的前提下编写脚本或查询。SSMS 包括 Transact-SQL 的调试器、IntelliSense 智能提示和集成的源码控制。

另外，SSMS 还提供了 SQL Server Surface Area Configuration 和 Activity Monitor 的访问功能。可以使用 SQL Server Surface Area Configuration 来启动/停止 SQL Server 数据库引擎功能，使用 Activity Monitor 查看当前进程的信息，找到正在使用哪些 SQL Server 资源。

SSMS 的主要视窗包括：Object Explorer、Object Explorer Details、Object Search、Solution Explorer 和 Database Engine Query。

2. SQL Server 配置管理器(SQL Server Configuration Manager)

SQL Server配置管理器是一个工具，用于管理与SQL Server相关联的服务，配置SQL Server使用的网络协议，以及从SQL Server客户端计算机管理网络连接配置。使用SQL Server Configuration Manager可用修改dump目录(当错误发生时，SQL Server创建内存dump的位置)、SQL Server初始参数、主数据库文件以及ErrorLog位置。SQL Server Configuration 是一个微软管理控制台(MMC)的嵌入式管理单元，启动SQL Server 2012 Configuration的步骤如下：

可以通过“开始”菜单启动 SQL Server 配置管理器，选择“开始”|“所有程序”|“Microsoft SQL Server 2012”，可以看到如图 1-29 所示的程序组。

展开“配置工具”程序组，如图 1-30 所示，在菜单中选择“SQL Server 配置管理器”命令，即可打开 SQL Server 配置管理器。

SQL Server 配置管理器的管理项目分为两部分：服务管理和网络配置。

图 1-29　Microsoft SQL Server 2012 菜单　　　图 1-30　Microsoft SQL Server 2012 "配置工具"菜单

在"SQL Server 配置管理器"窗口的左侧单击"SQL Server 服务"选项可以启动、暂停、恢复或停止服务,还可以查看或更改服务属性。包括数据库引擎服务、服务器代理、报表服务和分析服务等多个服务,如图 1-31 所示。

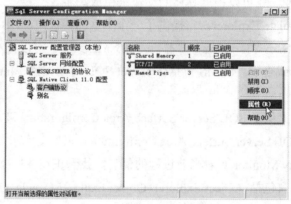

图 1-31　"SQL Server 配置管理器"窗口

(1) 服务管理

SQL Server 是一个大型数据库系统,在服务器后台要运行许多不同的服务。完整安装的 SQL Server 包括 9 个服务,其中 7 个服务可使用 SQL Server 配置管理器来管理(另 2 两个作为后台支持的服务)。

可管理的服务包括:

- 集成服务(Integration Services)——支持 Integration Services 引擎。
- 分析服务(Analysis Services)——支持 Analysis Services 引擎。
- 全文(Full Text)目录——支持文本搜索功能。
- 报表服务(Reporting Services)——支持 Reporting Services 的底层引擎。
- SQL Server 代理(SQL Server Agent)——SQL Server 中作业调度的主引擎。利用该服务,可以按照不同调度安排作业。这些作业可以有多个任务,甚至可以根据先前任务的结果来分解成不同子任务。SQL Server Agent 运行的示例包括备份以及例程输入与输出任务。
- SQL Server——核心数据库引擎,其功能包括 SQL Server 数据存储、查询和系统配置。

- SQL Server Browser——支持通告服务器，通过浏览局域网可以确认系统是否安装了 SQL Server。

(2) 网络配置

在使用 SQL Server 的过程中，用户遇到的最多的莫过于网络连接问题了。很多时候，网络连接问题都是因为客户机网络配置不合理，或者是客户机网络配置与服务器配置不匹配引起的。

SQL Server 提供了几种网络库(Net-Librariy，NetLib)。它们是 SQL Server 用来与某些网络协议通信的动态链接库(Dynamic-Link Library，DLL)。NetLib 作为客户应用程序与网络协议之间的"隔离物"，而网络协议实质上是用于在网卡之间相互通信的语言。在服务器端，它们的功能相同。SQL Server 2012 提供的 NetLib 包括：

- 命名管道(Named Pipes)
- TCP/IP(默认协议)
- 共享内存(Shared Memory)

需要注意的是，SQL Server 2008 及低版本支持的 VIA 协议(Virtual Interface Architecture，虚拟接口架构，硬件存储器供应商可能支持的特殊虚拟接口)在 SQL Server 2012 中不再支持，请改用 TCP/IP 协议。

在客户机与服务器计算机上，相同的 NetLib 必须都可用，这样它们才可以通过网络协议彼此进行通信。选择在服务器上不支持的客户机 NetLib 会导致通信连接失败，返回"Specified SQL Server Not Found"消息。

无论采用哪种数据访问方法和驱动程序类型(SQL Native Client、ODBC、OLE DB)，通常都是驱动程序与 NetLib 通信。通信过程原理如图 1-32 所示。步骤如下：

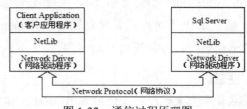

① 客户应用程序与驱动程序通信(SQL Native Client、ODBC)。

② 驱动程序调用客户机 NetLib。

③ NetLib 调用相应的网络协议，并

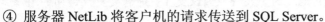

图 1-32　通信过程原理图

将数据传送给服务器 NetLib。

④ 服务器 NetLib 将客户机的请求传送到 SQL Server。

注意：

IP NetLib 侦听的默认端口是 1433。注意，这是默认的，但无法保证您所尝试连接的特定服务器也侦听这个特定端口——事实上，大部分安全专家建议将它改为非标准的端口。

从 SQL Server 到客户机的回复按照同样的顺序进行，只是通信方向正好相反。

(3) 协议

首先看一下可用的选项。运行 Configuration Manager 实用程序，打开 SQL Server 网络

配置树，将显示如图 1-33 所示的窗口。

提示：

这里显示多少个节点取决于安装程序。
在图 1-33 中，网络配置和客户机配置都有重
复节点，分别针对 32 位和 64 位库。如果运
行 32 位安装，则每种配置只有一个节点。

注意：

出于安全的考虑，在安装时只启用

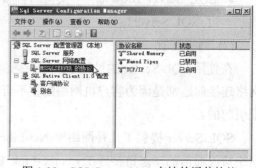

图 1-33　SQL Server 2012 支持的通信协议

Shared Memory(这只在客户机与 SQL Server 安装位于同一物理服务器上时起作用)。但如果
想要远程连接 SQL Server(如从 Web 服务器或网络中不同的客户机)，则需要至少启用另一
个 NetLib。

为了让客户机与服务器进行连接，服务器必须侦听协议，而客户机使用该协议试图与
服务器通信，如果是 TCP/IP 协议，则要在相同的端口上。

尽量不要在服务器上启用所有的 NetLib。在服务器上启用所有的 NetLib 时，会占用更
多的系统开销。这样会降低服务器性能(不是很明显，但有一点)，而且会降低系统安全性。

接下来看看选择 SQL Server 支持特定的通信协议的原因。

● Named Pipes(命名管道)

Named Pipes 是为局域网而开发的协议。内存的一部分被某个进程用来向另一个进程
传递信息，因此，一个进程的输出就是另一个进程的输入。第二个进程可以是本地的(与第
一个进程位于同一台计算机上)，也可以是远程的(位于联网的计算机上)。

在 TCP/IP 不可用或者没有域名服务(Domain Name Service，DNS)用于对 TCP/IP 下的
服务器命名时，命名管道非常有用。

注意：

从技术上来说，可以使用其 IP 地址连接到运行 TCP/IP 的 SQL Server，而不使用服务
器名。即使没有 DNS 服务，只要有从客户机到服务器的路由，该方法就始终有效(如果有
IP 地址，则不需要名称)。如果 IP 地址因为某种原因改变了，则需要更改访问的 IP 地址(如
果有大量配置文件需要更改也是很令人头疼的)。

● TCP/IP

TCP/IP 协议已经成为 Internet 事实上的标准网络协议。它与互联网中硬件结构和操作
系统各异的计算机进行通信。TCP/IP 包括路由网络流量的标准，并能够提供高级安全功能。
如果要通过 Internet 直接连接到 SQL Server，则 TCP/IP 协议是唯一的选项。

注意，不要将通过 Web 服务器连接到数据库服务器与通过 Internet 直接连接数据库服
务器两者混淆。可以将 Web 服务器直接连接到 Internet，但不可以将数据库服务器直接连

接到 Internet(数据库服务器连接到 Internet 的唯一方法是通过 Web 服务器)。

直接将数据库服务器连接到 Internet 存在巨大的安全隐患。如果非要直接连接到 Internet(可能有其他原因)，则要特别注意数据库服务器的安全防范。

● Shared Memory(共享内存)

共享内存减少了进程间编组的需要。编组是将信息传送到进程边界之前将信息打包的方法，如果运行在相同的区域，则进程间的边界是指服务器和客户机之间的边界。客户机可以直接访问服务器存储数据的同一内存映射文件。这样可以减少大量系统开销，而且访问速度很快。共享内存只在本地访问服务器时有用(即 Web 服务器与数据库安装在相同的服务器上)，可以大大提高系统性能。

(4) 客户端

以上介绍了所有可能的协议以及如何选择协议。只要知道服务器提供的内容，就可以配置客户端。多数情况下，默认的设置就能正常工作，这里查看如何配置。展开"客户端网络配置"树，然后选择"客户端协议"节点，如图 1-34 所示。

图 1-34　"客户端协议"节点

SQL Server 提供了一项功能：即客户机可以先使用一个协议，如果该协议不起作用，再使用另一协议。在图 1-34 中，按照列顺序，首先使用 Shared Memory 协议，然后使用 TCP/IP 协议，如果都不起作用，最后使用 Named Pipes 协议。除非更改默认值(使用上下箭头来更改使用协议的优先级)，Shared Memory 是用于连接到不在别名列表上的任一服务器的第一个 Netlib("客户端网络配置"的下一节点的别名列表)，然后是 TCP/IP 协议等。

如果网络支持 TCP/IP 协议，则对于任何远程访问，都配置服务器使用它。因为 IP 协议的系统开销更少，而运行速度更快；除非网络不支持 TCP/IP 协议，否则没有理由不使用该协议。但该协议对本地服务器(即该服务器与客户机在同一物理系统中)没有意义，如果不需要通过网络栈来查看本地 SQL Server，则使用 Shared Memory NetLib 速度更快。

别名(Aliases)列表是所有服务器的列表，当连接到某一服务器时，要使用在这些服务器上定义的特定 NetLib。可以使用 IP 来连接服务器，也可以使用 Named Piped 来连接服务器，而不管是需要连接哪一个服务器。如图 1-35 所示是一台客户机被配置为使用 Named Pipes NetLib 来连接名为 HOBBES 的服务器，并配置为使

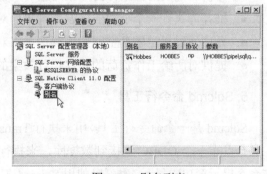

图 1-35　别名列表

用默认设置连接其他任意 SQL Server 服务器。

一定要记住的是，设置在网络机器上的 Client Network Configuration 必须有一默认协议与服务器支持的协议匹配，或者必须在别名列表中有一项，用来指定服务器支持的 NetLib。

如果通过 Internet 连接到 SQL Server(从安全的角度看，这不是个好主意，但还是有人这样做)，则要用到的是服务器的实际 IP 地址，而不是服务器名。这时会涉及到域名解析的问题，如果服务器有新的 IP 地址，则要手动更改 IP 地址，DNS 不会自动更改 IP 地址。

3. SQL Server 分析器(SQL Server Profiler)

微软 SQL Server Profiler 是一个图形化的用户界面，能够根据所选的事件来捕获 SQL Server 或分析服务的动作。SQL Server Profiler 将不活动事件保存为跟踪数据，它可以另存到一个本地文件或者网络文件，还可以存在一个 SQL Server 表中。SQL Server Profiler 包括一系列预先定义的模板，可以满足大多数捕获场景的需求。我们可以使用被 SQL Server Profiler 捕获的数据来进行测试和诊断，举例来说，我们可以重放或者测试该跟踪文件来进行问题诊断，或者同 Windows 性能日志文件进行比较，来找到资源使用峰值时的数据库事件。也可以为数据库表创建一个审计跟踪。

4. 数据库引擎优化顾问(Database Engine Tuning Advisor Wizard)

数据库引擎优化顾问 Database Engine Tuning Advisor(简称 SQL Server DTA)是一个实用的数据库管理工具，不需要对数据库内部结构有太深入的了解，就可以选择和创建最佳的索引、索引视图和分区等。例如，用户可以使用 SSMS 的查询编辑器创建 T-SQL 脚本作为工作负载，然后使用 SQL Server 分析器(SQL ServerProfiler)的 Tuning Template 创建跟踪文件和表负载。再加载并对特定的跟踪文件进行分析，数据库引擎优化顾问能够提供建议的索引创建和改进方法，以便提升查询性能。

使用数据库引擎优化顾问可以执行如下操作：

- 通过使用查询分析器分析工作负荷中的查询，推荐数据库的最佳索引组合。
- 为工作负荷中引用的数据库推荐对齐分区和非对齐分区、索引视图。
- 分析所建议的更改将会产生的影响，包括索引的使用、查询在工作负荷中的性能。
- 推荐为执行一个小型的问题查询集而对数据库进行优化的方法。
- 允许通过指定磁盘空间约束等选项来对推荐进行自定义。
- 提供对所给工作负荷的建议执行效果的汇总报告。

5. Sqlcmd 命令行工具

Sqlcmd 是一个命令行工具,用来执行 Transact-SQL 语句、存储过程和脚本文件。Sqlcmd 工具会发布一个 ODBC 连接到数据库，来执行批量的 T-SQL 语句。T-SQL 命令的结果会在命令提示窗口中显示。也可以使用 Sqlcmd 工具指向一个脚本文件，其中包含多个 T-SQL

脚本或者语句。

SQL Server 2012 提供的命令行工具如下：

- bcp 实用工具可以在 Microsoft SQL Server 2012 实例和用户指定格式的数据文件之间进行数据复制。

- dta 实用工具是数据库引擎优化顾问的命令提示符版本。通过该工具，用户可以在应用程序和脚本中使用数据库引擎优化顾问功能，从而扩大了数据库引擎优化顾问的使用范围。

- dtexec 实用工具用于配置和执行 Microsoft SQL Server 2012 Integration Services (SSIS)包。使用 dtexec 实用工具，可以访问所有 SSIS 包的配置信息和执行功能，这些信息包括连接、属性、变量、日志、进度指示等。

- dtutil 实用工具主要用于管理 SSIS 包，这些管理操作包括验证包的存在性，以及对包进行复制、移动、删除等操作。

- osql 实用工具可用来输入和执行 T-SQL 语句、系统过程、脚本文件等。该工具通过 ODBC 与服务器进行通信。

- rs 实用工具与 Microsoft SQL Server 2012 Reporting Services 服务相关，可用于管理和运行报表服务器的脚本。

- rsconfig 实用工具也是与报表服务相关的工具，可用来对报表服务连接进行管理。

- rskeymgmt 实用工具也是与报表服务相关的工具，可用来提取、还原、创建、删除对称密钥。

- sac 实用工具与 Microsoft SQL Server 2012 外围应用设置相关，可用来导入、导出这些外围应用设置，方便了多台计算机上的外围应用设置。

- sqlcmd 实用工具可以在命令提示符下输入 T-SQL 语句、系统过程和脚本文件。实际上，该工具是作为 osql 实用工具和 isql 实用工具的替代工具而新增的，它通过 OLE DB 与服务器进行通信。如图 1-36 所示。

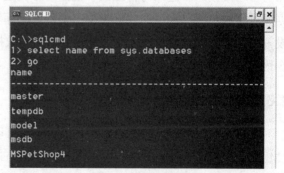

图 1-36　SQLCMD

- sqlmaint 实用工具可以执行一组指定的数据库维护操作，这些操作包括 DBCC 检查、数据库备份、事务日志备份、更新统计信息、重建索引并且生成报表，以及把这些报表发送到指定的文件和电子邮件账户。

- sqlservr 实用工具的作用是在命令提示符下启动、停止、暂停、继续 Microsoft SQL Server 的实例。

- sqlwb 实用工具可以在命令提示符下打开 SQL Server Management Studio,并且可以与服务器建立连接,打开查询、脚本、文件、项目、解决方案等。
- tablediff 实用工具用于比较两个表中的数据是否一致,对于排除复制过程中出现的故障非常有用。

6. SQL Server PowerShell

SQL Server 2008 是第一个支持 PowerShell 的 SQL Server 版本,但是它的功能还不完善。在 SQL Server 2012 中,微软已经构建了非常稳定的 SQL Server,增加了对该产品所有组件的支持,包括分析服务和集成服务,以及核心数据库引擎。SQL Server PowerShell 提供了一个强大的脚本外壳,DBA 和开发人员可以将服务器管理以及部署进行自动化。PowerShell 语言比 T-SQL 支持更多复杂的逻辑,使得 DBA 能够创建更健壮的管理脚本。

1.6　SSMS 基本操作

SQL Server Management Studio 是一个集成环境,用于访问、配置、控制、管理和开发 SQL Server 的所有组件。SQL Server Management Studio 是 SQL Server 2012 中最重要的管理工具组件,将 SQL Server 2000 的企业管理器、查询分析器和服务管理器都组合到了该环境中,SQL Server Management Studio 还可以和 SQL Server 所有组件协同工作。SQL Server Management Studio 将各种图形化工具和多功能脚本编辑器组合在一起,为开发人员及管理员提供对 SQL server 的访问。

通过 SQL Server Management Studio 可以完成如下操作:管理 SQL Server 服务器;建立与管理数据库;建立与管理表、视图、存储过程、触发程序、角色、规则、默认值等数据库对象以及用户定义的数据类型;备份数据库和事务日志、恢复数据库;复制数据库;设置任务调度;设置报警;提供跨服务器的拖放控制操作;管理用户账户;建立 T-SQL 命令语句。

1.6.1　SSMS 连接

要打开 SQL Server Management Studio,可以通过“开始”菜单,选择“所有程序”|“Microsoft SQL Server 2012”|“SQL Server Management Studio”,打开“连接到服务器”对话框,如图 1-37 所示。

在“服务器类型”中选择“数据库引擎”;在“服务器名称”文本框中输入本地主机名,如果是远程连接,则输入服务器的 ip 地址或计算机名称;“身份验证”可以使用 Windows 身份验证或 SQL Server 身份验证,如果使用 SQL Server 身份验证,则需要在“用户名”和“密码”框中输入用户名和密码。

连接成功后如图 1-38 所示。

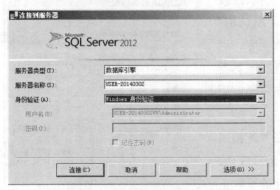

图 1-37　连接到服务器

图 1-38　"对象资源管理器"窗口

1.6.2　注册服务器

注册服务器就是为 Microsoft SQL Server 客户机/服务器系统确定一台数据库所在的机器，该机器作服务器，可以响应客户端的各种请求。

打开"SQL Server Management Studio"窗口后，单击"视图"菜单，选择"已注册的服务器"，在"已注册的服务器"窗口中展开"数据库引擎"节点，右击"本地服务器组"节点，从弹出的快捷菜单中选择"新建服务器注册"命令，如图 1-39 所示。

打开"新建服务器注册"对话框，在该窗口中输入或选择要注册的服务器名称；在"身份验证"下拉列表中选择"Windows 身份验证"选项，如图 1-40 所示，单击"连接属性"选项卡，打开"连接属性"选项卡页面。

图 1-39　"新建服务器注册"命令

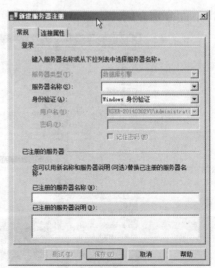

图 1-40　"新建服务器注册"窗口

在"连接属性"选项卡页面中，可以设置连接到的数据库、网络及其他连接属性，从"连接到数据库"下拉列表中选择当前用户将要连接到的数据库名称，如图 1-41 所示。其中，"默认值"选项表示可以从当前服务器中选择一个数据库。当选择"浏览服务器"选项时，将打开"查找服务器上的数据库"对话框。从该窗口中可以指定当前用户连接服务器时默认的数据库。

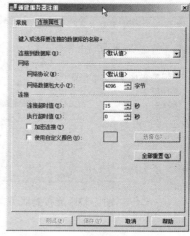

图 1-41　　"连接属性"选项卡

设定完成后，单击"确定"按钮返回"连接属性"选项卡，单击"测试"按钮可以验证是否成功。如果成功会弹出提示对话框表示连接属性的设置正确。单击"确定"按钮返回"连接属性"窗口，再单击"保存"按钮完成注册服务器的操作。

1.6.3　SQL Server 2012 服务器属性配置

配置 SQL Server 2012 服务器保证服务器安全、稳定、高效地运行。

配置 SQL Server 2012 服务器属性的步骤如下：

在"对象资源管理器"窗格中，右击当前服务器，从弹出的快捷菜单中选择"属性"命令。

在打开的"服务器属性"窗口的左侧，可以看到"常规"、"内存"、"处理器"、"安全性"、"连接"、"数据库设置"、"高级"、"权限" 8 个选项，"常规"选项页列出了固有属性信息，内容不能修改，如图 1-42 所示，其他 7 个选项显示了服务器端可配置信息，下面分别介绍。

图 1-42　　"服务器属性"窗口

1. 内存

"内存"选项页可以根据需要配置与更改服务器的内存大小，如图 1-43 所示。

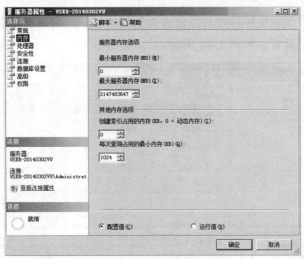

图 1-43 "内存"选项页

- 最小服务器内存(MB)：指定 SQL Server 应该至少以分配的最小内存量启动，在低于此值时不释放内存。请根据 SQL Server 实例的大小和活动设置此值。始终将此选项设置为合理的值，以确保操作系统不会从 SQL Server 请求过多的内存，从而避免降低 Windows 的性能。
- 最大服务器内存(MB)：指定在 SQL Server 启动和运行时可以分配的内存最大量。如果知道有多个应用程序与 SQL Server 同时运行，并且要保证这些应用程序有足够的内存运行，则可以将此选项设置为特定值。如果这些应用程序(如 Web 服务器或电子邮件服务器)只是按需请求内存，则不必设置该选项，因为 SQL Server 将会根据需要向它们释放内存。但是，应用程序通常在启动时使用全部可用内存，并且也不会根据需要请求更多内存。如果具有这种行为方式的应用程序与 SQL Server 同时运行在同一台计算机上，则需要设置此选项的值，确保应用程序所需的内存不由 SQL Server 分配。对于 32 位系统和 64 位系统，可以为"最大服务器内存"指定的最小内存量分别为 64MB 和 128MB。
- 创建索引占用的内存：指定在索引创建排序过程中要使用的内存量(KB)。默认值为零，表示启用动态分配，在大多数情况下，无需进一步调整即可正常工作；不过，用户可以输入 704 到 2147483647 之间的其他值。
- 每次查询占用的最小内存(KB)：指定为执行查询分配的内存量(KB)。用户可以将值设置为从 512 到 2147483647KB。默认值为 1024KB。
- 配置值：显示此窗格上选项的配置值。如果更改了配置值，可以单击"运行值"以查看更改是否已生效。如果尚未生效，则必须重新启动 SQL Server 的实例。

● 运行值：显示此窗格上选项的当前运行值。

2. 处理器

通过"处理器"选项页可以查看或修改处理器选项。只有在安装了多个处理器时，才可以启用处理器关联设置，如图 1-44 所示。

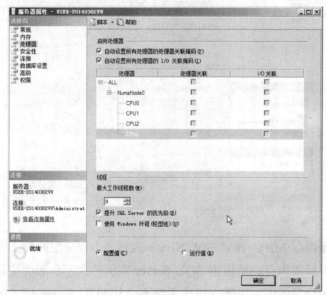

图 1-44　"处理器"选项页

● 处理器关联：将处理器分配给特定的线程，以消除处理器重新加载和减少处理器之间的线程迁移。

● I/O 关联：将 Microsoft SQL Server 磁盘 I/O 绑定到指定的 CPU 子集。

● 自动设置所有处理器的处理器关联掩码：允许 SQL Server 设置处理器关联。

● 自动设置所有处理器的 I/O 关联掩码：允许 SQL Server 设置 I/O 关联。

● 最大工作线程数：如果为 0，则允许 SQL Server 动态设置工作线程数。对于大多数系统而言，这是最佳设置。但是，将此选项设置为特定值有时可以提高性能。

● 提升 SQL Server 的优先级：指定 SQL Server 是否应当以比同一计算机上的其他进程更高的 Microsoft Windows 计划优先级运行。

● 使用 Windows 纤程(轻型池)：使用 Windows 纤程代替 SQL Server 服务的线程。需要注意的是，此选项仅适用于 Windows 2003 Server Edition。

3. 安全性

使用"安全性"选项页可以查看或修改服务器的安全选项，如图 1-45 所示。

(1) 服务器身份验证：使用 Windows 或混合模式的身份验证对所尝试的连接进行验证。Windows 身份验证比 SQL Server 身份验证更加安全，尽量使用 Windows 身份验证。

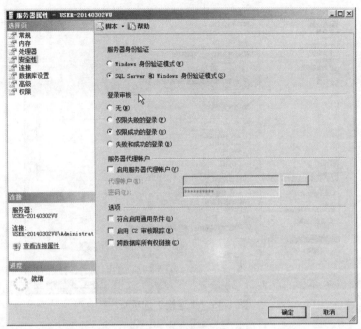

图 1-45　"安全性"选项页

(2) 登录审核：审核登录 SQL Server 2012 服务器的情况。有 4 种审核级别，更改审核级别后需要重新启动服务。

- 无：关闭登录审核。
- 仅限失败的登录：仅审核未成功的登录。
- 仅限成功的登录：仅审核成功的登录。
- 失败和成功的登录：审核所有登录尝试。

(3) 启用服务器代理账户：启用供 xp_cmdshell 使用的账户。在执行操作系统命令时，代理账户可以模拟登录、服务器角色和数据库角色。

(4) 选项

启用 C2 审核跟踪：审查对语句和对象的所有访问尝试，并记录到文件中，对于默认 SQL Server 实例，该文件位于\MSSQL\Data 目录中，对于 SQL Server 命名实例，该文件位于\MSSQL$instancename\Data 目录中。

跨数据库所有权链接：选中此复选框将允许数据库成为跨数据库所有权链的源或目标。

4. 连接

使用"连接"选项页可以查看或修改连接选项，如图 1-46 所示。

- 最大并发连接数：如果设置为 0，则表示无限制。如果设置为非零值，则将限制 SQL Server 允许的连接数。如果此值设置较小(如 1 或 2)，则可能会阻止管理员进行连接以管理该服务器；但是"专用管理员连接"始终可以连接。
- 默认连接选项：指定默认连接选项，如表 1-1 所示。

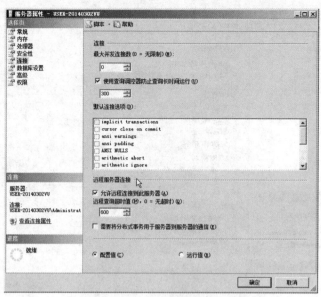

图 1-46 "连接"选项页

表 1-1 默认连接选项列表

配置选项	说明
disable deferred constraint checking	控制执行期间或延迟的约束检查
implicit transactions	控制在运行一条语句时,是否隐式启动一项事务
cursor close on commit	控制执行提交操作后游标的行为
ansi warnings	控制集合警告中的截断和 NULL
ansi padding	控制固定长度的变量的填充
ansi nulls	在使用相等运算符时控制 NULL 的处理
arithmetic abort	在查询执行过程中发生溢出或被零除错误时终止查询
arithmetic ignore	在查询过程中发生溢出或被零除错误时返回 NULL
quoted identifier	计算表达式时区分单引号和双引号
no count	关闭在每个语句执行后所返回的说明有多少行受影响的消息
ansi null default on	更改会话的行为,使用 ANSI 兼容为空性。未显式定义为空性的新列定义为允许使用空值
ansi null default off	更改会话的行为,不使用 ANSI 兼容为空性。未显式定义为空性的新列定义为不允许使用空值
concat null yields null	当将 NULL 值与字符串连接时返回 NULL
numeric round abort	当表达式中出现失去精度的情况时生成错误
xact abort	如果 Transact-SQL 语句引发运行时错误,则回滚事务

- 允许远程连接到此服务器:从运行 SQL Server 实例的远程服务器控制存储过程的执行。

- 远程查询超时值：指定在 SQL Server 超时之前远程操作可以执行的时间(秒)。默认
  为 600 秒，或等待 10 分钟。
- 需要将分布式事务用于服务器到服务器的通信：通过 Microsoft 分布式事务处理协
  调器(MS DTC)事务保护服务器到服务器过程的操作。

5. 数据库设置

使用此选项页可以查看或修改数据库设置。

- 默认索引填充因子：指定在 SQL Server 使用现有数据创建新索引时对每一页的填
  充程度。默认值为 100，有效值介于 0 和 100 之间。
- 备份和还原：指定 SQL Server 等待更换新备份磁带的时间。
- 无限期等待：指定 SQL Server 在等待新备份磁带时永不超时。
- 尝试一次：指定如果需要备份磁带但它却不可用，则 SQL Server 将超时。
- 尝试的分钟数：指定如果备份磁带在指定的时间内不可用，SQL Server 将超时。
- 默认备份介质保持期(天)：指示在用于数据库备份或事务日志备份后每个备份介质
  的保留时间。此选项可以防止在指定的日期前覆盖备份。
- 恢复间隔(分钟)：设置每个数据库恢复时所需的最大分钟数。默认值为 0，表示由
  SQL Server 自动配置。
- 数据和日志：指定数据和日志文件的默认位置。可以单击"浏览"按钮更改新的
  默认位置。

6. 高级

使用"高级"选项页可以查看或修改高级服务器设置，如图 1-47 所示。

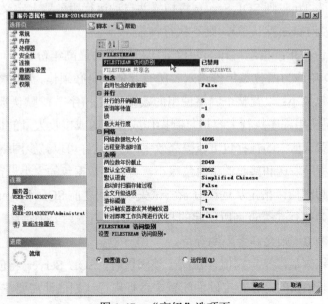

图 1-47　"高级"选项页

- 启用包含的数据库：指示 SQL Server 的此实例是否允许启用包含的数据库。为 True 时，则可以创建、还原或附加包含的数据库。为 False 时，无法创建、还原包含的数据库，也不能将它附加到 SQL Server 的此实例。更改包含属性可能影响数据库的安全性。启用包含的数据库允许数据库所有者授予对此 SQL Server 的访问权限。禁用包含的数据库可能阻止用户连接。

- 允许触发器激发其他触发器：设置是否允许触发器激发其他的触发器。触发器最多可以嵌套 32 级。

- 阻塞的进程阈值：生成阻塞的进程报告时使用的阈值(以秒为单位)。该阈值可介于 0 到 86,400 之间。默认情况下，不为阻塞的进程生成报告。

- 游标阈值：指定游标集中的行数，超过此行数，将异步生成游标键集。当游标为结果集生成键集时，查询优化器会估算将为该结果集返回的行数。如果查询优化器估算出的返回行数大于该阈值，则将异步生成游标，使用户能够在继续填充游标的同时从该游标中提取行。否则，同步生成游标，查询将一直等待到返回所有行。如果设置为-1，则将同步生成所有键集；这适用于较小的游标集。如果设置为 0，则将异步生成所有游标键集。如果设置为其他值，则查询优化器将比较游标集中的预期行数，并在该行数超过所设置的数量时异步生成键集。

- 默认全文语言：指定默认情况下所有新登录名的默认语言。

- 最大文本复制大小：指定可通过单个 INSERT、UPDATE、WRITETEXT 或 UPDATETEXT 语句添加到复制列或捕获列的 text、ntext、varchar(max)、nvarchar(max)、xml 和 image 数据的最大大小(按字节计)。

- 启动时扫描存储过程：指定 SQL Server 是否在启动时扫描并自动执行存储过程。如果设置为 True，则 SQL Server 将扫描并自动运行服务器上定义的所有存储过程。如果设置为 False(默认值)，则不执行扫描。

- 两位数年份截止：指示可作为两位数年份输入的最高年份数。可将所列年份及其之前的 99 年作为两位数年份输入。所有其他年份必须作为四位数年份输入。

- 网络数据包大小：设置整个网络使用的数据包大小(字节)。默认数据包大小为 4096 字节。如果应用程序执行大容量复制操作或者发送或接收大量的text或image数据，则使用比默认值大的数据包可以提高效率，因为这样可以减少网络读取和写入操作。如果应用程序发送和接收的信息量很小，可以将数据包的大小设置为 512 字节。

- 远程登录超时值：指定从远程登录尝试失败返回之前 SQL Server 等待的秒数。此设置影响为执行异类查询所创建的与 OLE DB 访问接口的连接。默认值为 20 秒。如果该值为 0，则允许无限期等待。

- 并行的开销阈值：指定阈值，在高于该阈值时，SQL Server 将创建并运行查询并行计划。开销指的是在特定硬件配置中运行串行计划估计需要花费的时间(秒)。只能为对称多处理器设置此选项。

- 锁：设置可用锁的最大数目，以限制 SQL Server 为锁分配的内存量。默认设置为 0，即允许 SQL Server 根据不断变化的系统要求动态地分配和释放锁。
- 最大并行度：限制执行并行计划时所使用的处理器个数(最多为 64 个)。如果默认值为 0，则使用所有可用的处理器。如果该值为 1，则取消生成并行计划。如果该值大于 1，则将限制执行的单个查询所使用的最大处理器数。如果指定的值比可用的处理器个数大，则使用实际可用数量的处理器。
- 查询等待值：指定在超时之前查询等待资源的秒数(0 到 2147483647)。如果使用默认值-1，则按估计查询开销的 25 倍计算超时值。

7. 权限

"权限"选项页用于授予或撤销账户对服务器的操作权限，如图 1-48 所示。

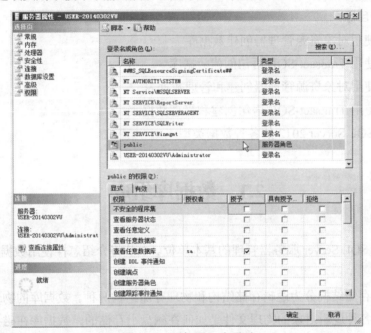

图 1-48 "权限"选项页

1.7 经典习题

1. SQL Server 2012 的常用版本有哪些？应用范围分别是什么？
2. SQL Server 2012 的优势是什么？
3. SQL Server 2012 的组成是什么？

第2章 数据库和表的操作

数据库是以一定方式储存在一起、能为多个用户共享、具有尽可能小的冗余度、与应用程序彼此独立的数据集合。数据库(Database)是按照某种特定的数据结构来组织、存储和管理数据的仓库。SQL Server 2012 数据库包含的数据库对象：数据表、视图、约束、规则、存储过程、触发器等。通过 SQL Server 2012 对象资源管理器，可以查看当前数据库内的各种数据库对象。

本章学习目标：

- 掌握使用对象资源管理器创建数据库
- 掌握使用 Transact-SQL 语句创建数据库
- 掌握使用对象资源管理器创建和管理数据表
- 掌握使用 Transact-SQL 语句创建和管理数据表
- 掌握 SQL Server 2012 的各种数据类型

2.1 数据库组成

数据库是 SQL Server 服务器管理的基本单位。本节将介绍怎样使用数据库表示、管理和访问数据。

数据库的存储结构分为逻辑存储结构和物理存储结构两种。数据库的物理存储结构是指保存数据库各种逻辑对象的物理文件是如何在磁盘上存储的，数据库在磁盘上是以文件为单位存储的，SQL Server 2012 将数据库映射为一组操作系统文件；数据库的逻辑存储结构是指组成数据库的所有逻辑对象，SQL Server 2012 的逻辑对象包括数据表、视图、存储过程、函数、触发器、规则，另外还有用户、角色、架构等。

2.1.1 SQL Server 2012 常用的逻辑对象

1. 表(table)

SQL Server 中的数据库由表的集合组成，这些表用于存储一组特定的结构化的数据。表中包含行(也称为记录或元组)和列(也称为属性、字段)的集合。表中的每一列都用于存储某种类型的信息，例如，学号、姓名、性别、日期、名称、金额和数字等。行表示"记录"，如"学生"表的一条记录，如图 2-1 所示。

也可以用表来存储多个表之间的关系。

学号	姓名	性别	系别	出生日期	高考入学成绩	少数民族否
2010076104	李海涛	男	工业工程	1989-10-20	655	False
2010076105	罗亮	男	工业工程	1989-06-09	589	False
2010076106	王小虎	男	工业工程	1991-04-20	623	False
2010076107	刘永刚	男	工业工程	1992-08-07	654	True
2010076108	苏超	男	工业工程	1990-02-05	652	False
2010076109	王金贵	男	工业工程	1989-11-20	700	False
2010076110	鞠玉堂	男	工业工程	1992-04-10	654	False
2010076111	王韶柏	男	工业工程	1989-02-19	699	False
2010076112	孙家效	男	工业工程	1989-10-02	563	True
2010076113	孙涛	男	工业工程	1991-04-21	684	False
2010076114	顾英杰	男	工业工程	1990-02-10	687	False
2010076115	鲁长花	女	工业工程	1992-04-10	698	False

图 2-1　"学生"数据表

2. 索引(Index)

数据库中的索引类似于书籍中的目录。使用索引可以快速访问数据库表中的特定信息，而不需要扫描整个表。数据库中的索引是一个表中所包含的某个字段(或某些字段组合)的值及其对应记录的存储位置的值的列表。对一个没有索引的表进行查询，系统将扫描表中的每一个数据行，这就好比在一本没有目录的书中查找信息一样。使用索引查询时不需要对整个表进行扫描，就可以查询到所需要的数据。

3. 视图(view)

视图描述了如何使用"虚拟表"查看一个或多个表中的数据。视图是用户查看数据库表中数据的一种方式，它不实际存储数据，不占用物理空间，相当于一种虚拟表，使用视图连接多个表，比数据表更直接面向用户。其作用相当于查询，所包含的列和行的数据只来源于视图所查询的基表，在引用视图时动态生成，如图 2-2 所示。

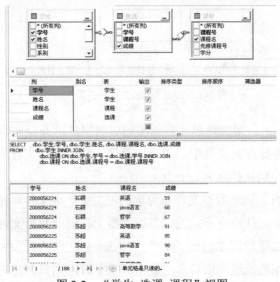

图 2-2　"学生_选课_课程"视图

4. 存储过程(stored procedure)

存储过程是一组在 SQL Server 2012 服务器上被编译后可以反复执行的 Transact-SQL 语句的集合。存储过程类似于其他编程语言中的过程。它可以接受参数、返回状态值和参数值，并且可以嵌套调用。SQL Server 2012 中的存储过程大致有 3 类：系统存储过程、临时存储过程和扩展存储过程。

5. 触发器(trigger)

触发器是一条或多条用户定义的 Transact-SQL 语句的集合，描述在修改表中数据时可以自动执行某些操作的一种特殊存储过程。通过触发器可以自动维护确定的业务逻辑、强制服从复杂的业务规则和要求及实施数据的完整性。

一台计算机可以安装一个或多个 SQL Server 实例。每个 SQL Server 实例(instance)可以包含一个或多个数据库。在数据库中，架构(schema)指的是由一个或多个对象的所有权组成的组(object ownership group)。在每个架构(schema)中，都存在数据库对象，如表、视图和存储过程(tables，views 和 stored procedures)。某些对象(如证书和非对称密钥)包含在数据库中，但不包含在架构中。

2.1.2　数据库文件和文件组

为了便于分配和管理，可以将数据文件集合起来，放到文件组中。

SQL Server 2012 数据库在磁盘上存储时主要分为两大类物理文件：数据文件和事务日志文件。一个数据库至少包含一个数据文件和一个日志文件。数据文件包含数据和对象，如表、索引、存储过程和视图。数据文件又分为主数据文件和辅助数据文件。事务日志文件包含恢复数据库中的所有事务所需的信息，如图 2-3 所示。

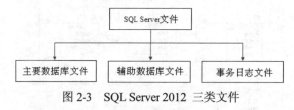

图 2-3　SQL Server 2012　三类文件

(1) 主数据文件。主数据文件包含数据库的启动信息，并指向数据库中的其他文件。用户数据和对象可以存储在此文件中，也可以存储在辅助数据文件中。每个数据库必须有且仅能有一个主文件，默认扩展名为.mdf。

(2) 辅助数据文件。辅助数据文件是可选的，由用户定义并存储未包括在主文件内的用户数据。通过将每个文件放在不同的磁盘驱动器上，辅助数据文件可用于将数据分散到多个磁盘上。另外，如果数据库超过了单个 Windows 文件的最大大小，也可以使用辅助数据文件，这样数据库就能继续增长。而数据库较小时，则只创建主数据文件不需要创建辅助数据文件。辅助数据文件的建议扩展名为.ndf。

(3) 事务日志文件。事务日志文件是用来记录数据库更新情况的文件。事务日志文件用于保存恢复数据库所需的事务日志信息。每个数据库必须至少有一个事务日志文件，也可能有多个。事务日志文件的建议扩展名为.ldf。

事务日志文件的存储与数据文件不同，它包含一系列记录，这些记录的存储不以页为存储单位。

创建一个数据库后，该数据库中至少包含一个主数据文件和一个事务日志文件。这些文件是操作系统文件名，它们不是由用户直接使用的，而是由系统使用的，因此不同于数据库的逻辑名。

(4) 文件组：允许将多个文件归纳为一组称文件组。可以将 Data1.mdf、data2.ndf、data3.ndf 数据文件分别创建在 3 个物理磁盘上，组成一组。创建表时，指定一个表在文件组中。此表数据分布在 3 个物理磁盘上，对表查询，可并行操作，提高查询效率。

说明：

- 一个文件或一个文件组只能被一个数据库使用。
- 一个文件只能隶属于一个文件组。
- 数据库的数据信息和日志信息不能放在同一个文件或文件组中。
- 日志文件不能隶属于任何一个文件组。

文件组有两类：

- 主文件组：包含主数据文件和任何没有明确指派给其他文件组的其他文件。
- 用户定义文件组：T_SQL 语句中用于创建和修改数据库的语句分别是 create database 和 alter database，这两语句都可以用 filegroup 关键字指定文件组。用户定义文件组就是指使用这两个语句创建或修改数据库时指定的文件组。

每个数据库中都有一个文件组作为默认文件组运行。如果 SQL Server 创建表或索引时没有为其指定文件组，那么将从默认文件组中进行存储页分配、查询等操作。如果没有指定默认文件组，则主文件组是默认文件组。

2.2 系统数据库

SQL Server 2012 中的数据库有两种类型：系统数据库和用户数据库。系统数据库存放 Microsoft SQL Server 2012 系统的系统级信息，例如系统配置、数据库的属性、登录账号、数据库文件、数据库备份、警报、作业等信息。通过系统信息来管理和控制整个数据库服务器系统。用户数据库是用户创建的，存放用户数据和对象的数据库。

2.2.1　SQL Server 包含的系统数据库

SQL Server 包含如下几个系统数据库，如表 2-1 所示。

表 2-1　SQL Server 包含的系统数据库

系统数据库	说　　明
master 数据库	记录 SQL Server 实例的所有系统级信息
msdb 数据库	用于 SQL Server 代理计划警报和作业
model 数据库	用作 SQL Server 实例上创建的所有数据库的模板。对 model 数据库进行的修改(如数据库大小、排序规则、恢复模式和其他数据库选项)将应用于以后创建的所有数据库
Resource 数据库	Resource 系统数据库是一个被隐藏的、只读的、物理的系统数据库，包含 SQL Server 2012 实例使用的所有系统对象。系统对象在物理上保留在 Resource 数据库中，但在逻辑上显示在每个数据库的 sys 架构中
tempdb 数据库	一个工作空间，用于保存临时对象或中间结果集

1. master 数据库

master数据库记录了SQL Server 2012 系统的所有系统级(system-level)信息。包括实例范围的元数据，如登录账户(logon accounts)、端点(endpoint)、链接服务器(linked servers)和系统配置设置(system configuration settings)等。在SQL Server中，系统对象不再存储在master数据库中，而是存储在Resource数据库中。不过在master数据库中，系统信息逻辑呈现为sys架构。此外，master数据库还记录了所有其他数据库的存在、数据库文件的位置以及SQL Server的初始化信息。因此，如果master数据库不可用，则SQL Server无法启动。

表2-2列出了master主数据文件和日志文件的初始配置值。对于不同版本的SQL Server，这些文件的大小可能略有不同。

表 2-2　master 主数据文件和日志文件的初始配置值

文件	逻辑名称	物理名称	文件增长
主数据	master	master.mdf	以 10%的速度自动增长到磁盘充满为止
Log	mastlog	mastlog.ldf	以 10%的速度自动增长到最大 2TB

有关如何移动 master 的数据文件和日志文件的信息，请参阅 microsoft 网站的"移动系统数据库"。Resource 数据库取决于 master 数据库的位置。如果移动了 master 数据库，则必须将 Resource 数据库也移动到同一个位置。

2. model 数据库

model 数据库被用作在 SQL Server 实例上创建的所有用户数据库的模板。因为每次启动 SQL Server 时都会创建 tempdb 数据库，所以 model 数据库必须始终存在于 SQL Server 系统中。当创建新的用户数据库时，model 数据库的全部内容(包括数据库选项)都会被复制到新创建的数据库中，使得新创建的用户数据库初始状态下具有了与 model 数据库一致的对象和相关数据，从而简化数据库的初始创建和管理操作。启动期间，也可以使用 model 数据库的某些设置来创建新的 tempdb。如果修改了 model 数据库，之后创建的所有数据库都将继承这些修改。例如，可以设置权限或数据库选项或者添加对象，如，表、函数或存储过程。

3. msdb 数据库

SQL Server 2012 代理使用 msdb 数据库来计划警报(scheduling alerts)和作业(jobs)。SQL Server Management Studio、Service Broker 和数据库邮件等其他功能也使用该数据库。

例如，SQL Server 在 msdb 中的表中自动保留一份完整的联机备份与还原历史记录。这些信息包括执行备份一方的名称、备份时间和用来存储备份的设备或文件。SQL Server Management Studio 利用这些信息来提出计划，以还原数据库和应用任何事务日志备份。msdb 数据库将会记录有关所有数据库的备份事件，即使它们是由自定义应用程序或第三方工具创建的。例如，如果使用调用 SQL Server 管理对象(SMO)的 Microsoft Visual Basic 应用程序执行备份操作，则事件将记录在 msdb 系统表、Microsoft Windows 应用程序日志和 SQL Server 错误日志中。为了保护存储在 msdb 数据库中的信息，我们建议您将 msdb 事务日志放在容错存储区中。

默认情况下，msdb 使用简单恢复模式。如果使用备份并且恢复(restore)历史记录表(history tables)，则可以对 msdb 使用完整恢复模式(full recovery model)

4. tempdb 数据库

tempdb 是一个临时数据库，用于存储查询过程中所使用的中间数据或结果。实际上，它只是一个系统的临时工作空间。当 SQL Server 重新启动时，该数据库将重建。为 tempdb 数据库分配足够的空间是非常重要的，因为在数据库应用中的很多操作，都因为涉及创建临时对象而需要使用该数据库。

5. Resource 数据库

Resource 数据库是一个被隐藏的、只读的、物理的系统数据库，包含了 SQL Server 2012 实例使用的所有系统对象。该数据库在 SQL Server Management Studio 工具中是不可见的，而且该系统数据库不能存储用户对象和数据。

该系统数据库是一个真正的数据库，不是逻辑的数据库。实际上，SQL Server 系统对象(例如 sys.objects)在物理上都存储在 Resource 数据库中，但在逻辑上显示在每个数据库的 sys 架构中。Resource 数据库不包含用户数据或用户元数据，使用 Resource 系统数据库的优点之一是便于系统的升级处理。用户可以在微软产品支持服务指导下对其进行修改。

2.2.2　在对象资源管理器中隐藏系统对象

下面介绍如何在 SQL Server 2012 中使用 SQL Server Management Studio 的"对象资源管理器"来隐藏系统对象。

在"对象资源管理器"中隐藏系统对象的具体步骤如下：

(1) 选择"工具"|"选项"命令，打开"选项"对话框。

(2) 在"环境 | 启动"选项页上，选中"在对象资源管理器中隐藏系统对象"复选框，单击"确定"按钮。

(3) 返回"SQL Server Management Studio"对话框，提示重新启动，单击"确定"按钮，确认必须重新启动 SQL Server Management Studio，以便此更改生效。

(4) 关闭并重新打开 SQL Server Management Studio。

2.3　创建数据库

在 Microsoft SQL Server 2012 中，创建数据库的方法主要有两种：一种是在 SQL Server Management Studio 中使用现有命令和功能，通过方便的图形化工具进行创建；另一种是通过 Transact-SQL 语句创建。本节将对这两种方法分别阐述。

2.3.1　使用 SQL Server Management Studio 图形界面创建数据库

在 SQL Server 2012 中，通过 SQL Server Management Studio 创建数据库是最容易的方法，具体步骤如下：

(1) 在"开始"菜单中选择"程序"|"Microsoft SQL Server 2012"|"SQL Server Management Studio"命令，打开 SQL Server Management Studio 窗口，并使用 Windows 或 SQL Server 身份验证建立连接。

(2) 在"对象资源管理器"中展开服务器，选择"数据库"节点，如图 2-4 所示。

(3) 在"数据库"节点上单击鼠标右键，从弹出的快捷菜单中选择"新建数据库"命令，如图 2-5 所示。

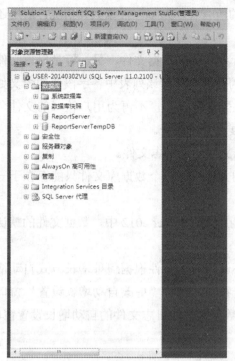

图 2-4　在"对象资源管理器"中选择"数据库"　　图 2-5　在"对象资源管理器"中创建数据库

(4) 执行上述操作后，将打开如图 2-6 所示的"新建数据库"窗口。

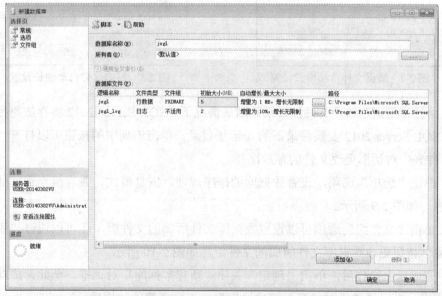

图 2-6　"新建数据库"窗口

(5) 在该窗口中有 3 个选项，分别是"常规"、"选项"和"文件组"。完成这 3 个选项中的内容，也就完成了数据库的创建工作。

在"常规"选项页的"数据库名称"文本框中输入新建数据库的名称。

在"所有者"文本框中输入新建数据库的所有者，如 sa。根据具体情况，启用还是禁用"使用全文索引"复选框。

(6) 在"数据库文件"列表中，包括两行：一行是数据文件，另一行是日志文件。通过单击下面的按钮，可以添加或者删除相应的数据文件。该列表中各字段值的含义如下：

- 逻辑名称：指定该文件的文件名，在默认情况下，不再为用户输入的文件名添加下划线和 Data 字样，相应的文件扩展名并未改变。
- 文件类型：用于区别当前文件是数据文件还是日志文件。
- 文件组：显示当前数据库文件所属的文件组。一个数据库文件只能存在于一个文件组里。
- 初始大小：指定该文件的初始容量，在 SQL Server 2012 中，数据文件的默认值为5MB，日志文件的默认值为 2MB。
- 自动增长：用于设置在文件的容量不够用时，文件根据何种增长方式自动增长。通过单击"自动增长"列中的省略号按钮，打开"更改自动增长设置"窗口进行设置。如图 2-7 和图 2-8 所示分别为数据文件和日志文件的自动增长设置窗口。

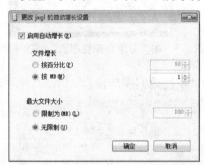
图 2-7　数据文件自动增长设置

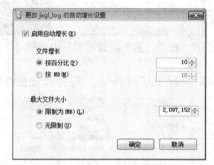
图 2-8　日志文件自动增长设置

- 路径：指定存放该文件的目录。默认情况下，SQL Server 2012 将存放路径设置为 SQL Server 2012 安装目录下的 data 子目录。单击该列中的按钮可以打开"定位文件夹"对话框更改文件的存放路径。

(7) 单击"选项"选项，设置数据库的排序规则、恢复模式、兼容级别和其他需要设置的内容，如图 2-9 所示。

(8) 单击"文件组"选项可以设置数据库文件所属的文件组，还可以通过"添加"或者"删除"按钮更改数据库文件所属的文件组，如图 2-10 所示。

(9) 完成以上操作后，单击"确定"关闭"新建数据库"对话框。至此，成功创建了一个数据库，可以通过"对象资源管理器"窗口查看新建的数据库。

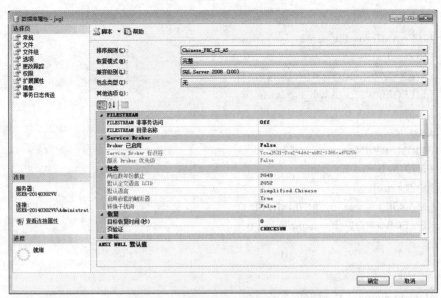

图 2-9　新建数据库"选项"选项页

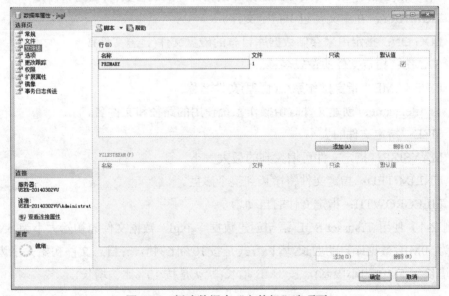

图 2-10　新建数据库"文件组"选项页

2.3.2　使用 Transact-SQL 语句创建数据库

使用 CREATE DATABASE 语句可以创建数据库，在创建时可以指定数据库名称、数据库文件存放位置、大小、文件的最大容量和文件的增量等。

语法格式如下：

```
CREATE DATABASE database_name
ON
```

```
{[PRIMARY](NAME=logical_file_name,
 FILENAME='os_file_name'
 [,SIZE=size]
 [,MAXSIZE={max_size|UNLIMITED }]
 [,FILEGROWTH=growth_increment ])
}[,....n]
LOG ON
{[[PRIMARY](NAME=logical_file_name,
 FILENAME='os_file_name'
 [,SIZE=size]
 [,MAXSIZE={max_size|UNLIMITED }]
 [,FILEGROWTH=growth_increment ])
}[,....n]
```

该命令中的参数含义如下：

- database_name：新数据库的名称。
- ON：指定显示定义用来存储数据库数据部分的磁盘文件(数据文件)。
- PRIMARY：在主文件组中指定文件。
- LOG ON：指定用来存储数据库日志的磁盘文件(日志文件)。
- NAME：指定文件的逻辑名称。
- FILENAME：指定操作系统(物理)文件名称。
- os_file_name：创建文件时由操作系统使用的路径和文件名。
- SIZE：指定文件的大小。
- MAXSIZE：指定文件可增大到的最大大小。
- UNLIMITED：指定文件将增长到整个磁盘。
- FILEGROWTH：指定文件的自动增量。

【例 2-1】使用 Transact-SQL 语句创建数据库 jxgl，数据文件的初始大小为 5MB，最大长度为 50MB，数据库自动增长，增长方式是按 10%比例增长；日志文件初始大小为 2MB，最大可增长到 5MB(为不限制)，按 1MB 增长(默认是按 10%比例增长)。

```
create database jxgl
 on primary
  (name=' jxgl _data',
   filename='e:\sql\ jxgl _data.mdf',
   size=5MB,
   maxsize=50Mb,
   filegrowth=10%
   )
 log on
  (name=' jxgl _log',
```

```
      filename='e:\sql\ jxgl _log.ldf',
      size=2mb,
      maxsize=5MB,
      filegrowth=1MB
      )
Go
```

　　在 SQL Server Management Studio 图形化界面中，单击左上角的"新建查询"按钮，打开查询分析界面，输入上述 Transact_SQL 语句，单击"执行"按钮即可创建数据库。

2.4　管理数据库

　　管理数据库是指修改数据库、查看数据库信息、重命名数据库和删除数据库。

2.4.1　修改数据库

1. 使用 SQL Server Management Studio 图形界面修改

使用 SQL Server Management Studio 图形界面修改数据库的操作步骤如下：

(1) 在"对象资源管理器"中，展开数据库实例下的"数据库"节点。

(2) 右键单击要修改的数据库，从弹出的快捷菜单中选择"属性"命令，打开"数据库属性"窗口，如图 2-11 所示。

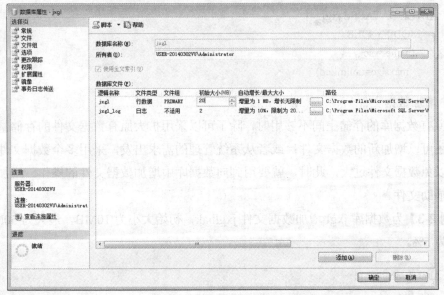

图 2-11　"数据库属性"窗口

(3) 修改数据库的属性参数，修改完成后，单击"确定"按钮。

2. 使用 Transact-SQL 语句修改数据库

使用 Transact-SQL 语句修改数据库的语法格式如下：

```
ALTER DATABASE database_name
{ADD FILE <filespec>[,...n] [TO FILEGROUP
{filegroup_name}]
|ADD LOG FILE <filespec>[,...n]
|REMOVE FILE <filespec>
|ADD FILEGROUP filegroup_name
|MODIFY FILEGROUP filegroup_name {filegrou_property |
NAME=new_filegroup_name }
```

参数说明如下：

- ADD FILE：向数据库文件组添加新的数据文件。
- ADD LOG FILE：向数据库添加事务日志文件。
- REMOVE FILE：从 SQL Server 实例中删除逻辑文件说明并删除物理文件。
- MODIFY FILE：修改某一个文件的属性。
- ADD FILEGROUP：向数据库添加文件组。
- REMOVE FILEGROUP：从实例中删除文件组。
- MODIFY FILEGROUP：修改某一个文件组的属性。

(1) 改变数据文件的初始大小

【例 2-2】使用 Transact-SQL 语句修改 jxgl 数据库的主数据文件的初始大小为 20MB。

```
ALTER DATABSE jxgl
    MODIFY FILE
      (name=xscj,
       maxsize=unlimited)
```

(2) 增加数据文件

当原有数据库的存储空间不够用时，除了可以采用扩大原有数据文件的存储量的方法之外，还可以增加新的数据文件；或者从系统管理的需求出发，采用多个数据文件来存储数据，以免数据文件过大，此时，就要用到向数据库中增加数据文件的操作。增加的数据文件是辅助文件。

【例 2-3】为数据库 jxgl 增加数据文件 jxglbak，初始大小为 10MB，最大为 50MB，增长方式为 5%。

```
alter database jxgl
 add file
   (name='jxglbak',
    filename='e:\sql\jxglbak.ndf',
```

```
    size=10MB,
    maxsize=50MB,
    filegrowth=5%
    )
go
```

(3) 删除数据文件

【例 2-4】从数据库 jxgl 中删除数据文件 jxglbak。

```
alter database jxgl
  remove file jxglbak
go
```

2.4.2 查看数据库信息

1. 使用 SQL Server Management Studio 图形化管理工具

在"对象资源管理器"中，展开 SQL Server 实例的"数据库"节点，右键单击要查看的数据库，从弹出的快捷菜单中选择"属性"命令，打开"数据库属性"窗口，即可查看数据库的相关信息，如图 2-12 所示。

图 2-12 "数据库属性"窗口

2. 使用系统存储过程

使用 sp_helpdb 存储过程可以查看该服务器上所有数据库或指定数据库的基本信息。例如：使用 sp_helpdb 存储过程查看 jxgl 数据库的相关信息，如图 2-13 所示。

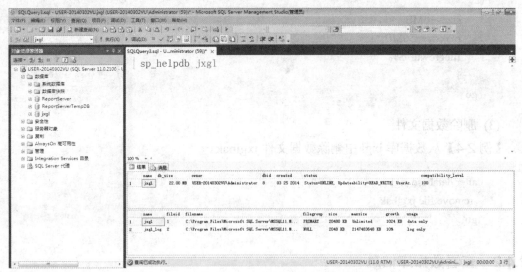

图 2-13　使用 sp_helpdb 存储过程查看单个数据库

2.4.3　重命名数据库

使用 Transact-SQL 语句对数据库重命名的语法格式如下：

```
ALTER DATABASE old_database_name
Modify NAME= new_database_name
```

各参数的含义说明如下：

old_database_name：指定数据库原名称。

new_database_name：指定数据库新名称。

【例 2-5】将 jxgl 数据库重命名为"教学管理"。

```
ALTER DATABASE jxgl
 MODIFY NAME = 教学管理
```

2.4.4　删除数据库

1. 使用 SQL Sever Stdio Manamegent 图形化工具删除数据库

在"对象资源管理器"中，展开 SQL Server 实例的"数据库"节点，右键单击要删除的数据库，从弹出的快捷菜单中选择"删除"命令即可，如图 2-14 所示。

2. 使用 T-SQL 语句删除数据库

删除数据库的语法格式如下：

```
DROP DATABASE database_name
```

图 2-14　删除数据库

其中，database_name 是将要删除的数据库名称。

【例 2-6】使用 T_SQL 语句删除"教学管理"数据库。

    DROP DATABASE 教学管理

2.4.5　分离数据库和附加数据库

1. 分离数据库

对于用存储过程 sp_detach_db 来分离数据库，如果发现无法终止用户链接，可以使用 ALTER DATABASE 命令，并利用一个能够中断已存在链接的终止选项把数据库设置为 SINGLE_USER 模式，设置为 SIGLE_USER 模式的代码如下：

    ALTER DATABASE [DatabaseName] SET SINGLE_USER WITH ROLLBACK IMMEDIATE

下面是分离数据库的命令：

    EXEC sp_detach_db DatabaseName

一旦数据库分离成功，从 SQL Server 角度来看和删除了该数据库没有什么区别。

2. 附加数据库

对于附加数据库，可以使用 sp_attach_db 存储过程，或者使用带有 FOR ATTACH 选项的 CREATE DATABASE 命令，在 SQL Server 2012 中推荐使用后者，前者是为了向前兼容，而后者提供了更多对文件的控制。

    CREATE DATABASE databasename

```
ON (FILENAME = 'D:\Database\dbname.mdf')
FOR ATTACH|FOR ATTACH_REBUILD_LOG
```

例如：附加"教学管理"数据库的命令如下：

```
CREATE DATABASE  教学管理
    ON (FILENAME = 'F:\附加库\教学管理.mdf'),
    (FILENAME = 'F:\附加库\教学管理_Log.ldf')
    FOR ATTACH;
```

然而对于这样的附加，因为涉及到重建日志，所以需要注意以下几点：

(1) 对于一个读/写数据库，如果含有一个可用的日志文件，无论使用 FOR ATTACH ，还是使用 FOR ATTACH_REBUILD_LOG，都不会对此数据库重建日志文件。如果日志文件不可用或者物理上没有该日志文件，那么使用 FOR ATTACH 或 FOR ATTACH_REBUILD_LOG 都会重建日志文件，所以，如果要复制一个带有大量日志文件的数据库到另一台服务器中，就可以只复制.mdf 文件，不用复制日志文件，然后使用 FOR ATTACH_REBUILD_LOG 选项重建日志。条件是这台服务器将主要使用或只用该数据库的副本进行读操作。

(2) 对于一个只读数据库，如果日志文件不可用，那么就不能更新主文件，所以也就不能重建日志，因此，当附加一个只读数据库时，必须在 FOR ATTACH 子句中指定日志文件。

如果使用附加数据库重建了日志文件，那么使用 FOR ATTACH_REBUILD_LOG 会中断日志备份链，进行这种操作之前最好做一次数据库完全备份。

使用 sp_detach_db 存储过程的一个好处是可以保证一个数据库是被干净的关闭，那么日志文件就不是附加数据库所必需的，可以使用 FOR ATTACH_REBUILD_LOG 命令重建日志，得到一个最小的日志文件。也算是一种快速收缩一个大日志文件的方法。

2.5　数据类型

数据类型分为两类：系统数据类型、用户自定义的数据类型。

2.5.1　系统数据类型

1. 整型数据类型

整型数据类型包括如下几种：

- Bigint 数据类型：可以表示-2^{63}~2^{63}-1 范围内的所有整数。在数据库中占用 8 个字节。
- int 数据类型：可以表示-2^{31}~2^{31}-1 范围内的所有整数。在数据库中占用 4 个字节。

- Smallint 数据类型：可以表示-2^{15}~2^{15}-1 范围内的所有整数。在数据库中占用 2 个字节。这种数据类型对表示一些常常限定在特定范围内的数值型数据非常有用。
- Tinyint 数据类型：可以表示 0~255 之间的整数，在数据库中占用 1 个字节。这种数据类型对表示有限数目的数值型数据非常有用。

2. 浮点型数据类型

浮点型数据类型可以表示包含小数的十进制数。包含精确数值型和近似数值型。

(1) 精确数值型

- Decimal(p,s)数据类型：可以表示-10^{38}+1~10^{38}-1 的固定精度和范围的数值型数据。使用这种数据类型时，必须指定范围 p 和精度 s。范围 p 表示存储的数字的总位数。精度 s 表示存储的小数位数。
- Numeric 数据类型：与 Decimal 数据类型的功能是等价的。

(2) 近似数值型：不能精确记录数据的精度，所保留的精度由二进制数字系统的精度决定。SQL Sever 提供了两种近似数值型数据类型。

- Real：可以表示-3.40E+38~3.40E+38 之间的数值，精确位数达到 7 位。在数据库中占 4 个字节。
- Float[(n)]：可以表示-1.79E+308~1.79E+308 之间和 2.23E-308~1.79E+308 之间的数值，n 为采用科学记数法表示的 float 数值尾数的位数，同时指定其精度和存储大小。N 必须取 1~53 之间的值。当 n 取 1~24 时，系统采用 4 个字节来存储，精确位数达到 7 位；当 n 取 25~534 时，系统采用 8 个字节来存储，精确位数达到 15 位。

3. 字符型数据类型

字符型数据类型用于存储字符串，字符数据由字母、符号和数字组成。表示字符常量时必须加上单引号或双引号。

- Char[(n)]：长度为 n 个字节的固定长度且非 Unicode 的字符数据，存储大小为 n 个字节。n 必须是一个介于 1 和 8000 之间的数值。
- varchar[(n)]：长度为 n 个字节的可变长度且非 Unicode 的字符数据。n 必须是一个介于 1 和 8000 之间的数值。存储大小为输入数据的字节的实际长度，而不是 n 个字节，所输入的数据字符长度可以为零。
- Nchar[(n)]：长度为 n 个字符的固定长度且非 Unicode 的字符数据。n 值在 1~4000 之间，n 默认值为 1。
- Nvarchar[(n)]：长度为 n 个字符的可变长度且非 Unicode 的字符数据。n 值在 1~4000 之间，n 的默认值为 1。

4. 日期和时间数据类型

日期和时间数据类型包括以下几种：

- datc 数据类型：只存储日期型数据类型，不存储时间数据，取值范围从 0001-01-01 到 9999-12-31。引入 date 类型，克服了 datetime 类型中既有日期又有时间的缺陷，使对日期的查询更加方便。

- time 数据类型：与 date 数据类型类似，如果只想存储时间数据而不需要存储日期部分就可以利用 time 数据类型，取值范围从 00：00：00.0000000 到 23：59：59.9999999。

- Datetime：从 1753 年 1 月 1 日到 9999 上 12 月 31 日的日期和时间数据，精确度为 3%s(3ms 或 0.003s)。

- Smalldatetime：表示自 1900 年 1 月 1 日到 2079 年 12 月 31 日的日期和时间数据，精确度为 1 分钟。

- datetime2 数据类型：一种日期时间混合的数据类型，不过其时间部分秒数的小数部分可以保留不同位数的值，比 datetime 数据类型的取值范围更广，可以存储从公元元年 1 月 1 日到 9999 年 12 月 31 日的日期。用户可以根据自己的需要设置不同的参数来设定小数位数，最高可以设定到小数点后七位(参数为 7)，也可以不要小数部分(参数为 0)，以此类推。

- datetimeoffset 数据类型：用于存储与特定的日期和时区相关的日期和时间。这种数据类型的日期和时间存储为协调世界时(Coordinated Universal Time，UTC)的值，然后，根据与该值有关的时区，定义要增加或减少的时间数。datetimeoffset 类型是由年、月、日、小时、分钟、秒和小数秒组成的时间戳结构。小数秒的最大小数位数为 7。

5. 位数据类型

Bit 数据类型可以表示 1、0 或 NULL 数据。用作条件逻辑判断，可以存储 TRUE(1) 或 FALSE(0)数据。占用 1 个字节。

6. 货币数据类型

货币数据类型用于存储货币或现金值，包括 MONEY 型和 SMALLMONEY 型两种。在使用货币数据类型时，应在数据前加上货币符号，以便系统辨识其为哪国的货币，如果不加货币符号，则系统默认为"￥"。

- MONEY：用于存储货币值，存储在 Money 数据类型中的数值以一个正数部分和一个小数部分存储在两个 4 字节的整型值中，其取值从-2^{63}(-9 223 372 036 854 775 808)～2^{63}-1(+9 223 372 036 854 775 807)，精确到货币单位的千分之十。

- SMALLMONEY：与 MONEY 数据类型类似，但其存储的货币值范围比 MONEY 数据类型小，SMALLMONEY 数据类型只需要 4 个存储字节，取值范围为-214 748.364 8～214 748.364 7。

7. 二进制数据类型

二进制数据类型包括 Binary [(n)]和 varbinay [(n)]两种：

- Binary [(n)]：固定长度的 n 个字节二进制数据。n 必须在 1~8000 内，存储空间大小为 n+4 个字节。
- varbinay [(n)]：n 个字节变长二进制数据。n 必须在 1~8000 内，存储空间大小为实际输入数据长度加上 4 个字节，而不是 n 个字节。输入的数据长度可能为 0 字节。

8. 文本和图形数据类型

文本和图形数据类型如下：

- Text 数据类型：用来声明变长的字符数据。在定义过程中，不需要指定字符的长度。最大长度为 2^{31}-1 个字节。当服务器代码页使用双字节时，存储量仍为 231-1 个字节。存储大小可能小于 2^{31}-1 个字节(取决于字符串)。
- Image 数据类型：表示可变长度的二进制数据，在 0~2^{31}-1 字节之间。用来存储照片、目录图片或者图画。二进制常量以 0x(一个零和小写字母 x)开始，后面跟位模式的十六进制表示。0x2A 表示十六进制值 2A，它等于十进制的数 42 或单字节位模式 00101010。

9. 其他数据类型

除了以上数据类型以外，系统数据类型还有如下几种：

- Cursor 游标数据类型：用于创建游标变量或者定义存储过程的输出参数。它是唯一的一种不能赋值给表的列字段的基本数据类型。
- table 数据类型：能够保存函数结果，并将其作为局部变量数据类型，可以暂时存储应用程序的结果，以便在以后用到。
- TIMESTAMP：是一个特殊的用于表示先后顺序的时间戳数据类型。该数据类型可以为表中数据行加上一个版本戳。
- UNIQUEIDENTIFIER：是一个具有 16 字节的全局唯一性标志符，用来确保对象的唯一性。可以在定义列或变量时使用该数据类型，这些定义的主要目的是在合并复制和事务复制中确保表中数据行的唯一性。
- XML：用于存储 XML 数据。可以像使用 Int 数据类型一样使用 XML 数据类型。需要注意的是，存储在 XML 数据类型中的数据实例的最大值是 2GB。

2.5.2　用户自定义的数据类型

用户可以根据需要创建自己的数据类型。创建用户自定义的数据类型需要定义如下 3个要素：

- 类型的名称
- 所依赖的数据类型
- 是否允许为空

SQL Server 2012 中，创建用户自定义数据类型有两种方法，第一种是使用 SQL Server Management Studio 创建用户自定义数据类型；第二种是使用系统存储过程 sp_addtype 创建用户自定义数据类型。

1. 使用 SQL Server Management Studio 创建用户自定义数据类型

在"对象资源管理器"窗格中，展开服务器下面的"数据库"|"教学管理"|"可编程性"|"类型"节点，右击"用户定义数据类型"，从弹出的快捷菜单中选择"新建用户定义数据类型"命令，如图 2-15 所示。打开"新建用户定义数据类型"窗口，根据需要创建自定义的数据类型的参数，如图 2-16 所示，单击"确定"按钮完成。

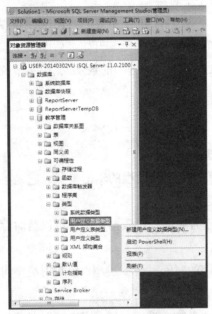 

图 2-15　"新建用户定义数据类型"命令　　　图 2-16　"新建用户定义数据类型"窗口

2. 使用系统存储过程 sp_addtype 创建用户自定义数据类型

语法格式如下：

```
Sp_addtype [@typename=] type,
    [@phystype=] system_data_type
    [,[@nulltype=] 'null_type']
    [,[@owner=] 'owner_name']
```

参数的说明如下：

- Type：指定用户定义的数据类型的名称。

- System_data_type：指定系统提供的相应数据类型的名称及定义。注意，不能使用 timestamp 数据类型，当所使用的系统数据类型有额外说明时，需要用引号将其括起来。
- Null_type：指定用户定义数据类型的 null 属性，其值可以为"null"或者"not null"。
- Owner_name：指定用户自定义数据类型的所有者。

【例 2-7】自定义一个"address"数据类型。

```
sp_addtype address,'varchar(128)','not null'
```

2.6　创建数据表

创建表的方法有两种：一种是图形界面方法(即使用 SQL Server Management Studio)创建，另一种是使用 Transact-SQL 语句进行创建。下面就对这两种方法进行详细介绍。

2.6.1　使用 SQL Server Management Studio 创建表

(1) 连接 SQL Server Management Studio。在"对象资源管理器"中，展开"服务器"|"数据库"|"教学管理"节点。

(2) 右击"表"节点，从弹出的快捷菜单中选择"新建表"命令，如图 2-17 所示。

(3) 打开"表设计器"窗口，创建用户需要的表结构，如图 2-18 所示。单击工具栏中的"保存"按钮，弹出"选择名称"对话框，输入表名称后，单击"确定"按钮，如图 2-19 所示。

图 2-17　"新建表"命令

图 2-18　"表设计"窗口

图 2-19　"选择名称"对话框

2.6.2　使用 Transact-SQL 语句创建表

创建表的语法格式如下：

```
CREATE TABLE
[database_name.[shcema_name].|[schema_name.]
 table_name
 ({<column_definition>|<computed_column_definition>}
 [<table_constraint>] [,...n]
其中：
<column_definition>::=column_name<data_type>
[NULL|NOT NULL|DEFAULT constraint_expression
|IDENTITY [(seed,increment)]]
 [<column_constraint> [...n]]
<column_constraint>::=[CONSTRAINT constraint_name]
{{PRIMARY KEY|UNIQUE}[CLUSTERED|NONCLUSTERED]
 |FOREIGN KEY]
 REFERENCES[schema_name.]referenced_table_name
 [(ref_column)]
 [ON DELETE {NO ACTION|CASCADE|SET NULL|SET DEFAULT}]
 [ON UPDATE {NO ACTION|CASCADE|SET NULL|SET DEFAULT}]
 |CHECK (logical_expression)}
```

参数说明：

- Database_name：数据库名称。
- Schema_name：新表所属架构名称。
- Table_name：新表名称。
- column_name：表中列名称。
- Computed_column_expression：定义计算列的值的表达式。
- DEFAULT：如果在插入过程中没有显示提供值，则指定为列提供的默认值。
- [ASC|DESC]：指定加入到表约束上的一列或多列的排序顺序。默认值为 ASC。

【例 2-8】在"教学管理"数据库中，使用 Transact-SQL 语句创建"学生"表。

```
create table 学生
(学号  char(10),
 姓名  nvarchar(4) not null,
 性别  nchar(1),
 系别  nvarchar(10),
 出生日期  date,
 高考入学成绩  smallint,
 少数民族否  bit)
```

2.7   管理数据表

2.7.1   使用 Transact-SQL 语句增加、删除和修改字段

使用 T-SQL 语句修改表的语法格式如下：

```
ALTER TABLE table
{[ALTER COLUMN column_name
  {new_data_type [(precision [,scale] ) ]
    [COLLATE<collation_name>]
   [NULL|NOT NULL ]
   | { ADD |DROP}ROWGUIDCOL }]
  |ADD { <column_defunition> | <computed_column_definition>
   |<table_constraint> } [,…n]

  DROP { [ CONSTRAINT] constraint_name
          | COLUMN column_name } [,….n]
```

参数说明如下：

- Table:用于指定要修改的表名称。
- ALTER COLUMN：用于指定要变更或者修改数据类型的列。
- Column_name：用于指定要修改、添加和删除的列名称。
- New_data_type：用于指定新的数据类型的名称。
- Precision：用于指定新的数据类型的精度。
- Scale: 用于指定新的数据类型的小数位数。
- NULL|NOT NULL：用于指定该列是否可以接受空值。
- ADD |DROP |ROWGUIDCOL：用于指定在某列上添加或删除 ROWGUIDCOL 属性。

【例 2-9】在"教学管理"数据库中创建一个课程表，然后向课程表中增加"选修课程号"列、删除"学分"列，并修改课程名称的数据长度。

```
Create table  课程表
(课程号  char(6) not null,
 课程名称  nvarchar(10),
 学时  int,
 学分  int)
Go
Alter table  课程表  add  先修课程号  char(10)
Alter table 课程表  drop column  学分
Alter table 课程表  alter column  课程名称  nvarchar(20)
```

2.7.2　查看数据表

1. 查看数据表的结构

在"对象资源管理器"中，逐个展开"服务器"|"数据库"|"教学管理"|"表"节点，右击要查看的表，从弹出的快捷菜单中选择"设计"命令，打开"表设计"窗口。可以查看和修改表中字段的数据类型、名称、是否允许为空值以及主键约束等信息。单击"保存"按钮可完成修改操作。如图 2-20 所示。

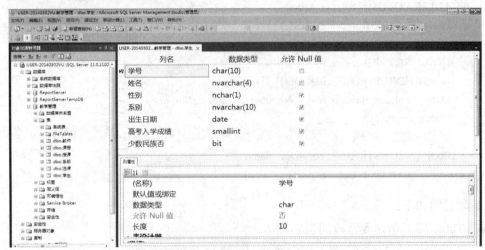

图 2-20　"学生"数据表设计窗口

2. 查看数据表中存储的数据

在"对象资源管理器"中，逐个展开"服务器"|"数据库"|"教学管理" |"表"节点，右击要查看的表，从弹出的快捷菜单中选择"编辑前 200 行"命令，打开"显示前 200 行记录"窗口。用户可以查看并编辑数据，如图 2-21 所示。

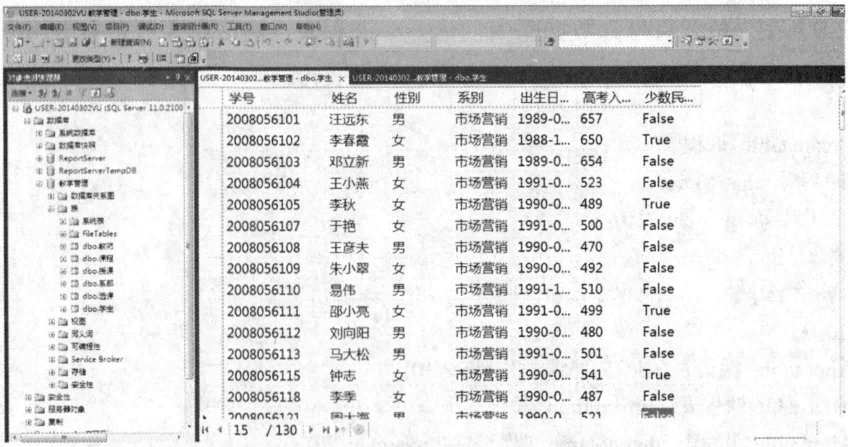

图 2-21　"学生"数据表前 200 条记录的编辑窗口

3. 查看表与其他数据对象的依赖关系

在"对象资源管理器"中，逐个展开"服务器"|"数据库"|"教学管理"|"表"节点，右击要查看的表，从弹出的快捷菜单中选择"查看依赖关系"命令，打开"对象依赖关系"窗口。用户可以查看该数据表与其他对象的依赖关系，如图 2-22 所示。

图 2-22　"学生"数据表的"对象依赖关系"窗口

4. 使用系统存储过程查看数据表信息

使用系统存储过程 sp_help 可以查看指定数据库对象的信息，也可以查看系统或者用户定义的数据类型的信息。

语法格式如下：

```
Sp_help [[@objectname=]=name]
```

Sp_help 存储过程只用于当前的数库，其中，@objectname=子句用于指定对象的名称。如果不指定对象名称，Sp_help 存储过程就会列出当前数据库中的所有对象名称、对象的所有者和对象的类型。

【例 2-10】显示"教学管理"数据库中的所有对象。

```
Use 教学管理
Go
Exec sp_help
```

【例 2-11】显示"学生"数据表的信息。执行结果如图 2-23 所示。

```
Use 教学管理
```

Go

Exec sp_help 学生

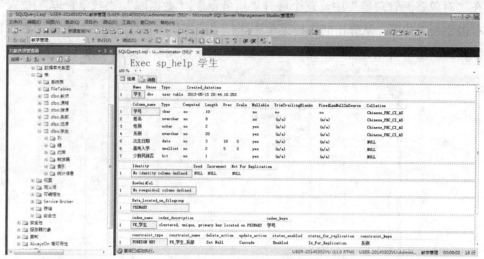

图 2-23 　"学生"数据表信息窗口

2.7.3 删除数据表

1. 使用 SQL Server Management Studio 管理控制台删除数据表

右击要进行删除的表，从弹出的快捷菜单中选择"删除"命令即可。

2. Transact_SQL 语句删除数据表

删除数据表的语法格式如下：

DROP TABLE [database_name].[schema_name].table_name[,…n]

【例 2-12】删除"学生"表。

删除"学生"表的 Transact-SQL 语句如下：

Drop table 学生

2.8 　疑难解惑

1. 用户定义文件组的优点是什么？
2. 逻辑文件名与物理文件名的区别是什么？

2.9 经典习题

1. 简答题

(1) SQL Server 2012 的系统数据库有哪几种？功能分别是什么？

(2) 数据库的存储结构分为哪两类？

(3) 数据库由哪几种类型的文件组成？其扩展名分别是什么？

(4) 数据库、数据库系统与数据库管理系统的区别是什么？

(5) SQL Server 2012 常用的系统数据类型有哪些？

2. 上机操作题

(1) 使用 SQL Server 2012 管理控制台的图形界面以及 T-SQL 语句分别创建"学生管理库"数据库和删除数据库。要求"学生管理库"数据库的主数据文件的初始大小为 5MB，最大为 50MB，增长方式为 10%；日志文件的初始大小为 1MB，最大为 5MB，增长方式为 1MB。

(2) 分别创建"学生"、"选课"、"课程"数据表。

(3) 向"学生"、"选课"、"课程"数据表中分别输入若干条记录。

(4) 删除"学生"、"选课"、"课程"数据表。

第3章 Transact-SQL语言基础

SQL(Structure Query Language，结构化查询语言)是数据库查询和程序设计语言。SQL语言结构简洁、功能强大、简单易学，自问世以来，得到了广泛的应用。自从 ISO(International Standardize Organization，国际标准化组织)将其制定为数据库系统的工业标准之后，SQL得到了极大的推广。许多成熟的商用关系型数据库，如 Oracle 和 Sybase 等都支持 SQL。随着 Microsoft SQL Server 版本的演进，从标准 SQL 衍生出来的 Transact-SQL 语言也变得独立而且功能强大，拥有了众多用户，是解决各种数据问题的主流语言。

本章将研究 Transact-SQL 中涉及的基本数据元素，包括标识符、变量和常量、运算符、表达式、函数、流程控制语句、错误处理语句和注释等。

本章学习目标:

- 了解 Transact-SQL 语言的发展过程
- 理解 Transact-SQL 语言附加的语言元素
- 掌握常量、变量、运算符和表达式
- 掌握流程控制语句
- 掌握常用函数

3.1 工作场景导入

软件测试员小李要测试数据库的性能，当学生选课表的数据达到 10 万行时，系统是否反应还会很快？如何才可以快速方便的为学生选课表添加10万行数据？

引导问题:

为学生选课表添加 10 万行数据，需要考虑以下几个问题:

(1) 如何产生 10 万行不同的随机数据？

(2) 为考虑系统性能，应考虑多少行数据提交 1 次？

(3) 如何使用 WHILE 循环？

3.2 Transact-SQL 概述

SQL 的全称是 Structured Query Language(结构化查询语言)，SQL 最早是在 20 世纪 70

年代由 IBM 公司开发的，作为 IBM 关系数据库原型 System R 的原型关系语言，主要用于关系数据库中的信息检索。由于 SQL 简单易学，目前已经成为关系数据库系统中使用最广泛的语言。

SQL 有 3 个主要标准：ANSI SQL、SQL92、SQL99。

Transact-SQL 语言是 ANSI SQL 的扩充语言，除继承了 ANSI SQL 的命令和功能之外，还对其进行了许多扩充，并且不断地变化、发展。它提供了类似 C 程序设计语言的基本功能，如变量、运算符、表达式、功能函数、流程控制语句等。

3.2.1　Transact-SQL 语法约定

如表 3-1 所示列出了 Transact-SQL 参考的语法中使用的语法约定。

表 3-1　Transact-SQL 语法约定

约定	用于
大写	Transact-SQL 关键字
斜体	用户提供的 Transact-SQL 语法的参数
粗体	数据库名、表名、列名、索引名、存储过程、实用工具、数据类型名以及必须按所显示的原样输入的文本
下划线	指示当语句中省略了包含带下划线的值的子句时应用的默认值
|(竖线)	分隔括号或大括号中的语法项。只能使用其中一项
[ ](方括号)	可选语法项。不要输入方括号
{ }(大括号)	必选语法项。不要输入大括号
[,...n]	指示前面的项可以重复 n 次。各项之间以逗号分隔
[...n]	指示前面的项可以重复 n 次。每一项由空格分隔
;	Transact-SQL 语句终止符。虽然在此版本的 SQL Server 中大部分语句不需要分号，但将来的版本需要分号
<label> ::=	语法块的名称。此约定用于对可在语句中的多个位置使用的过长语法段或语法单元进行分组和标记。可使用语法块的每个位置由尖括号内的标签指示：<标签>

3.2.2　多部分名称

除非另外指定，否则，所有对数据库对象名的 Transact-SQL 引用将是由 4 部分组成的多部分名称，格式如下：

```
server_name.[database_name].[schema_name].object_name
| database_name .[schema_name].object_name
| schema_name . object_name
```

| object_name

各参数的含义如下:

- server_name:server_name 指定链接的服务器名称或远程服务器名称。
- database_name:如果对象驻留在 SQL Server 的本地实例中,则 database_name 指定 SQL Server 数据库的名称。如果对象在链接服务器中,则 database_name 将指定 OLE DB 目录。
- schema_name:如果对象在 SQL Server 数据库中,则 schema_name 指定包含对象的架构的名称。如果对象在链接服务器中,则 schema_name 将指定 OLE DB 架构名称。
- object_name:object_name 表示对象的名称。

引用某个特定对象时,不必总是指定服务器、数据库和架构供 SQL Server 数据库引擎标识该对象。但是,如果找不到该对象,将返回错误。

注意:

为了避免名称解析错误,建议只要指定了架构范围内的对象时就指定架构名称。如果要省略中间节点,可以使用点运算符来指示这些位置。表 3-2 列出了对象名的有效格式。

表 3-2　对象名的有效格式

对象引用格式	说明
server . database . schema . object	四个部分的名称
server . database .. object	省略架构名称
server .. schema . object	省略数据库名称
server ... object	省略数据库和架构名称
database . schema . object	省略服务器名
database .. object	省略服务器和架构名称
schema . object	省略服务器和数据库名称
object	省略服务器、数据库和架构名称

3.2.3　如何给标识符起名

在 SQL Server 2012 中,使用标识符定义服务器、数据库、数据库对象和变量的名称。分为常规标识符和分隔标识符。SQL Server 2012 为对象标识符提供了一系列标准的命名规则,并为非标准的标识符提供了使用分隔符的方法。

1. 常规标识符

常规标识符的规则如下:

　　(1) 第一个字符必须是下列字符之一：字母 a～z 和 A～Z，来自其他语言的字母字符，下划线_、@或者数字符号#。在 SQL Server 中，某些处于标识符开始位置的符号具有特殊意义，如果以@符号开始的标识符表示局部变量或参数，以#符号开始的标识符表示临时表或过程，以双数字符号(##)开始的标识符表示全局临时对象。

　　(2) 后续字符可以是所有的字母、十进制数字、@符号、美元符号($)、数字符号或下划线。

　　说明：

- 标识符不能是 Transact-SQL 的保留字。
- 不允许嵌套空格或其他特殊字符。
- 当标识符用于 Transact-SQL 语句时，必须用引号(")或方括号([])分隔不符合规则的标识符。

2. 分隔标识符

　　凡规则标识符不需要使用分隔标识符，而不符合标识符格式规则的标识符必须使用分隔符。

　　分隔标识符类型有两种：

- 被引用的标识符用双引号(" ")分隔。
- 括在括号中的标识符用方括号([])分隔。

3. 数据库对象的命名规则

　　完整的数据库对象名由 4 部分组成：服务器名称、数据库名称、指定包含对象架构的名称、对象的名称。格式如下：

> [服务器名称].[SQL Server 数据库的名称].[指定包含对象架构的名称].[对象的名称]

3.2.4　系统保留字

　　与其他许多语言类似,SQL Server 2012 使用了 180 多个保留关键字(Reserved Keyword)来定义、操作或访问数据库和数据库对象，这些关键字包括 DATABASE、CURSOR、CREATE、INSERT、BEGIN 等。这些保留关键字是 T-SQL 语法的一部分，用于分析和理解 T-SQL 语言。在编写 T-SQL 语句时，这些系统保留字会以不同的颜色标记，以方便用户区分。一般地，不能使用这些保留关键字作为对象名称或标识符。表 3-3 列出了 SQL Server 保留关键字。

表 3-3　SQL Server 保留关键字

ADD	EXTERNAL	PROCEDURE
ALL	FETCH	PUBLIC
ALTER	FILE	RAISERROR

(续表)

AND	FILLFACTOR	READ
ANY	FOR	READTEXT
AS	FOREIGN	RECONFIGURE
ASC	FREETEXT	REFERENCES
AUTHORIZATION	FREETEXTTABLE	REPLICATION
BACKUP	FROM	RESTORE
BEGIN	FULL	RESTRICT
BETWEEN	FUNCTION	RETURN
BREAK	GOTO	REVERT
BROWSE	GRANT	REVOKE
BULK	GROUP	RIGHT
BY	HAVING	ROLLBACK
CASCADE	HOLDLOCK	ROWCOUNT
CASE	IDENTITY	ROWGUIDCOL
CHECK	IDENTITY_INSERT	RULE
CHECKPOINT	IDENTITYCOL	SAVE
CLOSE	IF	SCHEMA
CLUSTERED	IN	SECURITYAUDIT
COALESCE	INDEX	SELECT
COLLATE	INNER	SEMANTICKEYPHRASETABLE
COLUMN	INSERT	SEMANTICSIMILARITYDETAILSTABLE
COMMIT	INTERSECT	SEMANTICSIMILARITYTABLE
COMPUTE	INTO	SESSION_USER
CONSTRAINT	IS	SET
CONTAINS	JOIN	SETUSER
CONTAINSTABLE	KEY	SHUTDOWN
CONTINUE	KILL	SOME
CONVERT	LEFT	STATISTICS
CREATE	LIKE	SYSTEM_USER
CROSS	LINENO	TABLE
CURRENT	LOAD	TABLESAMPLE
CURRENT_DATE	MERGE	TEXTSIZE
CURRENT_TIME	NATIONAL	THEN
CURRENT_TIMESTAMP	NOCHECK	TO

（续表）

CURRENT_USER	NONCLUSTERED	TOP
CURSOR	NOT	TRAN
DATABASE	NULL	TRANSACTION
DBCC	NULLIF	TRIGGER
DEALLOCATE	OF	TRUNCATE
DECLARE	OFF	TRY_CONVERT
DEFAULT	OFFSETS	TSEQUAL
DELETE	ON	UNION
DENY	OPEN	UNIQUE
DESC	OPENDATASOURCE	UNPIVOT
DISK	OPENQUERY	UPDATE
DISTINCT	OPENROWSET	UPDATETEXT
DISTRIBUTED	OPENXML	USE
DOUBLE	OPTION	USER
DROP	OR	VALUES
DUMP	ORDER	VARYING
ELSE	OUTER	VIEW
END	OVER	WAITFOR
ERRLVL	PERCENT	WHEN
ESCAPE	PIVOT	WHERE
EXCEPT	PLAN	WHILE
EXEC	PRECISION	WITH
EXECUTE	PRIMARY	WITHIN GROUP
EXISTS	PRINT	WRITETEXT
EXIT	PROC	

3.3　常量

常量也称标量值，程序运行过程中其值保持不变，在 T-SQL 语句中常量作为查询条件。

常量的格式来自于数据类型和长度，根据数据类型的不同，常量分为字符串型常量、数值型常量、日期时间型常量和货币型常量。

3.3.1　字符串型常量

字符串型常量是用单引号括起来的字母、数字及特殊符号。根据使用的编码不同，分为 ASCII 字符串常量和 Unicode 字符串常量。

ASCII 字符串常量由单引号括起的 ASCII 字符构成。如：'hello,china!'。

Unicode 字符串常量的格式与普通字符串相似，但它的前面有一个前缀 N，N 代表 SQL-92 标准中的国际语言(National Language)，而且 N 前缀必须是大写的。例如，'数据库原理' 是字符串常量，而 N'数据库原理' 则是 Unicode 常量。

Unicode 常量被解释为 Unicode 数据，并且不使用代码页进行计算。Unicode 常量确实有排序规则，主要用于控制比较和区分大小写。为 Unicode 常量指派当前数据库的默认排序规则，除非使用 COLLATE 子句为其指定了排序规则。Unicode 数据中的每个字符都使用两个字节进行存储，而字符数据中的每个字符则使用一个字节进行存储。

3.3.2　数字常量

数字常量包含整型常量和实数型常量。

- 整型常量(Integer)用来表示整数。可细分为二进制整型常量、十六进制整型常量和十进制整型常量。二进制整型常量以数字 0 和 1 表示；十六进制整型常量由前缀 0x 后跟十六进制数组成；十进制整型常量即不带小数点的十进制数。
- 实数型常量用来表示带小数部分的数，有定点数和浮点数两种表示方式，其中浮点数使用科学记数法来表示。如：0.56E-3。

3.3.3　日期时间型常量(DATETIME)

日期时间型常量使用特定格式的字符日期值来表示，并且用单引号括起来。例如：'13/8/26'、'130826'

3.4　变量

变量是指在程序运行过程中随着程序的运行而变化的量。变量可以保存查询结果、存储过程返回值。根据变量的作用域可以分为全局变量与局部变量。

3.4.1　全局变量

在 SQL Server 中，全局变量是一种特殊类型的变量，服务器将维护这些变量的值。全局变量以@@前缀开头，不必进行声明，它们属于系统定义的函数，用户可以直接调用。以下就是 SQL Server 中常用的一些全局变量。

@@error：最后一个 Transact-SQL 错误的错误号

@@identity：最后一次插入的标识值

@@language：当前使用的语言的名称

@@max_connections：可以创建的同时连接的最大数目

@@rowcount：受上一个 SQL 语句影响的行数

@@servername：本地服务器的名称

@@servicename：该计算机上的 SQL 服务的名称

@@timeticks：当前计算机上每刻度的微秒数

@@transcount：当前连接打开的事务数

@@version：SQL Server 的版本信息

【例 3-1】查询 SQL Server 版本信息及服务器名称。

SQL 代码如下：

```
SELECT ' SQL SERVER 版本信息'=@@version, '服务器名称'=@@servername
```

结果如图 3-1 所示。

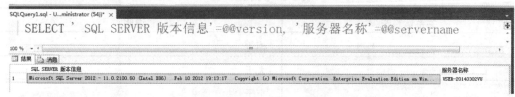

图 3-1　例 3-1 运行结果

3.4.2　局部变量

局部变量是用户自定义的变量，它的作用范围仅在程序内部。在程序中通常用来存储从表中查询到的数据，或当作程序执行过程中暂存变量使用。局部变量必须以 "@" 开头，而且必须先用 DECLARE 命令声明后才可以使用。其声明格式如下：

```
DECLARE @变量名 变量类型 [@变量名 变量类型...]
```

其中，变量类型可以是 SQL Server 的所有数据类型，也可以是用户自定义的数据类型。

3.5　运算符和表达式

3.5.1　运算符

1．算术运算符

算术运算符用于对两个表达式执行数学运算。常用的算术运算符如表 3-4 所示。

表 3-4　算术运算符

算术运算符	说　　明
+	加法运算
-	减法运算
*	乘法运算
/	除法运算，如果两个表达式都是整数，则结果是整数，小数部分被截断
%(求模)	求模(求余)运算，返回两数相除后的余数

2. 关系运算符

关系运算符又叫比较运算符。用于比较两个表达式的大小或是否相同。

用比较运算符连接的表达式多用于条件语句(如 IF 语句)的判断表达式中，或者用于检索时的 WHERE 子句中。

常用的关系运算符如表 3-5 所示。

表 3-5　关系运算符

关系运算符	说明
=	相等
>	大于
<	小于
>=	大于等于
<=	小于等于
<>、!=	不等于
!<	不小于
!>	不大于

3. 逻辑运算符

逻辑运算符可以将多个逻辑表达式连接起来。返回值为 TRUE 或 FALSE 的布尔数据类型。逻辑运算符如表 3-6 所示。

表 3-6　逻辑运算符

运算符	运算规则
AND	与运算，两个操作数均为 TRUE 时，结果才为 TRUE
OR	或运算，若两个操作数中存在一个为 TRUE，则结果为 TRUE
NOT	非运算，单目运算，结果值取反

（续表）

运算符	运算规则
ALL	每个操作数值都为 TRUE 时，结果为 TRUE
ANY	多个操作数中只要有一个为 TRUE，结果为 TRUE
BETWEEN	若操作数在指定的范围内，则运算结果为 TRUE
EXISTS	若子查询包含一些行，则运算结果为 TRUE
IN	若操作数值等于表达式列表中的一个，则结果为 TRUE
LIKE	若操作数与某种模式相匹配，则结果为 TRUE
SOME	若在一系列操作数中，有些值为 TRUE，则结果为 TRUE

4. 连接运算符

连接运算符"+"用于连接两个或两个以上的字符或二进制串、列名或者串和列的混合体，将一个串加入到另一个串的末尾。

5. 位运算符

位运算符能够在整型或者二进制数据(image 数据类型外)之间执行位操作。位运算符如表 3-7 所示。

表 3-7　位运算符

运算符	运算法则
&(位与运算)	两个位值均为 1 时，结果为 1，否则为 0
|(位或运算)	只要有一个位为 1，则结果为 1，否则为 0
^(位异或运算)	两个位值不同时，结果为 1，否则为 0

【例 3-2】位运算符实例。

SQL 代码如下：

```
SELECT 168 & 73, 168 | 73, 168 ^ 73
```

结果如图 3-2 所示。

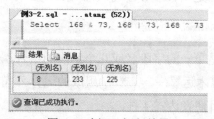

图 3-2　例 3-2 运行结果

6. 运算符的优先顺序

运算符的优先级如表 3-8 所示。

当运算符的级别不同时，先对较高级别的运算符进行运算，然后再对较低级别的运算符进行运算。当一个表达式中多个运算符的级别相同时，一般按照从左到右的顺序进行运算。当表达式中有括号时，应先对括号内的表达式进行求值；如果表达式中有嵌套的括号，则首先对嵌套最深的表达式求值。

表 3-8　运算符的优先级

优先级	运算符
1	()括号
2	+(正)、-(负)、~(按位取反)
3	*(乘)、/(除)、%(取模)
4	+(加)、-(减)、+(字符串连接)
5	=、>、<、>=、<=、<>、!=、!>、!<比较运算符
6	^(位异或)、&(位与)、|(位或)
7	NOT
8	AND
9	ALL、ANY、BETWEEN、IN、LIKE、OR、SOME
10	=(赋值)

3.5.2　表达式

在 SQL 语言中，表达式由标识符、变量、常量、标量函数、子查询以及运算符组成。在 Microsoft SQL Server 2012 中，表达式可以在多个不同的位置使用，这些位置包括查询中检索数据的一部分、搜索数据的条件等。

表达式可以分为简单表达式和复杂表达式两种类型。一般指由常量、变量、函数和运算符组成的式子为表达式，应特别注意的是：单个常量、变量或函数亦可称作表达式。SQL 语言中包括 3 种表达式，第一种是<表名>后跟的<字段名表达式>，第二种是 SELECT 语句后的<目标表达式>，第三种是 WHERE 语句后的<条件表达式>。

1. 字段名表达式

<字段名表达式>可以是单一的字段名或几个字段的组合，也可以是由字段、作用于字段的集函数和常量的任意算术运算(+、-、*、/)组成的运算公式。主要包括数值表达式、字符表达式、逻辑表达式、日期表达式 4 种。

2．目标表达式

<目标表达式>有 4 种构成方式:

- *，表示选择相应基表或视图的所有字段。
- <表名>.*，表示选择指定的基表和视图的所有字段。
- 集函数()，表示在相应的表中按集函数操作和运算。
- [<表名>.]<字段名表达式>[, [<表名>.]<字段名表达式>]…，表示按字段名表达式在多个指定的表中选择指定的字段。

3．条件表达式

常用的<条件表达式>有以下 6 种:

(1) 比较大小

应用比较运算符构成的表达式，主要的比较运算符有: =, >, <, >=, <=, !=, <>, !>(不太于)，!<(不小于)，NOT+(与比较运算符同用，对条件求非)。

(2) 指定范围

BETWEEN…AND… , NOT BETWEEN…AND…

查找字段值在(或不在)指定范围内的记录。BETWEEN 后是范围的下限(即低值)，AND 后是范围的上限(即高值)。

(3) 集合

IN…, NOT IN…

查找字段值属于(或不属于)指定集合内的记录。

(4) 字符匹配

LIKE, NOT LIKE'<匹配串>' [ESCAPE'<换码字符>']

查找指定的字段值与<匹配串>相匹配的记录。<匹配串>可以是一个完整的字符串，也可以含有通配符_和%。其中，_代表任意单个字符；%代表任意长度的字符串。

(5) 空值

IS NULL, IS NOT NULL

查找字段值为空(或不为空)的记录。NULL 不能用来表示无形值、默认值、不可用值，以及取最低值或取最高值。SQL 规定: 在含有运算符+、-、*、/的算术表达式中，若有一个值是空值，则该算术表达式的值也是空值；任何一个含有 NULL 比较操作结果的取值都为"假"。

(6) 多重条件

AND, OR

AND 的含义为查找字段值满足所有与 AND 相连的查询条件的记录；OR 的含义为查找字段值满足查询条件之一的记录。AND 的优先级高于 OR，但可通过括号来改变优先级。

3.6 Transact-SQL 利器——通配符

T-SQL 语言的通配符可以代替一个或多个字符，通配符必须与 LIKE 运算符结合使用。T-SQL 语言的各通配符的含义如表 3-9 所示。

表 3-9 T_SQL 语言的通配符

通配符	说明
%	代表 0 个或多个字符
_	代表单个字符
[ ]	指定范围(如：[a-f]、[0-9]或集合[abcdef]中的任意单个字符
[^]	指定不属于范围(如：[^a-f]、[^0-9]或集合[^abcdef]中的任意单个字符

3.7 Transact-SQL 语言中的注释

注释是文本字符串，在程序代码中起说明作用，提高代码的可读性和清晰性，有助于程序的管理与维护。不参与程序的执行。

在 Transact-SQL 中，可以使用两种类型的注释符。

1. 单行注释

使用双连字符 "--" 作为注释符时，从双连字符开始到行尾的内容都是注释内容。

2. 多行注释

使用注释符 "/* */" 作为多行注释符时，从开始 "/*" 到 "*/" 之间的所有内容，包括换行都是注释内容。这些注释字符可用于多行文字或代码块。

【例 3-3】注释符的使用，如图 3-3 所示。

```
USE    master  --打开 master 数据库
GO
/*第一个批处理结束，第二个批处理开始，查询 sys.objects 表中的记录*/
SELECT * FROM sys.objects
--在数据库中创建的每个用户定义的架构作用域内的对象在该表 objects 中均对应一行。
GO
/*第二个批处理结束，第三个批处理开始，查询 sys.tables 表中的记录*/
SELECT * FROM sys.tables
GO
```

```
/*第三个批处理结束，第四个批处理开始，查询 sys.procedures 表中的记录*/
SELECT * FROM sys.procedures ---.triggers
GO
/*第四个批处理结束，第五个批处理开始，查询 sys.triggers 表中的记录*/
SELECT * FROM sys.triggers
GO
```

```
第3章例题代码.... ang (54))                              ─ × ×
──┤【例3-3】注释符的使用。
USE  master  ──打开master数据库
GO
/*第一个批处理结束，第二个批处理开始，查询sys.objects表中的记录*/
SELECT * FROM sys.objects
GO
/*第二个批处理结束，第三个批处理开始，查询sys.tables表中的记录*/
SELECT * FROM sys.tables
GO
/*第三个批处理结束，第四个批处理开始，查询sys.procedures表中的记录*/
SELECT * FROM sys.procedures ---.triggers
GO
/*第四个批处理结束，第五个批处理开始，查询sys.triggers表中的记录*/
SELECT * FROM sys.triggers
GO
```

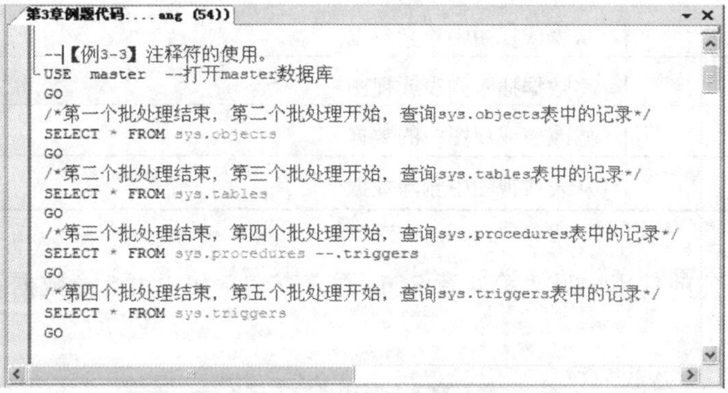

图 3-3　例 3-3 演示注释符的使用

3.8　数据定义语言(DDL)

数据定义语言 DDL(DDL data definition language)：SQL 的定义功能通过数据定义语言 DDL 实现。它用来定义数据库的逻辑结构，包括基本表、视图和索引。基本的 DDL 包括 3 类：即定义、修改和删除。DDL 包括的命令语句如表 3-10 所示。

表 3-10　数据定义语言 DDL 命令列表

语句	功能
CREATE	创建数据库或数据库对象
ALTER	修改数据库或数据库对象
DROP	删除数据库或数据库对象

数据定义语句的使用详见"第 2 章数据库和表的操作"、"第 7 章创建和使用索引"以及"第 10 章视图"。

3.9　数据操纵语言(DML)

数据操纵语言 DML(DML data manipulation language)：SQL 的数据操纵功能通过数据

操纵语言 DML 实现。它包括数据查询和数据更新两大类操作，其中，数据查询是指对数据库中的数据进行查询、统计、分组、排序等操作；数据更新包括插入、删除和修改 3 种操作。DML 包括的命令语句如表 3-11 所示。

表 3-11　数据操纵语言 DML 命令列表

语句	功能
select	从表或视图中检索数据
insert	将数据插入到表或视图中
update	修改表或视图中的数据
delete	从表或视图中删除数据

数据操纵语句的使用详见"第 4 章 SQL 语言查询"和"第 5 章数据的更新"。

3.10　数据控制语言(DCL)

数据控制语言 DCL(Data control language)：可以控制访问数据库中特定对象的用户，通过 GRANT、REVOKE 和 DENY 进行授权、回收或拒绝访问。数据库的控制是指数据库的安全性和完整性控制。SQL 的数据控制功能通过数据控制语言 DCL 实现，它包括对基本表和视图的授权，完整性规则的描述以及事务开始和结束等控制语句。DCL 包括的命令语句如表 3-12 所示。

表 3-12　数据控制语言 DCL 命令列表

语句	功能
GRANT	授予权限
REVOKE	收回权限
DENY	禁止从其他角色中继承许可权限

数据控制语句的使用详见"第 11 章 SQL Server 2012 的安全机制"。

3.11　其他基本语句

本节主要介绍数据声明、数据赋值和数据输出语句。

3.11.1　数据声明

变量在使用中需要先声明再使用，声明变量用 DECLARE 语句，其语法格式如下：

> DECLARE 变量名称 变量的数据类型[, …n]

说明：

● 为表示局部变量，变量名称的第一个字符必须是@

● 所有变量在声明后均设置初值为 NULL

【例 3-4】变量声明实例。

```
DECLARE @number INT   -- 声明一个名为 number 的 INT 型变量
DECLARE @high INT   -- 声明一个名为 high 的 INT 型变量
DECLARE @string VARCHAR(8) -- 声明一个名为 string 的 VARCHAR 类型变量
```

3.11.2　数据赋值

T-SQL 有两种为变量赋值的方式：使用 SET 语句直接为变量赋值和使用 SELECT 语句选择表中的值来为变量赋值。

● 使用 SET 语句进行赋值：只能赋值一个变量

格式：SET @变量名 = 变量值

● 使用 SELECT 语句进行赋值：可以同时赋值多个变量

格式：SELECT @变量名 1 = 变量值 1, @变量名 2 = 变量值 2, ..。

【例 3-5】变量赋值举例。

```
SET @number = 10
SELECT @high   = 10, @string = 'abc'
--显示赋值结果
SELECT @number AS number, @high   AS high ,@string AS string
```

3.11.3　数据输出

数据输出的语法格式如下：

(1) print 局部变量(字符型类型)或字符串

(2) select 局部变量 as 自定义列名

【例 3-6】数据输出示例。

```
--显示赋值结果
SELECT @number AS number, @high   AS high ,@string AS string
PRINT '服务器的名称：' + @@servername
SELECT @@servername as '服务器的名称：'
```

```
PRINT '错误编号为：' + convert(varchar(4),@@error)
--因为@@error 返回的是一个数字，所以要用 convert()函数进行转换
```

3.12　流程控制语句

流程控制语句是用来控制程序执行和流程分支的语句。在 SQL Server 2012 中，可以使用的流程控制语句有 BEGIN…END、IF…ELSE、CASE、WHILE…CONTINUE…BREAK、GOTO、WAITFOR、RETURN 等。

3.12.1　BEGIN…END 语句

BEGIN…END 语句是由一系列 Transact-SQL 语句组成的一个语句块，是 SQL Server 可以成组执行的 Transact-SQL 语句。在条件语句和循环语句等流程控制语句中，当符合特定条件需要执行两个或多个语句时，就应该使用 BEGIN…END 语句将这些语句组合在一起。BEGIN 和 END 是流程控制语句的关键字，其语法格式如下：

```
BEGIN
{sql_statement |statement_block}
END
```

其中，{sql_statement |statement_block}是任何有效的 Transact-SQL 语句或语句块定义的语句分组。

说明：

BEGIN…END 语句块允许嵌套使用。BEGIN 和 END 语句必须成对使用，任何一条语句都不能单独使用。

3.12.2　IF-ELSE 条件语句

IF-ELSE 语句的语法格式如下：

```
IF (条件)
    BEGIN
        语句或语句块
    END
ELSE
    BEGIN
        语句或语句块
    END
```

当 IF 或 ELSE 部分只包括一条语句时，可以将 BEGIN 和 END 省略。

【例 3-7】判断两个数的大小，代码如下，执行结果如图 3-4 所示。

```
DECLARE @x int,@y int
SET @x=8
SET @y=3
IF @x>@y
    PRINT '@x 大于@y'
ELSE
    PRINT '@x 小于或等于@y'
```

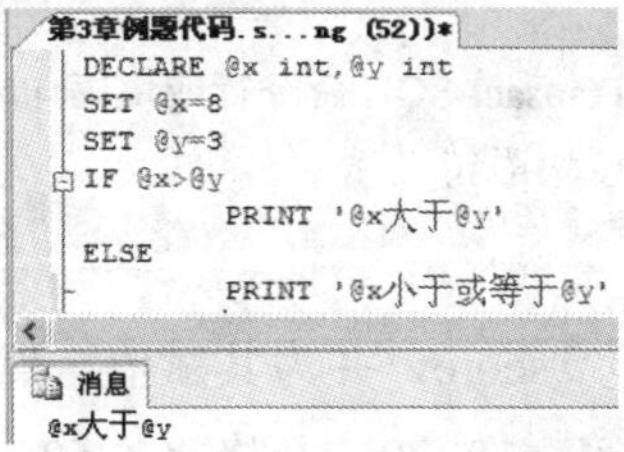

图 3-4 【例 3-7】运行结果

3.12.3 Case 语句

Case 是多条件分支语句，有两种格式，下面分别介绍。

1. 简单 Case 语句

语法格式如下：

```
Case <条件判断表达式>
    when 条件判断表达式结果 1 then <Transact-SQL 命令行或块语句>
    when 条件判断表达式结果 2 then <Transact-SQL 命令行或块语句>
    …
    when 条件判断表达式结果 n then <Transact-SQL 命令行或块语句>
    else <Transact-SQL 命令行或块语句>
    end
```

【例 3-8】使用简单的 Case 语句，根据变量的值判定其分支结果。

```
DECLARE @var1 VARCHAR(1)
SET @var1='b'
DECLARE @var2 VARCHAR(10)
SET @var2=
CASE @var1
WHEN 'r' THEN '红色'
WHEN 'b' THEN '蓝色'
WHEN 'g' THEN '绿色'
```

```
    ELSE '错误'
    END
    PRINT @var2
```

2. Case 搜索语句

语法格式如下：

```
    Case
      when  条件表达式 1 then <Transact-SQL 命令行或块语句>
      when  条件表达式 2 then <Transact-SQL 命令行或块语句>
      …
      when  条件表达式 n then <Transact-SQL 命令行或块语句>
      else <Transact-SQL 命令行或块语句>
    end
```

【例 3-9】定义一个局部变量@score，并为其赋值，然后用 Case 语句判断其等级。(优秀：90~100、良好：80~89、中等：70~79、及格: 60~69、不及格：低于 60)。

```
    DECLARE @score FLOAT,@dj CHAR(6)
    SET @score=75
    SELECT dj=
    Case
       when @score >=90 AND @score <=100 THEN '优秀'
       when @score >=80 AND @score <=89 THEN '良好'
       when @score >=70 AND @score <=79 THEN '中等'
       when @score >=60 AND @score <=69 THEN '及格'
       ELSE '不及格'
    END
    PRINT '成绩等级'+@dj
```

3.12.4　WHILE…CONTINUE…BREAK 语句

WHILE…CONTINUE…BREAK 语句用于设置重复执行的 SQL 语句或语句块的条件。只要指定的条件为真，就重复执行语句。其中，CONTINUE 语句可以使程序跳过 CONTINUE 后面的语句，重新回到 WHILE 循环的第一行命令；BREAK 语句可以使程序完全跳出 WHILE 循环，结束 WHILE 循环而去执行 WHILE 循环后面的语句行。

其语法格式如下：

```
    WHILE Boolean_expression
    {sql_statement | statement_block}
    [Break]
    {sql_statement | statement_block}
    [CONTINUE]
```

WHILE 语句的执行流程图如图 3-5 所示。

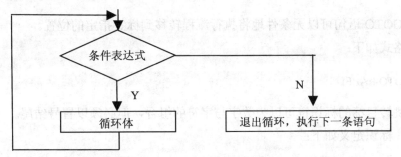

图 3-5　WHILE 语句的流程图

说明：

- 条件表达式的运算结果为 TRUE 或 FALSE：当条件表达式的值为 TRUE 时，执行循环体中的语句，然后再次进行条件判断，重复上述操作，直至条件表达式的值为 FALSE 时，退出循环体的执行。
- 循环体中可以继续使用 WHILE 语句，称之为循环的嵌套。
- 可以在循环体内设置 BREAK 和 CONTINUE 关键字，以便控制循环语句的执行。

BREAK 语句一般用在 WHILE 循环语句或 IF…ELSE 语句中，用于退出本层循环。当程序中有多层循环嵌套时，BREAK 语句只能退出其所在层的循环。

CONTINUE 语句一般用在循环语句中，重新开始一个新的 WHILE 循环。当出现 CONTINUE 语句时，程序结束本次循环，直接转到下一次循环条件的判断。

【例 3-10】使用 WHILE 语句输出 1~10 的所有整数，如图 3-6 所示。

SQL 代码如下：

```
DECLARE @x INT
SET @x=1
WHILE @x<=10
 BEGIN
  PRINT @x
  SELECT @x=@x+1
END
```

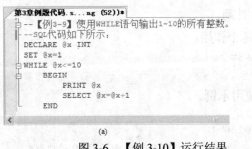

图 3-6　【例 3-10】运行结果

3.12.5　GOTO 语句

使用 GOTO 语句可以无条件地将执行流程转移到标签指定的位置。

语法格式如下：

```
GOTO LABEL
```

作为跳转目标的标识符可以为数字与字符的组合，但必须以冒号结尾。

例如，标识定义如下：

```
LABEL:
```

为了与前面的版本兼容，SQL SERVER 2012 支持 GOTO 语句，但由于该语句破坏了语句的结构，容易引发不易发现的问题，所以应该尽量减少或避免使用 GOTO 语句。

【例 3-11】使用 GOTO 语句和 WHILE 语句输出 1~10 的所有整数。

SQL 代码如下：

```
DECLARE @x INT
SET @x=1
lab:
 PRINT @x
 SELECT @x=@x+1
WHILE @x<=10
 GOTO lab
```

3.12.6　WAITFOR 语句

WAITFOR 语句的语法格式如下：

```
WAITFOR DELAY 'time'|TIME 'time'
```

说明：

DELAY 'time'用于指定 SQL Server 必须等待的时间，最长为 24 小时。time 可以为 datetime 数据格式，用单引号括起来，但在取值上不允许有日期部分；TIME 'time'用于指定 SQL Server 等待到某一个时刻。

WAITFOR 语句有如下两个作用：

(1) 延迟一段时间间隔执行

【例 3-12】WAITFOR 使用示例。

```
WAITFOR DELAY '00:00:30'
PRINT                          /*PRINT 操作延迟 30 秒执行*/
```

(2) 指定从何时起执行，用于指定触发语句块、存储过程以及事物执行的时刻

【例 3-13】WAITFOR 使用示例。

```
WAITFOR TIME '22:00'
PRINT          /*PRINT 操作于 22:00 执行*/
```

3.12.7　RETURN 语句

RETURN 语句从查询或过程中无条件退出。可以在任何时候用于从过程、批处理或语句块中退出。RETURN 之后的语句是不执行的。如果用于存储过程，RETURN 不能返回空值。如果强制返回，将生成警告消息并返回 0 值。

语法格式如下：

```
RETURN [整型表达式]
```

说明：

(1) 存储过程可以给调用过程或应用程序返回整型值，当用于存储过程时，RETURN 语句不能返回空值；

(2) 系统存储过程返回 0 值表示成功，返回非 0 值表示失败。

3.13　批处理语句

3.13.1　批处理的基本概念

先来打个比方：家来了客人，妈妈给你 6 元钱到商店买 2 瓶啤酒给客人喝。结果客人不够喝，妈妈怕浪费，又给你 6 元钱让你下楼再去买 2 瓶，结果又不够喝，又让你下楼再买 2 瓶，还不够，再让你买 2 瓶……这时你可能会怎么说？你肯定会不耐烦地回答：妈，拜托你，别让我每次 2 瓶 2 瓶的买，1 次多买几瓶不就行了吗？

我们执行 SQL 语句同样如此，因为 SQL Server 是网络数据库，一台服务器可能有很多个远程客户端，如果在客户端一次发送 1 条 SQL 语句，然后返回结果；然后再发送 1 条 SQL 语句，再返回，效率太低了。所以为了提高效率，SQL Server 就引出了批处理的概念。

- 批处理是包含一个或多个 SQL 语句的组，从应用程序一次性地发送到 SQL Server 执行。
- SQL Server 将批处理语句编译成一个可执行单元，此单元称为执行计划。执行计划中的语句每次执行一条。

- GO 是批处理的标志，表示 SQL Server 将这些 T-SQL 语句编译为一个执行单元，提高执行效率。
- 一般是将一些逻辑相关的业务操作语句，放置在同一个批处理中，这完全由业务需求和代码编写者决定。

注意：

(1) GO 命令不能和 Transact-SQL 语句在同一行上，但在 GO 命令行中可以包含注释。为了将一个脚本分为多个批处理，可使用 GO 语句。

(2) GO 语句它使得自脚本的开始部分或者最近一个 GO 语句(任何一个更接近的)以后的所有语句编译成一个执行计划并发送到服务器，与任何其他批处理无关。

(3) GO 语句不是 T-SQL 命令，而是由各种 SQL Server 命令实用程序(sqlcmd 和 Management Studio 中的"查询"窗口)识别的命令。

当编辑工具遇到 GO 语句时，会将 GO 语句看做一个终止批处理的标记，将其打包，并且作为一个独立的单元发送到服务器，不包括 GO 语句。因为服务器本身根本不知道 GO 是什么意思。

批处理是作为一个逻辑单元的一组 T-SQL 语句。一个批处理中的所有语句被组合成一个执行计划，因此，对所有语句一起进行语法分析，并且必须通过语法验证，否则将不执行任何一条语句。尽管如此，这并不能防止运行时错误的发生。如果发生运行时错误，那么，在发生运行时错误之前执行的语句仍然是有效的。简言之，如果一条语句不能通过语法分析，那么不会执行任何语句。如果一条语句在运行时失败，那么在产生错误的语句之前的所有语句都已经执行了。

3.13.2　每个批处理单独发送到服务器

每个批处理都被独立地处理，所以，一个批处理中的错误不会阻止另一个批处理的运行。为了将脚本分成多个批处理，要使用 GO 语句。

【例 3-14】 使用 GO 语句创建批处理。

以下语句被分为了三个批处理。

```
USE tempdb
DECLARE @MyBacth varchar(50) --这里声明的变量@MyBacth 的作用域仅仅在这个批处理中!
SELECT @MyBacth = '第一个批处理'
PRINT '第个批处理执行完毕！'
GO
PRINT @MyBacth --这里将产生一个错误，因为@MyBacth 没有在这个批处理中声明。
PRINT '第个批处理执行完毕！'
GO
PRINT '第个批处理执行完毕！' -- 注意，即使第个批处理出错后，第个批处理仍将得到执行。
GO
```

如果执行以上脚本，那么结果如图 3-7 所示。

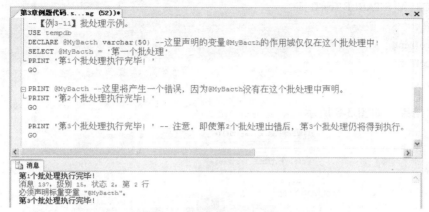

图 3-7　【例 3-14】运行结果

对于以上脚本，每一个批处理都会被独立执行，每个批处理的错误不会阻止其他批处理的运行(批处理 2 发生错误，不被执行，但批处理 3 照样可以执行。)另外，GO 不是一个 SQL 命令，它只是一个被编辑工具(SQL Server Management Studio、SQLCMD)识别的命令。

尽管每个批处理在运行时是完全独立的，但是可以构建下面这种意义上的相互依赖关系：即后一个批处理试图执行的工作依赖于前一个批处理已完成的工作。

3.13.3　何时使用批处理

批处理有多种用途，常被用在某些事情不得不放在其他事情前面发生，或者不得不和其他事情分开的脚本中。

使用以下几个命令时，必须独自成批处理：

- CREATE DEFAULT
- CREATE PROCEDURE
- CREATE RULE
- CREATE TRIGGER
- CREATE VIEW

必须在这些语句的末尾添加 GO 批处理标志。

3.13.4　使用批处理建立优先级

当需要考虑语句执行的优先顺序时，需要一个任务在另一个任务开始前，前一个任务必须被执行。这时，就需要考虑优先级。

【例 3-15】使用批处理建立优先级。

演示使用批处理建立优先级，执行代码如下：

```
CREATE DATABASE tempTest
```

```
USE tempTest
CREATE TABLE TestTable
(
col1 int,
col2 int
)
```

执行结果，如图 3-8 所示。

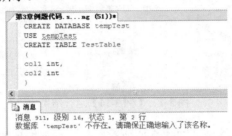

图 3-8　　【例 3-15】示意图 1

分析器尝试验证代码时，发现 USE 引用一个不存在的数据库，所以以上语句不能正确执行。这是因为批处理语句不可缺少，正确的代码如下：

```
CREATE DATABASE tempTest
GO --此 GO 使创建数据库的语句成为了一个批处理并被发送到 SQL Server 成功得到执行
USE tempTest
CREATE TABLE TestTable
(
    col1 int,
    col2 int
)
```

执行上述代码后，用以下语句进行验证，发现表确实被创建了，如图 3-9 所示。

图 3-9　　【例 3-15】示意图 2

```
USE tempTest;
SELECT TABLE_CATALOG FROM INFORMATION_SCHEMA.TABLES WHERE
TABLE_NAME ='TestTable';
```

下面再来看一个例子。

【例 3-16】演示使用批处理建立优先级。

演示使用批处理建立优先级，执行如下代码：

```
USE tempTest
ALTER TABLE TestTable
ADD col3 int
INSERT INTO TestTable(col1,col2,col3) VALUES(1,1,1)
```

得到了一个错误的消息——SQL Server 不能解析新的列名称，错误信息如下：

```
消息 207，级别 16，状态 1，第 4 行
列名 'col3' 无效。
```

只需在 ADD col3 int 之后添加一个简单的 GO 语句，一切就会正常运行。代码如下：

```
USE tempTest
ALTER TABLE TestTable
ADD col3 int
GO--先更改数据库，然后发送插入，此时就是分开进行语法验证了
INSERT INTO TestTable(col1,col2,col3) VALUES(1,1,1)
```

3.13.5　创建批处理后的执行

创建批处理后，可以使用 sqlcmd 命令来执行，一般命令格式如下：

```
sqlcmd –U sa –P passwd –i mysql.sql
```

sqlcmd 的命令开关包括很多项，如下所示：

```
sqlcmd
[ { { -U <login id> [ -P <password> ] } | – E <可信连接>} ]
[-S <服务器名> [ \<实例名> ] ] [ -H <工作站名> ] [ -d <数据库名> ]
[ -l <登录超时> ] [ -t <查询超时> ] [ -h <标题(间行数)> ]
[ -s <列分隔符> ] [ -w <列宽> ] [ -a <分组大小> ]
[ -e ] [ -I ]
[ -c <批处理终止符> ] [ -L [ c ] ] [ -q "<query>" ] [ -Q "<query>" ]
[ -m <error level> ] [ -V ] [ -W ] [ -u ] [ -r [ 0 | 1 ] ]
[ -i <input file> ] [ -o <output file> ]
[ -f <代码页> | i:<输入代码页> [ <, o: <输出代码页> ] ]
[ -k [ 1 | 2 ] ]
[ -y <可变类型显示宽度> ] [-Y <固定类型显示宽度> ]
[ -p [ 1 ] ] [ -R ] [ -b ] [ -v ] [ -A ] [ -X [ 1 ] ] [ -x ]
[ -? ]
]
```

可以使用 sqlcmd 运行 Transact-SQL 脚本文件。Transact-SQL 脚本文件是一个文本文件，它可以包含 Transact-SQL 语句、sqlcmd 命令以及脚本变量的组合。

【例 3-17】演示使用 sqlcmd 运行 Transact-SQL 脚本文件。

使用 sqlcmd 运行 Transact-SQL 脚本文件的步骤如下：

(1) 单击"开始"菜单，选择"所有程序" | "附件" | "记事本"命令，打开记事本程序，用记事本创建一个简单的 T-SQL 脚本文件。

(2) 复制以下 Transact-SQL 代码并将其粘贴到"记事本"中。

```
USE MASTER
GO
IF DB_ID('tempTest')--返回数据库标识 (ID) 号
 IS NOT NULL
 DROP DATABASE tempTest;
GO
CREATE DATABASE tempTest
GO
USE tempTest
GO
CREATE TABLE TestTable
(
     col1 int,
     col2 int
)
INSERT INTO TestTable(col1,col2) VALUES(1,1)
INSERT INTO TestTable(col1,col2) VALUES(2,2)
SELECT * FROM TestTable
```

(3) 在 C:驱动器中将文件保存为 mysql.sql。

(4) 打开命令提示符窗口，在命令提示符窗口中，输入如下格式的命令，如图 3-10 所示：

```
sqlcmd -S myServer\instanceName -i C:\ mysql.sql
```

注意，需要将 myServer 和 instanceName 替换成自己所用的服务器名和数据库实例名。

(5) 按 Enter 键。TestTable 表的信息便会输出到命令提示符窗口，如图 3-10 所示。

(6) 如果要将输出保存到文件中，可以在命令提示符窗口中输入如图 3-11 所示的命令：

```
C:\>sqlcmd -S 20090719-1242\SQLEXPRESS -i C:\mysql.sql -o C:\ mysql.txt
sqlcmd -S myServer\instanceName -i C:\ mysql.sql -o C:\mysql.txt
```

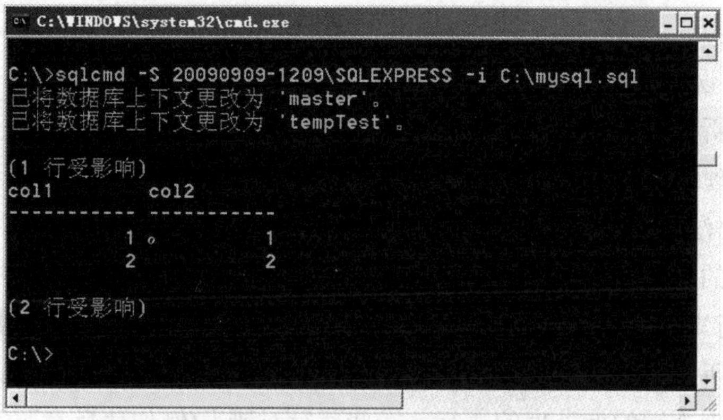

图 3-10　使用 sqlcmd 运行脚本文件

同样需要将 myServer 和 instanceName 替换成自己所用的服务器名和数据库实例名。

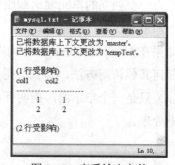

图 3-11　将输出保存到文件

（7）命令提示符窗口中不会返回任何输出，而是将输出发送到 mysql.txt 文件。打开 mysql.txt 文件可以查看此输出操作，如图 3-12 所示。

另外，也可以使用 EXEC 来执行相应的批处理，语法格式如下：

EXEC ((字符串变量)|(字面值命令字符串))

EXECUTE ((字符串变量)|(字面值命令字符串))

图 3-12　查看输出文件

```
DECLARE @InVar varchar(50)
--DECLARE @OutVar varchar(50)
---- Set up our string to feed into the EXEC command
--SET @InVar = 'SELECT    @OutVar=col1 FROM dbo.TestTable WHERE col1 = 1'
--消息 137，级别 15，状态 1，第 1 行
--必须声明标量变量 "@OutVar"。
SET @InVar = 'SELECT    col1 FROM dbo.TestTable WHERE col1 = 1'
EXEC (@Invar)
```

3.13.6　批处理中的错误

批处理中的错误分为以下两类。

- 语法错误

- 运行时错误

如果查询分析器发现一个语法错误，那么批处理的处理过程会立即被取消。因为语法检查发生在批处理编译或者执行之前，所以在语法检查期间的失败意味着还没有批处理被执行—— 不管语法错误发生在批处理中的什么位置。

运行时错误的工作方式有很大不同。因为任何在遇到运行时错误之前执行的语句已经完成了，所以，除非是未提交的事务的一部分，否则这些语句所做的任何事情将不受影响。运行时错误之外所发生的事情取决于错误的性质。一般而言，运行时错误将终止从错误发生的地方到批处理末端的批处理的执行。一些运行时错误(例如违反参照完整性)只是阻止违反参照完整性的语句运行，仍然会执行批处理中的所有其他语句。

3.13.7　GO 不是 T-SQL 命令

有些人错误地认为 GO 是 T-SQL 命令。其实 GO 是一个只能被编辑工具(Management Studio、sqlcmd)识别的命令。如果使用其他第三方工具，那么它可能支持也可能不支持 GO 命令，但是大多数支持 SQL Server 的工具都支持 GO 命令。

当编辑工具遇到 GO 语句时，会将 GO 语句看作一个终止批处理的标记，将其打包，并且作为一个独立的单元发送到服务器(不包括 GO 语句)。这是正确的，因为服务器本身根本不知道 GO 是什么意思。

如果在一个 pass-through 查询中用 ODBC、OLE DB、ADO、ADO.NET、SqlNativeClient，或者任何其他访问方法，那么会得到来自服务器的一个错误消息。

GO 只是一个指示器，指明什么时候结束当前的批处理，以及什么时候适合开始一个新的批处理。

3.14　SQL Server 2012 函数简介

SQL Server 2012 提供了众多功能强大的函数，每个函数实现特定的功能，通过函数的使用，方便用户进行数据的查询、操纵以及数据库的管理，从而提高应用程序的设计效率。SQL Server 2012 中的函数根据功能主要分为以下几类：字符函数、数学函数、数据类型转换函数、文本和图像函数、日期和时间函数、系统函数等其他函数。

3.14.1　字符串函数

字符串函数用于对二进制数据、字符串和表达式执行不同的运算。此类函数作用于CHAR、NCHAR、VARCHAR、NVARCHAR、BINARY 和 VARBINARY 数据类型以及可以隐式转换为 CHAR 或 VARCHAR 的数据类型。可以在 SELECT 语句的 SELECT 和

WHERE 子句以及表达式中使用字符串函数。

下面介绍一些常用的字符串函数。

1. 字符转换函数

(1) ASCII()函数

ASCII(字符表达式)函数返回字符表达式最左端字符的 ASCII 码值。在 ASCII()函数中，纯数字的字符串可以不用单引号''括起来，但含其他字符的字符串必须用单引号''括起来使用，否则会出错。

(2) CHAR()函数

CHAR(整型表达式)函数用于将 ASCII 码值转换为字符。参数为介于 0~255 之间的整数，返回整数表示的 ASCII 码对应的字符。如果没有输入 0~255 之间的 ASCII 码值，CHAR()返回 NULL。

【例3-18】显示"HELLO"字符的 ASCII 码值以及 ASCII 码值为 72 的字符。

```
SELECT ASCII ('HELLO'),ASCII ('H'),CHAR (72)
```

执行结果如图 3-13 所示。

(3) LOWER()

LOWER(字符表达式)函数用于将字符串全部转为小写；

(4) UPPER()

UPPER(字符表达式)函数用于将字符串全部转为大写。

【例3-19】将字符串"Hello"全部转换成小写或大写。

```
SELECT LOWER('Hello'),UPPER('Hello')
```

执行结果如图 3-14 所示。

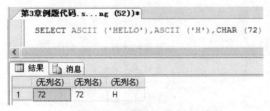

　　图 3-13　【例-18】运行结果　　　　　图 3-14　【例-19】运行结果

(5) STR()

把数值型数据转换为字符型数据。语法格式如下：

```
STR(<float_expression>[, length[, <decimal>]])
```

其中，length 是返回的字符串的长度，decimal 是返回的小数位数。如果没有指定长度，默认的 length 值为 10，decimal 默认值为 0。

当 length 或者 decimal 为负值时，返回 NULL；当 length 小于小数点左边(包括符号位)的位数时，返回 length 个*；先服从 length，再取 decimal；当返回的字符串位数小于 length 时，左边补足空格。

【例 3-20】将数值 12345.6789 按要求转换成字符数据。

```
SELECT STR (12345.6789,8,1),STR (123456.789,5)
```

执行结果如图 3-15 所示。

2. 去空格函数

(1) LTRIM(字符表达式)把字符串头部的空格去掉。

(2) RTRIM(字符表达式)把字符串尾部的空格去掉。

【例 3-21】去掉字符串的左空格及右空格。

```
SELECT LTRIM('        CHINA'),RTRIM('CHINA        ')
```

执行结果如图 3-16 所示。

图 3-15　【例-20】运行结果　　　　图 3-16　【例-21】运行结果

3. 字符串长度函数

LEN(字符表达式)：返回字符串表达式中的字符数。

【例 3-22】显示字符串"world"和"世界"的个数。

```
SELECT LEN('world'),LEN('世界')
```

执行结果如图 3-17 所示。

4. 截取子串函数

(1) LEFT()

LEFT(<字符表达式>, <整型表达式>)：返回"字符表达式"左起"整型表达式"个字符。

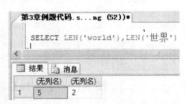

图 3-17　【例-22】运行结果

(2) RIGHT()

RIGHT(<字符表达式>, <整型表达式>)：返回"字符表达式"右起"整型表达式"个字符。

(3) SUBSTRING()

SUBSTRING(<字符表达式>, <开始位置>, 长度)：返回从"字符表达式"左边第"开始位置"字符起"长度"个字符的部分。

【例 3-23】显示字符串"student"左边起 3 个、右边起 4 个字符及从第 5 个位置起的 2 个字符。

> SELECT LEFT('student',3),RIGHT('student',4),SUBSTRING ('student',5,2)

执行结果如图 3-18 所示。

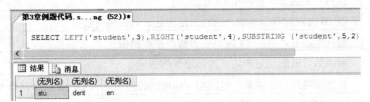

图 3-18　【例-23】运行结果

5. 字符串替换函数

REPLACE()

REPLACE(<字符串表达式 1>，<字符串表达式 2>，<字符串表达 3>)：用字符串表达式 3 替换在字符串表达 1 中的所有子串字符串表达式 2，返回被替换了指定子串的字符串。

【例 3-24】将字符串"teacher"中所有的"e"
替换为"x"。

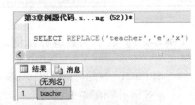

> SELECT REPLACE('teacher','e','x')

执行结果如图 3-19 所示。

图 3-19　【例-24】运行结果

3.14.2　数学函数

数学函数主要用于对数值数据进行数学运算并返回运算结果，当发生错误时，数学函数将会返回空值 NULL。

表 3-13　数学函数列表

数学函数	描述
ABS	绝对值函数，返回指定数值表达式的绝对值
ACOS	反余弦函数，返回其余弦值是指定表达式的角(弧度)
ASIN	反正弦函数，返回其正弦值是指定表达式的角(弧度)
ATAN	反正切函数，返回其正切值是指定表达式的角(弧度)
ATN2	反正切函数，返回其正切值是两个表达式之商的角(弧度)
CEILING	返回大于或等于指定数值表达式的最小整数，与 FLOOR 函数对应
COS	正弦函数，返回指定表达式中以弧度表示的指定角的余弦值
COT	余切函数，返回指定表达式中以弧度表示的指定角的余切值

(续表)

数学函数	描述
DEGREES	弧度至角度转换函数，返回以弧度指定的角的相应角度，与 RADIANS 函数对应
EXP	指数函数，返回指定表达式的指数值
FLOOR	返回小于或等于指定数值表达式的最大整数，与 CEILING 函数对应
LOG	自然对数函数，返回指定表达式的自然对数值
LOG10	以 10 为底的常用对数，返回指定表达式的常用对数值
PI	圆周率函数，返回 14 位小数的圆周率常量值
POWER	幂函数，返回指定表达式的指定幂的值
RADIANS	角度至弧度转换函数，返回指定角度的弧度值，与 DEGREES 函数对应
RAND	随机函数，随机返回 0～1 之间的 float 数值
ROUND	圆整函数，返回一个数值表达式，并且舍入到指定的长度或精度
SIGN	符号函数，返回指定表达式的正号、零或负号
SIN	正弦函数，返回指定表达式中以弧度表示的指定角的正弦值
SQRT	平方根函数，返回指定表达式的平方根
SQUART	平方函数，返回指定表达式的平方
TAN	正切函数，返回指定表达式中以弧度表示的指定角的正切值

【例 3-25】数学函数运算示例。

```
SELECT    N'绝对值函数'=ABS(-1.2),
    N'圆周率函数'=PI(),
    N'平方根函数'=SQRT(81),
    N'随机函数'=RAND (),
    N'对数函数 LOG10(10)'=LOG10(10),
    N'自然对数函数 LOG(2.71828)'=LOG(2.71828),
    N'指数函数'=LOG ( EXP (2.71828))
```

执行结果如图 3-20 所示。

图 3-20 　【例-25】运行结果

3.14.3　数据类型转换函数

SQL Server 会自动完成某些数据类型的转换，这种转换称隐式转换。但有些类型就不

能自动转换，如 int 型与 char 型，这时就要用到显式转换函数。(cast，convert)

1. CAST()

> CAST(表达式 AS 数据类型[(长度)])

将一种数据类型的表达式显式转换为另一种数据类型的表达式。

2. CONVERT()

> CONVERT(数据类型[(长度)]，表达式[，样式])

将一种数据类型的表达式显式转换为另一种数据类型的表达式；其中
- 长度：如果数据类型允许设置长度，可以设置长度，例如 varchar(10)；
- 样式：用于将日期类型数据转换为字符数据类型的日期格式的样式。

【例 3-26】通过 CAST 及 CONVERT 函数实现两个数据的类型转换。

> SELECT CAST(1234.567 AS INT),CONVERT(INT,1234.567)

执行结果如图 3-21 所示。

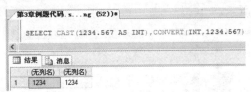

图 3-21 【例-26】运行结果

3.14.4 日期和时间函数

1. GETDATE()

以 DATETIME 的默认格式返回系统当前的日期和时间。

2. DAY(日期时间型数据)

返回日期时间型数据中的日期值。

3. MONTH(日期时间型数据)

返回日期时间型数据中的月份值。

4. YEAR(日期时间型数据)

返回日期时间型数据中的年份值。

【例 3-27】使用日期时间函数返回系统当前的日期和时间，并分别显示年份、月份及日期值。

> SELECT GETDATE(),YEAR(GETDATE()),MONTH(GETDATE()),DAY(GETDATE())

执行结果如图 3-22 所示。

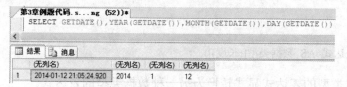

图 3-22　【例-27】运行结果

5. DATEADD()

DATEADD(时间间隔，数值表达式，日期): 返回指定日期值加上一个数值表达式后的新日期。时间间隔项决定时间间隔的单位，可取 Year、Day of year(一年的日数)、Quarter、Month、Day、Week、Weekday(一周的日数)、Hour、Minute、Second、Millisecond。数值表达式为加上或者减去的时间间隔。

【例 3-28】DATEADD()函数示例。

```
SELECT DATAADD(Year,1, '2013-8-10'), DATAADD(month, 2, '2013-8-10'), DATAADD(day, 3, '2013-8-10')
```

执行结果如图 3-23 所示。

图 3-23　【例-28】运行结果

6. DATEDIFF()

DATEDIFF (<时间间隔>，<日期 1>，<日期 2>): 返回两个指定日期在时间间隔方面的不同之处，即日期 2 超过日期 1 的差距值，其结果是一个带有正负号的整数值。

【例 3-29】显示以下两个日期相隔的天数及月数。

```
SELECT DATEDIFF(day,'2012-10-6','2014-1-1'),
    DATEDIFF(month,'2012-10-6','2014-1-1')
```

执行结果如图 3-24 所示。

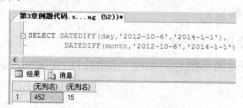

图 3-24　【例-29】运行结果

3.14.5　系统函数

用户可以在需要时通过系统函数获取当前主机的名称、用户名称、数据库名称及系统错误信息。

(1) 函数 HOST_NAME()返回服务器端计算机的名称。

(2) 函数 OBJECT_NAME()返回数据库对象的名称。

(3) 函数 USER_NAME()返回数据库用户名。

(4) 函数 suser_name()返回用户登录名

(5) 函数 db_name()返回数据库名。

【例 3-30】系统函数示例。

```
SELECT SUSER_NAME (),DB_NAME ()
 ,USER_NAME (),HOST_NAME ()
```

执行结果如图 3-25 所示。

图 3-25　【例-30】运行结果

3.15　为学生选课表增加 10 万行测试数据

为学生选课表增加 10 万行测试数据，要求使用随机数产生数据，并且每 100 行提交一次。为简化操作，设计一个小型的选课表。

1. 创建数据库 StuInfo

```
--先手工创建目录 E:\application
USE master
GO
IF EXISTS (SELECT name FROM sys.databases WHERE name = N'StuInfo')
DROP DATABASE StuInfo
GO
--创建数据库
CREATE DATABASE StuInfo ON PRIMARY
( NAME = N'StuInfo', FILENAME = N'E:\application\StuInfo.mdf' ,
    SIZE = 6848KB , MAXSIZE = UNLIMITED, FILEGROWTH = 10%)
```

```
    LOG ON
( NAME = N'StuInfo_log', FILENAME = N'E:\application\StuInfo_log.ldf' ,
    SIZE = 1024KB , MAXSIZE = 102400KB , FILEGROWTH = 10%)
GO
```

2. 创建表

```
USE stuInfo selectedCourses
GO
IF    EXISTS (SELECT * FROM sys.objects
    WHERE object_id = OBJECT_ID(N'selectedCourses') AND type in (N'U'))
DROP TABLE selectedCourses
GO
CREATE TABLE selectedCourses(
 stuNo int primary key,--编号
 stuName varchar(10)NOT NULL,--姓名
 stuSex bit,--性别
 courseNo varchar(10) NOT NULL,--课程号
 grade int NOT NULL,
 recordedTime datetime
 )
GO
```

3. 使用 WHILE 循环插入 10 万条记录

```
SET nocount on
DECLARE @startTime datetime
SELECT @startTime=getdate()
--SELECT '执行时间(毫秒)： '
--SELECT datediff(MILLISECOND ,@startTime,getdate())
DECLARE @i int,@cnt int,@d datetime
SELECT @d=getdate(),@i=1,@cnt=100000
WHILE((@i<=@cnt)
BEGIN
 INSERT INTO selectedCoursesVALUES
 (
  @i,
  'Name'+convert(varchar(6),@i),
  @i%2,
  left(convert(varchar(40),newid()),10),
  ROUND(@i%100,0),
  @d-@i%1000
 );
 SET @i=@i+1
END
```

```
SELECT '执行时间(毫秒)： '
SELECT datediff(MS,@startTime,getdate())--42876ms.
GO
```

　　SQL Server 数据库引擎的默认事务管理模式是自动提交模式。每个 Transact-SQL 语句在完成时，都被提交或回滚。如果一个语句成功地完成，则提交该语句；如果遇到错误，则回滚该语句。所以，这里的 10 万行数据，被提交了 10 万次，相对耗时多。

4. 使用随机函数

在插入数据时，使用随机函数产生随机数据，修改 Insert 语句如下：

```
--...
INSERT INTO selectedCourses VALUES
(
 @i,
 left(convert(varchar(40),newid()),10),
 @i%2,
 left(convert(varchar(40),newid()),10),
 ROUND(rand()*100,0),
 @d-@i%1000
)
--...
```

5. 使用隐性事务实现每 100 行数据提交一次

使用隐性事务实现每 100 行提交一次数据，改写上述 SQL 语句为：

```
SET nocount on
SET IMPLICIT_TRANSACTIONS ON--设置隐性事务为开启状态
DECLARE @startTime datetime
SELECT @startTime=getdate()
DECLARE @i int,@cnt int,@d datetime
SELECT @d=getdate(),@i=1,@cnt=100000
WHILE((@i<=@cnt)
BEGIN
INSERT INTO selectedCourses
VALUES(@i,left(convert(varchar(40),newid()),10),@i%2,left(convert(varchar(40),newid()),10),ROUND(rand()*100,0),@d-@i%1000)
SET @i=@i+1
IF(@i%100=0)--每 100 行提交一次
COMMIT TRAN
END
SET IMPLICIT_TRANSACTIONS off--设置隐性事务为关闭状态
```

```
SELECT '执行时间(毫秒)：'
SELECT datediff(MS,@startTime,getdate())--25220ms
COMMIT TRAN
GO
```

6. 查看数据

使用如下语句查看表中记录数：

```
SELECT COUNT(*) FROM selectedCourses
```

从结果可以看到，selectedCourses 表中已有 100000 行数据。

3.16　疑难解惑

1. 局部变量与全局变量的区别是什么？
2. 如果表达式的数据类型不一致，需要进行字符串连接必须进行数据类型转换吗？

3.17　经典习题

1. 计算"1994-10-20"与当前日期相差的年份数。
2. 声明一个长度为 20 的字符型变量，并赋值为"SQL Server 数据库"，然后输出。
3. 定义一个局部变量@score，并为其赋值，判断其是否及格。
4. 使用 Transact-SQL 语句编程求 100 以内能被 3 整除的整数的个数。

第4章 SQL语言查询

在第 2 章我们学习了使用 SQL Server 2012 的图形用户界面方式来创建和操作数据库和表，本章我们将学习使用 T-SQL 语句来完成相同的任务。与图形用户界面方式相比，用 T-SQL 命令方式更为灵活。

本章重点介绍数据查询，SQL 标准中的 SELECT 语句是数据库应用最广泛和最重要的语句之一，是在数据库系统开发过程中需要完成的重要任务。使用 T-SQL 的 SELECT 查询语句可以从数据库中获取所需数据，为应用系统的开发奠定基础。通过本章的学习，使读者进一步掌握 T-SQL 这一综合的、通用的、功能强大的关系数据库语言。

本章学习目标：

- 掌握 T-SQL 作为数据查询语言的语法与应用
- 掌握 WHERE、ORDER BY、GROUP BY、HAVING 子句的使用
- 掌握基本的多表查询
- 掌握内连接、外连接、交叉连接和联合查询的使用
- 掌握多行和单值子查询的使用
- 掌握嵌套子查询的使用

4.1 工作场景导入

教学管理数据库信息管理员小张已完成该数据库的创建工作，也完成了表的创建以及相应的数据录入工作。其中表的基本情况参见第 2 章。

教务处工作人员小李在工作中经常需要查询数据库中的数据。例如有如下查询需求：

(1) 查询学生表中所有学生的学号、姓名和所在院系。

(2) 查询所在院系为"计算机科学"的学生学号、姓名、性别。

(3) 查询年龄大于 20 岁的学生信息。

(4) 查询名字包含"民"这个字的所有学生的信息。

(5) 查询选修了"1001"号课程的所有学生的相关信息。

(6) 查询院系人数大于 25 的院系信息。

(7) 查询不在信息工程学院上课的学生。

(8) 查询和 "张玲" 在一个系上课的学生姓名。

(9) 查询成绩低于该门课程平均成绩的学生编号、课程编号和成绩。

(10) 查询选修了学号为 "2008056101" 的学生选修的所有课程的学生的信息。

引导问题：

(1) 如何查询存储在数据库表中的记录？

(2) 如何对原始记录进行分组统计？

(3) 如何对来自多个表的数据进行查询？

(4) 如何保留连接不成功的记录？

(5) 如何动态设置选择记录的条件？

4.2　关系代数

SQL Server 2012 是一种关系数据库管理系统，在关系数据库中，必须提供一种对二维表进行运算的机制。这种机制除了包括传统的集合运算中的并、交、差、广义笛卡尔积以外，还包括专门的关系运算中的选择、投影和连接。

4.2.1　选择(Selection)

选择是单目运算，它是按照一定的条件，从关系 R 中选择出满足条件的行为作为结果。选择运算的操作对象是一张二维表，其运算结果也是一张二维表。选择运算的记号为 $\sigma_F(R)$，其中，σ 是选择运算符，下标 F 是一个条件表达式，R 是被操作的表。

选择运算符的含义：在关系 R 中选择满足给定条件的诸元组，表示如下：

$$\sigma_F(R) = \{t | t \in R \land F(t) = '真'\}$$

其中，F 表示选择条件，是一个逻辑表达式，基本形式为 $X_1 \theta Y_1$；θ 为比较运算符，可以是 $>$、$\geq$、$<$、$\leq$、$=$ 或 $<>$；X_1，Y_1 等是属性名、常量、简单函数；属性名也可以用它的序号来代替。

选择运算是从行的角度进行的运算。

【例 4-1】 设有一个学生-课程数据库，包括学生关系，查询 "信息管理系" 全体学生，已知信息管理系的系部编号是 05。则选择运算表示如下：

$$\sigma_{Sdept = '05'} (学生)$$

或　　　　$\sigma_{4 = '05'} (学生)$

结果如表 4-1 所示。

表 4-1　学生表(student)

学号	姓名	性别	系部编号	出生日期	高考入学成绩	少数民族否
2009036401	李燕	女	05	1992-05-28	546	0
2009036402	孙小维	女	05	1991-04-11	534	0
2009036403	乔单单	女	05	1991-09-21	498	0
2009036404	李铁梅	女	05	1991-01-10	510	0
......	......	......	......	......	......	......
2009036427	魏光荣	男	05	1991-10-18	510	0
2009036428	胡小名	男	05	1990-08-07	495	0

4.2.2　投影(Projection)

投影也是单目运算,该运算从表中选出指定的属性值组成一个新表,记为:$\pi_A(R)$。其中 A 是属性名(即列名)列表,R 是表名。

投影运算符的含义:从 R 中选择出若干属性列组成新的关系。表示如下:

$$\pi_A(R) = \{\, t[A] \mid t \in R \,\}$$

其中 A 表示 R 中的属性列。

投影操作主要是从列的角度进行运算,但投影之后不仅取消了原关系中的某些列,而且还可能取消某些元组(避免重复行)。

【例 4-2】查询学生的姓名和出生日期,即求学生关系上"姓名"和"出生日期"两个属性上的投影。

$$\Pi_{姓名,\ 出生日期}(学生)$$

或

$$\pi_{2,\ 5}(学生)$$

结果如表 4-2 所示。

表 4-2　投影结果

姓名	出生日期
汪远东	1989-08-27
李春霞	1988-10-15
邓立新	1989-07-20
王小燕	1991-04-06
李秋	1990-06-18
...	......
盛宏亮	1991-11-26
黄士亮	1989-04-29

4.2.3　关于连接的介绍

（1）自然连接

自然连接是写为 $(R \bowtie S)$ 的二元运算，这里的 R 和 S 是关系。自然连接的结果是在 R 和 S 中在它们的公共属性名字上相等的所有元组的组合。例如下面是"雇员"和"部门"和它们的自然连接。

雇员				部门			雇员 ⋈ 部门			
Name	EmpId	DeptName		DeptName	Manager		Name	EmpId	DeptName	Manager
Harry	3415	财务		财务	George		Harry	3415	财务	George
Sally	2241	销售		销售	Harriet		Sally	2241	销售	Harriet
George	3401	财务		生产	Charles		George	3401	财务	George
Harriet	2202	销售					Harriet	2202	销售	Harriet

连接是关系复合的另一种术语；在范畴论中连接精确的是纤维积，在Unicode中，连接符号是 ⋈ 。

自然连接被确认为最重要的算法之一，因为它是逻辑 AND 的关系对应者。仔细注意如果同一个变量在用 AND 连接的两个谓词中出现，则这个变量表示相同的事物，而两个出现必须总是由同一个值来代换。特别是自然连接允许组合有外键关联的关系。例如，在上述例子中，外键成立于从雇员.DeptName 到部门.DeptName，雇员和部门的自然连接组合了所有雇员和它们的部门。注意这能工作是因为外键在相同名字的属性之间保持。如果不是这样，外键成立于从 部门.manager 到 Emp.emp-number，则我们在采用自然连接之前必须重命名这些列。这种自然连接有时叫做相等连接。

更形式的说，自然连接的语义定义为：

$$R \bowtie S = \{ t \cup s : t \in R,\ s \in S,\ fun\,(t \cup s) \}$$

这里的 fun(r) 是对于二元关系 r 为真的谓词，当且仅当 r 是函数二元关系。通常要求 R 和 S 必须至少有一个公共属性，但是如果省略了这个约束，则在特殊情况下自然连接就完全变成笛卡尔积。

（2）θ-连接和相等连接

分别列出车模和船模的价格的表"车"和"船"。假设一个顾客要购买一个车模和一个船模，但不想为船花费比车更多的钱。在关系上的 θ-连接 CarPrice ≥ BoatPrice 生成所有可能选项的一个表。

车			船			车 ⋈ 船 $CarPrice \geq BoatPrice$			
CarModel	CarPrice		BoatModel	BoatPrice		CarModel	CarPrice	BoatModel	BoatPrice
CarA	20'000		Boat1	10'000		CarA	20'000	Boat1	10'000
CarB	30'000		Boat2	40'000		CarB	30'000	Boat1	10'000
CarC	50'000		Boat3	60'000		CarC	50'000	Boat1	10'000
						CarC	50'000	Boat2	40'000

　　如果我们要组合来自两个关系的元组，而组合条件不是简单的共享属性上的相等，则
有一种更一般形式的连接算子才方便，这就是 θ-连接(或 theta-连接)。θ-连接是写为 $\underset{a\,\theta\,b}{R\bowtie S}$
或 $\underset{a\,\theta\,v}{R\bowtie S}$ 的二元算子，这里的 a 和 b 是属性名字，θ 是在集合 $\{<,\leq,=,>,\geq\}$ 中的二元关
系，v 是值常量，而 R 和 S 是关系。这个运算的结果由在 R 和 S 中满足关系 θ 的元
素的所有组合构成。只有 S 和 R 的表头是不相交的，即不包含公共属性的情况下，θ-连
接的结果才是有定义的。

　　这个运算可以用基本运算模拟如下：

$$R \bowtie_{\varphi} S = \sigma_{\varphi}(R \times S)$$

　　在算子 θ 是等号算子 (=) 的时候这个连接也叫相等连接。

　　但是要注意，支持自然连接和重命名的计算机语言可以不需要 θ-连接，因为它可以通
过对自然连接(在没有公共属性时它退化为笛卡尔积)的选择来完成。

4.3　查询工具的使用

　　SQL Server 2012 使用的图形界面管理工具是"SQL Server Management Studio"(简称
SSMS)。这是一个集成、统一的管理工具组，在 SQL Server 2005 版本之后已经开始使用这
个工具组开发、配置 SQL Server 数据库，发现并解决其中的故障。SQL Server 2012 继续
使用这个工具组，并对其进行了一些改进。

　　SSMS 中有两个主要工具：图形化的管理工具(对象资源管理器)和 Transaction-SQL 编
辑器(查询分析器)。此外还有"解决方案资源管理器"窗口、"模板资源管理器"窗口和
"注册服务器"窗口等。本节主要介绍如何使用查询分析器。

　　首先打开 SSMS，连接到服务器，在"对象资源管理器"窗格中可以浏览所有的数据
库及其对象。在 SSMS 面板中单击"新建查询"按钮，在打开的"查询编辑器"窗格中输
入查询系统当前的数据库信息的命令如下：

```
SELECT    name,database_id
FROM sys.databases
```

　　单击"执行"按钮，执行该查询，结果如图 4-1 所示。

　　常用的工具栏按钮如图 4-2 所示。

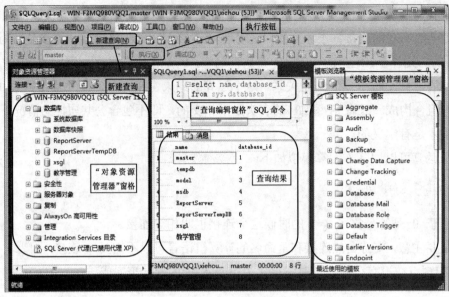

图 4-1　SSMS 界面

图 4-2　常用工具栏按钮

4.4　简单查询

数据库存在的意义在于将数据组织在一起，以方便查询。查询功能是 T-SQL 的核心，通过 T-SQL 的查询可以从表或视图中迅速、方便地检索数据。查询语言用来对已经存在于数据库中的数据按照特定的组合、条件表达式或者一定次序进行检索。T-SQL 查询最基本的方式是 SELECT 语句，其功能十分强大。它能够以任意顺序、从任意数目的列中查询数据，并在查询过程中进行计算，甚至能包含来自其他表的数据。最基本的 SQL 查询语句是由 SELECT 子句、FROM 子句和 WHERE 子句组成的：

```
SELECT <列名表>
FROM <表或视图名>
WHERE <查询限定条件>
```

其中，SELECT 指定了要查看的列(字段)，FROM 指定这些数据的来源(表或视图)，WHERE 则指定了要查询哪些记录。

SELECT 语句的完整语法格式如下：

```
SELECT   <列名选项>
FROM   <表名>|<视图名称>
[WHERE <查询条件>|<联接条件>]
[GROUP BY <分组表达式>[HAVING <分组统计表达式>]]
[ORDER BY <排序表达式>[ASC|DESC]]
```

从上述语法可以看出，SELECT 查询语句中共有 5 个子句，其中，SELECT 和 FROM 子句为必选子句，而 WHERE、ORDER BY 和 GROUP BY 子句为可选子句，要根据查询的需要去选用。下面对 SELECT 语法中各子句进行如下说明：

- SELECT 子句：用来指定查询返回的列，各列在 SELECT 子句中的顺序决定了它们在结果表中的顺序；
- FROM 子句：用来指定数据来源的表或视图；
- WHERE 子句：用来限定返回行的搜索条件；
- GROUP BY 子句：用来指定查询结果的分组条件；
- ORDER BY 子句：用来指定结果的排序方式。

SELECT 语句可以写在一行中。但对于复杂的查询，SELECT 语句随着查询子句的增加不断增长，一行很难写下，此时可以采用分行的写法，即每个子句分别在不同的行中。需要注意的是，子句与子句之间不能使用符号分隔。

下面，我们按照由简到繁、由易到难的顺序，讨论 SELECT 语句的基本结构和主要功能。

4.4.1　SELECT 语句对列的查询

对列的查询实质上是对关系的"投影"操作。在很多情况下，用户只对表中的一部分列感兴趣，这时可以使用 SELECT 子句来指明要查询的列，并根据需要改变输出列显示的顺序。

T-SQL 语句中对列的查询是通过对 SELECT 子句中的列名选项进行设置完成的，具体格式如下：

```
SELECT [ALL|DISTINCT] [TOP n [PERCENT]]
{ *|表的名称.*|视图名称.*            /*选择表或视图中的全部列*/
| 列的名称|列的表达式 [[AS] 列的别名]    /*选择指定的列*/
}[, …n]
```

1. 查询一个表中的全部列

选择表的全部列时，可以使用星号"*"来表示所有的列。

【例 4-3】检索课程表中的所有记录。

T-SQL 语句如下：

```
SELECT * FROM 课程
```

执行结果如图 4-3 所示。

需要注意的是：如果有大量数据要返回，或者数据是通过网络返回的，为了防止返回的数据比实际需要的多，通常不使用星号"*"，而应该指定所需的列名。

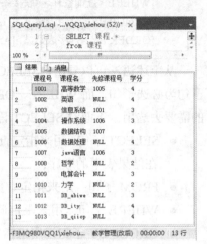

图 4-3　查询课程表的全部信息

2. 查询一个表中的部分列

如果查询数据时只需要选择一个表中的部分列信息，则在 SELECT 后给出需要的列即可，各列名之间用逗号分隔。

【例 4-4】检索学生表中学生的部分信息，包括学号、姓名和性别。

T-SQL 语句如下：

```
SELECT 学号,姓名,性别　　FROM 学生
```

执行结果如图 4-4 所示。

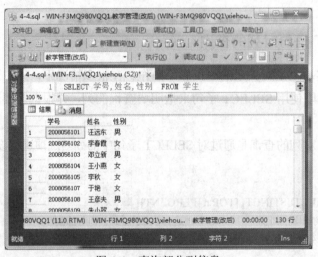

图 4-4　查询部分列信息

3. 为列设置别名

通常情况下，当从一个表中取出列值时，该值与列的名称是联系在一起的。如上例中，从学生表中取出学号与学生姓名，取出的值就与"学号"和"姓名"列有联系。当希望查

询结果中的列使用新的名字来取代原来的列名称时，可以使用如下方法：

● 在列名之后使用 AS 关键字来更改查询结果中的列标题名。如，sno AS 学号；

● 直接在列名后使用列的别名，列的别名可以带双引号、单引号或不带引号。

【例 4-5】检索学生表中学生的学号、姓名和出生日期，结果中各列的标题分别指定为学生编号、学生姓名和出生年月。

T-SQL 语句如下：

```
SELECT 学号 as 学生编号, 姓名 学生姓名,出生日期 '出生年月'
FROM 学生
```

执行结果如图 4-5 所示。

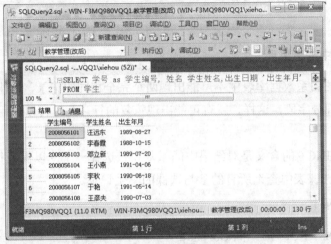

图 4-5　为列设置别名

4. 计算列值

使用 SELECT 语句对列进行查询时，SELECT 后面可以跟列的表达式。也就是说，使用 SELECT 语句不仅可以查询原来表中已有的列，而且可以通过计算得到新的列。

【例 4-6】查询选课表中的学生成绩，并显示折算后的分数。(折算方法：原始分数*0.7)

T-SQL 语句如下：

```
SELECT 学号,课程号,成绩 AS 原始分数,成绩*0.7 AS 折算后分数
FROM 选课
```

执行结果如图 4-6 所示。

4.4.2　SELECT 语句对行的选择

选择表中的若干记录就是关系代数中表的选择运算。这种运算可以通过增加一些谓词(例如 WHERE 子句)等来实现。

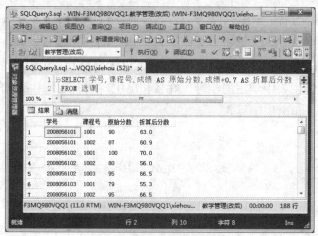

图 4-6　计算列值

1. 消除结果中的重复项

在一张完整的关系数据库表中不可能出现两个完全相同的记录，但由于我们在查询时经常只涉及表的部分字段，这样，就有可能出现重复的行，此时可以使用 DISTINCT 短语来避免这种情况。

关键字 DISTINCT 的含义是对结果中的重复行只选择一个，以保证行的唯一性。

【例 4-7】从选课表中查询所有的参与选课的学生记录。

T-SQL 语句如下：

```
SELECT DISTINCT 学号   FROM  选课
```

执行结果如图 4-7 所示。对比窗格的两组查询，左边窗格显示的结果中出现了很多重复的学号值，这是因为一个学生可以选修多门课程，故学号有重复；而右边窗格显示的结果去掉了重复的结果。与 DISTINCT 相反，当使用关键字 ALL 时，将保留结果中的所有行。在省略 DISTINCT 和 ALL 的情况下，SELECT 语句默认为 ALL。

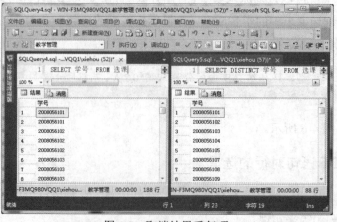

图 4-7　取消结果重复项

2. 限制结果返回的行数

如果 SELECT 语句返回的结果行数非常多,而用户只需要返回满足条件的前几条记录,则可以使用 TOP n [PERCENT] 可选子句。其中,n 是一个正整数,表示返回查询结果的前 n 行。如果使用了 PERCENT 关键字,则表示返回结果的前 n% 行。

【例 4-8】查询学生表中的前 10 个学生的信息。

T-SQL 语句如下:

```
SELECT TOP 10 * FROM 学生
```

执行结果如图 4-8 所示,只返回了 10 个学生的信息。

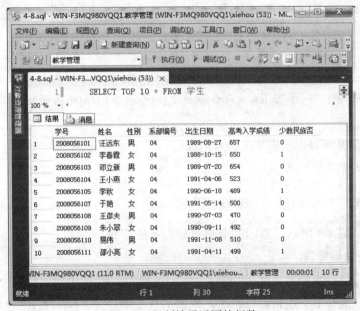

图 4-8　限制结果返回的行数

3. 查询满足条件的元组

条件查询是用的最多的一种查询方式,通过在 WHERE 子句中设置查询条件可以挑选符合要求的数据、修改某一记录、删除某一记录。条件查询的本质是对表中的数据进行筛选,即关系运算中的"选择"操作。

在 SELECT 语句中,WHERE 子句必须紧跟在 FROM 子句之后,其基本格式如下:

```
WHERE <查询条件>
```

其中查询条件的使用主要有以下几种情况,如表 4-3 所示。

表 4-3　常用的查询条件

查询条件	运　算　符	说明
比较	=、>、<、>=、<=、!=、<>、!>、NOT+上述运算符	比较大小
逻辑运算	AND、OR、NOT	用于逻辑运算符判断,也可用于多重条件的判断
字符匹配	LIKE、NOT LIKE	判断值是否与指定的字符通配格式相符
确定范围	BETWEEN…AND…、NOT BETWEEN…AND…	判断值是否在范围内
确定集合	IN、NOT IN	判断值是否为列表中的值
空值	IS NULL、IS NOT NULL	判断值是否为空

(1) 使用比较运算符

使用比较运算符来比较表达式值的大小,包括:=(等于)、>(大于)、<(小于)、>=(大于等于)、<=(小于等于)、!=(不等于)、<>(不等于)、!<(不小于)、!>(不大于)。运算结果为 TRUE 或者 FALSE。

【例 4-9】在课程表中查询学分为 4 的课程。

T-SQL 语句如下:

```
SELECT *  FROM 课程　WHERE  学分=4
```

执行结果如图 4-9 所示,显示的全是学分为 4 的课程。

(2) 使用逻辑运算符

逻辑运算符包括 AND、OR 和 NOT,用于连接 WHERE 子句中的多个查询条件。当一条语句中同时含有多个逻辑运算符时,取值的优先顺序为:NOT、AND 和 OR。

【例 4-10】在课程表中查询学分大于 1 且小于 4 的课程信息。

T-SQL 语句如下:

```
SELECT *  FROM 课程　WHERE  学分>1 and  学分<4
```

执行结果如图 4-10 所示。

(3) 使用 LIKE 模式匹配

在查找记录时,如果不是很适合使用算术运算符和逻辑运算符,则可能要用到更高级的技术。例如,当不知道学生全名而只知道姓名的一部分时,就可以使用 LIKE 语句搜索学生信息。

LIKE 是模式匹配运算符,用于指出一个字符串是否与指定的字符串相匹配。使用 LIKE 进行匹配时,可以使用通配符,即可以使用模糊查询。

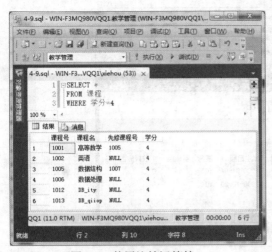

图 4-9　使用比较运算符

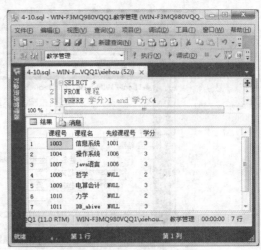

图 4-10　使用逻辑运算符

T-SQL 中使用的通配符有"%"、"_"、"[ ]"和"[^]"。通配符用在要查找的字符串的旁边。它们可以一起使用，使用其中的一种并不排斥使用其他的通配符。

- "%"代表 0 个或任意多个字符。如要查找姓名中含有"a"的教师，可以使用"%a%"，这样会查找出姓名中任何位置包含字母"a"的记录；
- "_"代表单个字符。使用"_a"，将返回任何名字为两个字符且第二个字符是"a"的记录；
- "[ ]"允许在指定值的集合或范围中查找单个字符。如要搜索名字中包含介于 a-f 之间的单个字符的记录，则可以使用 LIKE '%[a-f]% '；
- "[^]"与"[]"相反，用于指定不属于范围内的字符。如[^abcdef]表示不属于 abcdef 集合中的字符。

【例 4-11】在学生表中查询姓"赵"的学生信息。

T-SQL 语句如下：

```
SELECT * FROM 学生
WHERE 姓名  like N'赵%'
```

执行结果如图 4-11 所示。

【例 4-12】请读者思考如果要查询以"DB_"开头的课程名，应该如何实现。

注意，这里的下划线不再具有通配符的含义，而是一个普通字符。此时，需要使用 ESCAPE 函数添加一个转义字符，将通配符变成普通字符的含义。执行代码如下：

```
--不带有转义字符的查询
SELECT * FROM 课程
WHERE  课程名  LIKE 'DB_%'
```

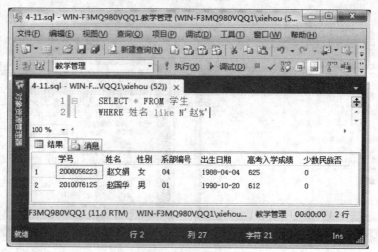

图 4-11　使用 LIKE 模式匹配

```
--带有转义字符的查询
SELECT * FROM  课程
WHERE  课程名  LIKE 'DB\_%' ESCAPE '\'
```

执行结果如图 4-12 所示。

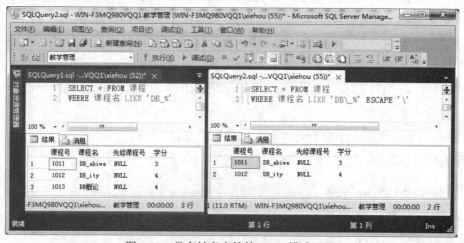

图 4-12　带有转义字符的 LIKE 模式匹配

对比图 4-12 中两个查询结果可以看出，左侧的没有使用转义字符，则下划线代表任意单个字符，故查询结果包括三条记录。右侧的使用了转义字符，此时"\"右边的字符"_"不再代表通配符，而是普通的字符，故查询结果中少了"DB 概论"这个课程名。

(4) 确定范围

当要查询的条件是某个值的范围时，使用 BETWEEN…AND…来指出查询范围。其中，AND 的左端给出查询范围的下限，AND 的右端给出查询范围的上限。

【例4-13】在选课表中，查询成绩在 60 到 80 分之间的学生情况。

T-SQL 语句如下：

> SELECT * FROM 选课 WHERE 成绩 between 60 and 80

执行结果如图 4-13 所示，可以看到，使用 BETWEEN 查询，结果包含两个端点的值。在本例中，包含了成绩为 60 分和 80 分的学生信息。

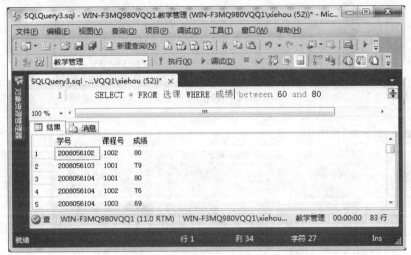

图 4-13　使用 BETWEEN...AND 确定范围

(5) 确定集合

关键字 IN 用来表示查询范围属于指定的集合。在集合中列出所有可能的值，当表中的值与集合中的任意一个值匹配时，即满足条件。

【例4-14】在选课表中查询选修了 "1001" 号或者 "1002" 号课程的选课情况。

T-SQL 语句如下：

> SELECT * FROM 选课 WHERE 课程号 IN('1001','1002')

该语句等价于：

> SELECT * FROM 选课 WHERE 课程号='1001' OR 课程号='1002'

执行结果如图 4-14 所示。

(6) 涉及空值 NULL 的查询

值为 "空" 并非没有值，而是一个特殊的符号 "NULL"。一个字段是否允许为空，是在建立表的结构时设置的。要判断一个表达式的值是否为空值，可以使用 IS NULL 关键字。

【例4-15】查询缺少 "选修课程号" 的课程的信息。

T-SQL 语句如下：

> SELECT * FROM 课程 WHERE 选修课程号 IS NULL

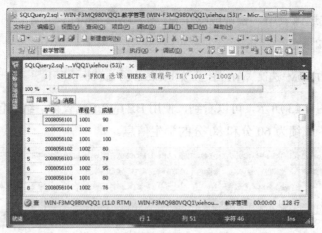

图 4-14　使用 IN 确定范围

执行结果如图 4-15 所示。

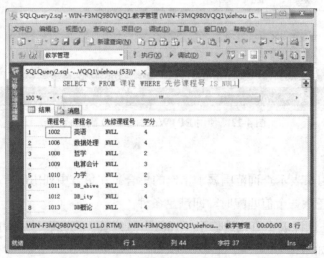

图 4-15　涉及 NULL 的查询

4.4.3　对查询结果排序

利用 ORDER BY 子句可以对查询的结果按照指定的字段进行排序。

ORDER BY 子句的语法格式如下：

ORDER BY 排序表达式 [ASC|DESC]

其中，ASC 代表升序，DESC 表示降序，默认时为升序排列。对数据类型为 TEXT、NTEXT 和 IMAGE 的字段不能使用 ORDER BY 进行排序。

【例 4-16】查询学生表中全体女学生的情况，要求结果按照年龄升序排列。

T-SQL 语句如下：

SELECT * FROM 学生 WHERE 性别='女' ORDER BY 出生日期 DESC

年龄升序，对于出生日期而言就是降序，执行结果如图 4-16 所示。

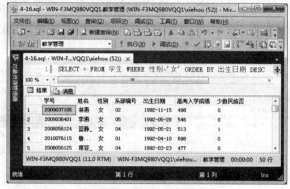

图 4-16　查询结果排序

4.4.4　对查询结果统计

1. 使用聚合函数

在 SELECT 语句中可以使用聚合函数进行统计，并返回统计结果。聚合函数用于处理单个列中所选的全部值，并生成一个结果值。常用的聚合函数(也称统计函数)包括 COUNT()、AVG()、SUM()、MAX()、和 MIN()等，如表 4-4 所示。

表 4-4　常用聚合函数

函 数 名 称	说　　明
COUNT([DISTINCT|ALL] 列名称|*)	统计符合条件的记录的个数
SUM([DISTINCT|ALL] 列名称)	计算一列中所有值的总和，只能用于数值类型
AVG([DISTINCT|ALL] 列名称)	计算一列中所有值的平均值，只能用于数值类型
MAX([DISTINCT|ALL] 列名称)	求一列值中的最大值
MIN([DISTINCT|ALL] 列名称)	求一列值中的最小值

说明：

如果使用 DISTINCT，则表示在计算时去掉重复值，而 ALL 则表示对所有值进行运算，默认值为 ALL。

【例 4-17】统计查询学生总人数，以及参加选课的学生的人数。

T-SQL 语句如下：

```
--学生总人数
SELECT COUNT(*) FROM 学生
```

> --参加选课的学生人数
> SELECT COUNT(DISTINCT 学号) FROM 选课

学生的总人数是对学生表进行统计；选课的总人数是对选课表进行统计，同时注意，由于一名学生可以选修多门课程，故当对学号统计的时候需要使用 DISTINCT 关键字过滤掉重复的记录。执行结果如图 4-17 所示。

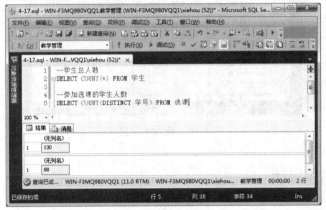

图 4-17　使用统计记录个数的聚合函数

【例 4-18】查询选修"1001"课程的学生的最高分、最低分和平均分。

T-SQL 语句如下：

> SELECT MAX(成绩) AS '最高分',MIN(成绩) AS '最低分', AVG(成绩) AS '平均分'
> FROM 选课 WHERE 课程号='1001'

执行结果如图 4-18 所示。

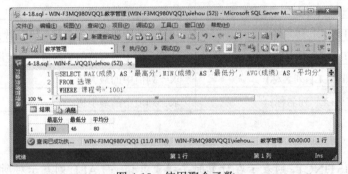

图 4-18　使用聚合函数

2. 对结果进行分组

对数据进行检索时，经常需要对结果进行汇总统计计算。在 T-SQL 中通常使用聚合函数和 GROUP BY 子句来实现统计计算。

GROUP BY 子句用于对表或视图中的数据按字段进行分组，还可以利用 HAVING 短语按照一定的条件对分组后的数据进行筛选。

GROUP BY 子句的语法格式如下：

> GROUP BY [ALL] 分组表达式 [HAVING 查询条件]

需要注意的是：当使用 HAVING 短语指定筛选条件时，HAVING 短语必须与 GROUP BY 配合使用。HAVING 短语与 WHERE 子句并不冲突：WHERE 子句用于表的选择运算，HAVING 短语用于设置分组的筛选条件，只有满足 HAVING 条件的分组数据才被输出。

【例 4-19】求每个学生选课的门数。

T-SQL 语句如下：

```
SELECT 学号,COUNT(*) AS 选课数
FROM 选课
GROUP BY 学号
```

执行结果如图 4-19 所示。

【例 4-20】查询选课表中选修了两门以上课程，并且成绩均超过 90 分的学生的学号。

分析：首先将选课表中的成绩超过 90 分的学生按照学号进行分组，再对各个分组进行筛选，找出记录数大于等于 2 的学生学号，进行结果输出。

T-SQL 语句如下：

```
SELECT 学号 FROM 选课 WHERE 成绩>90
GROUP BY 学号 HAVING COUNT(*)>=2
```

执行结果如图 4-20 所示。

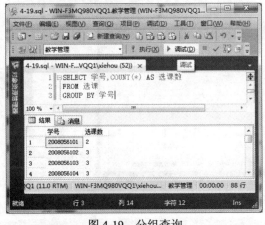

图 4-19　分组查询

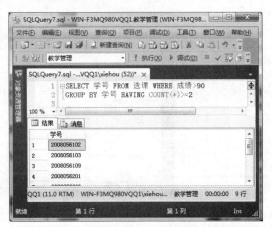

图 4-20　带有 HAVING 子句的分组查询

4.4.5　对查询结果生成新表

在实际应用中，有时需要将查询结果保存成一个表，这个功能可以通过 SELECT 语句

中的 INTO 子句来实现，用以表明查询结果的去向。如果需要将查询得到的结果存入新的数据表中，可以使用 INTO 语句：

> INTO <新表名>

其中：

- 新表名是被创建的新表，查询的结果集中的记录将添加到此表中；
- 新表的字段由结果集中的字段列表决定；
- 如果表名前加"#"，则创建的表为临时表；
- 用户必须拥有该数据库中创建表的权限；
- INTO 子句不能与 COMPUTE 子句一起使用。

【例 4-21】查询每门课程的平均分、最高分、最低分，将结果输出到一个表中保存。

分析：首先将选课表中的记录按照课程号进行分组，再对各个分组进行统计，找出每个小组的平均值、最大值和最小值，然后将结果输出到一个新表课程成绩表中。

T-SQL 语句如下：

```
SELECT 课程号,AVG(成绩) 平均分,MAX(成绩) 最高分,MIN(成绩) 最低分 into 课程成绩表
FROM 选课
GROUP BY 课程号
--查看课程成绩表
SELECT * FROM 课程成绩表
```

执行结果如图 4-21 所示。

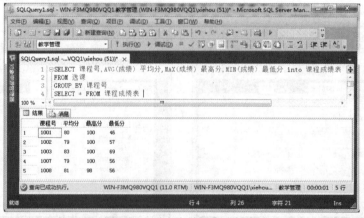

图 4-21 对查询结果生成新表

4.5 连接查询

前面介绍的查询都是针对一个表实施查询操作，实际上，数据库实例中的各个表之间

可能存在某些内在的联系,通过这些联系,可以为应用程序提供一些涉及多个表的复杂信息,如主表和外表之间就存在主键和外键的关联。SQL 语言为这种多个表之间存在关联的查询提供了检索数据的方法,称为连接查询。多表连接使用 FROM 子句指定多个表,连接条件指定各列之间(每个表至少一列)进行连接的关系。连接条件中的列必须具有一致的数据类型。连接查询主要包括交叉连接查询、内连接查询和外连接查询。本节主要介绍连接查询的类型和具体的实施方法。

4.5.1　交叉连接

交叉连接也称非限制连接,又叫广义笛卡尔积。两个表的广义笛卡尔积是两表中记录的交叉乘积,结果集的列为两个表属性列的和,其连接的结果会产生一些没有意义的记录,而且进行该操作非常耗时。因此该运算的实际意义不大。

交叉连接的语法格式如下:

> SELECT 列表列名 FROM 表名 1 CROSS JOIN 表名 2

下面通过例 4-22 了解交叉连接。

【例 4-22】查询学生表和系部表的交叉连接。

T-SQL 语句如下:

> SELECT 学号,姓名,性别,学生.系部编号,出生日期,高考入学成绩,少数民族否,系部.系部编号,系部名称
> FROM 　学生　cross join 　系部

执行结果如图 4-22 所示。

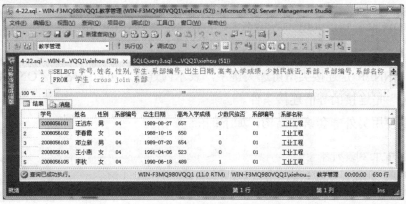

图 4-22　交叉连接

其中,学生表有 130 条记录,系部表有 5 条记录,所以做完交叉连接后一共是 130*5=650条记录。在交叉连接结果中可以发现一些不符合实际的记录,例如,第 1 条记录,汪远东的系部编号同时等于了两个值"04"和"01"。类似这样的记录还有很多,所以需要一定

的限制条件来过滤掉这些无用的记录，可以通过 WHERE 子句实现。另外，由于"学号"、"姓名"、"性别"和"系部名称"等列在学生表和系部表中是唯一的，因此引用时不需要加上表名前缀。而"系部编号"在两个表中均出现了，引用时必须加上表名前缀。

注意：

多表查询时，如果要引用不同表中的同名属性，则在属性名前加表名，即用"表名.属性名"的形式表示，以便区分。

4.5.2　内连接

交叉连接会产生很多无用的记录，如何筛选出有用的连接呢？内连接也称为简单连接，它会把两个或多个表进行连接，只查出匹配的记录，不匹配的记录将无法查询出来。这种连接查询是平常用的最多的查询。内连接中常用的就是等值连接和非等值连接。

1. 等值连接

等值连接的连接条件是在 WHERE 子句中给出的，只有满足连接条件的行才会出现在查询结果中。这种形式也称为连接谓词表示形式，是 SQL 语言早期的连接形式。

等值连接的连接条件格式如下：

```
[<表 1 或视图 1>.]<列 1> = [<表 2 或视图 2>.]<列 2>
```

等值连接的过程类似于交叉连接，连接的时候要有一定的条件限制，只有符合条件的记录才输出到结果集中，其语法格式如下：

```
SELECT 列表列名
FROM 表名 1 [INNER] JOIN 表名 2
ON 表名 1.列名=表名 2.列名
```

其中，INNER 是连接类型可选关键字，表示内连接，可以省略；"ON 表名 1.列名=表名 2.列名"是连接的等值连接条件。

也可以使用另外一套语法结构，如下：

```
SELECT 列表列名
FROM 表名 1, 表名 2
WHERE 表名 1.列名=表名 2.列名
```

【例 4-23】根据【例 4-22】，要求输出每位学生所在的系部名称。

T-SQL 代码如下：

```
SELECT 学号,姓名,性别,学生.系部编号,出生日期,高考入学成绩,少数民族否,系部.系部编号,系部名称
```

　　　　FROM　学生　INNER JOIN　系部　ON　学生.系部编号=系部.系部编号

执行结果如图 4-23 所示。

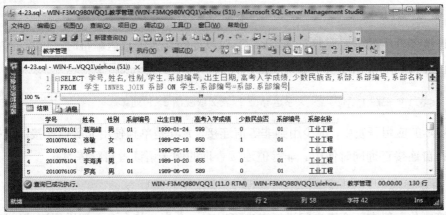

图 4-23　等值连接

　　本例中学生一共有 130 位，若输出学生所在的系，则结果也应是 130 行，相比较交叉连接，删除了很多无用的连接。也就是只有满足条件的记录才被拼接到结果集中。结果集是两个表的交集。从图 4-23 可以看出，"系部编号"列有重复，在等值连接中，把目标列中重复的属性去掉，称为自然连接。

　　【例 4-24】采用自然连接实现【例 4-23】。

　　T-SQL 代码如下：

```
SELECT　学号,姓名,性别,学生.系部编号,出生日期,高考入学成绩,少数民族否, 系部名称
FROM　学生,系部
WHERE　学生.系部编号=系部.系部编号
```

执行结果如图 4-24 所示。

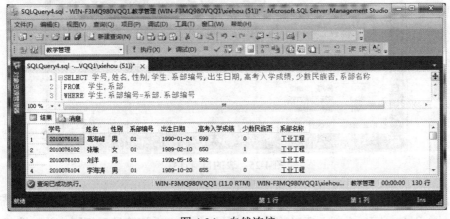

图 4-24　自然连接

　　本例使用了另一套连接查询的代码，SELECT-FROM-WHERE 子句，将需要连接的表

依次写在 FROM 后面，将连接条件写在 WHERE 子句中，如果还有其他辅助的条件，可以使用 AND 谓词将其一并写在 WHERE 子句中。

2. 非等值连接

当连接条件中的关系运算符使用除 "=" 以外的其他关系运算符时，这样的内连接称为非等值连接。非等值连接中设置连接条件的一般语法格式如下：

> [<表 1 或视图 1>.]<列 1> 关系运算符 [<表 2 或视图 2>.]<列 2>

在实际的应用开发中，很少用到非等值连接，尤其是单独使用非等值连接的连接查询，它一般和自连接查询同时使用。非等值连接查询的例子请读者自行练习。

3. 自身连接

连接操作一般在两个表之间进行，也可以在一个表与其自身之间进行连接，这样的连接称为自连接。由于连接的两个表其实是同一个表，为了加以区分，需要为表起别名。

【例 4-25】 使用教师表查询与 "张乐" 在同一个系任课的教师编号、教师姓名和教师的职称，要求不包括 "张乐" 本人。

T-SQL 代码如下：

```
SELECT Y.教师编号,Y.姓名,Y.职称
FROM 教师 X, 教师 Y
WHERE X.系部编号=Y.系部编号  AND X.姓名='张乐' AND Y.姓名!='张乐'
```

执行结果如图 4-25 所示。

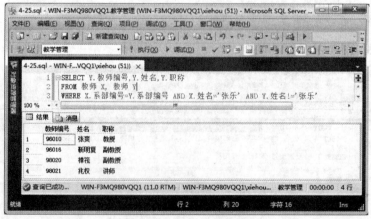

图 4-25　表的自身连接

本例中，由于对教师表进行两次查询，故需要对其自身连接，为了加以区分需要为教师表起一个别名。同一个系，所以连接条件是彼此的 "系部编号" 相同，并且选择 X 表作

为参照表，那么输出的信息就来源于 Y 表。要求结果不包括"张乐"本人，则在条件中加上 Y 表的姓名不等于"张乐"即可。

　　类似于这样的自身连接在实际应用中还有很多，例如，求与"张乐"同职称的老师等。当然这类题的求解方法还有很多，具体的方法会在后面一一介绍。

4.5.3　外连接

　　外连接是指连接关键字 JOIN 的后面表中指定列连接在前一表中指定列的左边或者右边，如果两表中指定列没有匹配行，则返回空值。

　　外连接的结果不但包含满足连接条件的行，还包含相应表中的所有行。外连接有三种形式，其中的 OUTER 关键字可以省略：

　　(1) 左外连接(LEFT OUTER JOIN 或 LEFT JOIN)：包含左边表的全部行(不管右边的表中是否存在与它们匹配的行)，以及右边表中全部满足条件的行。

　　(2) 右外连接(RIGHT OUTER JOIN 或 RIGHT JOIN)：包含右边表的全部行(不管左边的表中是否存在与它们匹配的行)，以及左边表中全部满足条件的行。

　　【例 4-26】用左外连接查询学生选课的信息，没有参与选课的学生信息也一并输出；用右外连接实现被选修的课程的信息，没有被选的课程也要求一并输出。比较查询结果的区别并分析。

　　左外连接 T-SQL 语句如下：

```
SELECT  学生.学号,课程号,姓名,成绩
FROM  学生  LEFT JOIN  选课  ON  学生.学号=选课.学号
```

　　右外连接 T-SQL 语句如下：

```
SELECT  学号,选课.课程号,课程名,成绩
FROM  选课  RIGHT JOIN  课程  ON  选课.课程号=课程.课程号
```

执行结果如图 4-26 所示。

　　可以看到，两者的运行结果不完全相同，左外连接以连接谓词左边的表为准，包含学生表中的所有数据，而只在选课表中存在的数据将不出现在查询结果中。右连接以连接谓词右边的表为准，右表课程表的数据均显示，在选课表中不可能出现的学号和课程号为 NULL 的数据，在查询结果中也显示出来了。

　　(3) 全外连接(FULL OUTER JOIN 或 FULL JOIN)：包含左、右两个表的全部行，不管另外一边的表中是否存在与它们匹配的行，即全外连接将返回两个表的所有行。

　　在现实生活中，参照完整性约束可以减少对全外连接的使用，一般情况下，左外连接就足够了。但当在数据库中没有利用清晰、规范的约束来防范错误数据时，全外连接就变得非常有用了，可以用它来清理数据库中的无效数据。

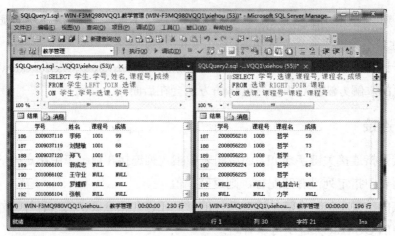

图 4-26　外连接

4.6　嵌套查询

　　将一个查询语句嵌套在另一个查询语句中的查询称为嵌套查询或子查询。被嵌入在其他查询语句中的查询语句称为子查询语句，子查询语句的载体查询语句称为父查询语句。子查询语句一般嵌在另一个查询语句的 WHERE 子句或 HAVING 子句中，另外，子查询语句也可以嵌在一个数据记录更新语句的 WHERE 子句中。任何允许使用表达式的地方都可以使用子查询。T-SQL 语句支持子查询，正是 SQL 结构化的具体体现。子查询 SELECT 语句必须放在括号中，使用子查询的语句实际上执行了两个连续查询，而且第一个查询的结果作为第二个查询的搜索值。可以用子查询来检查或者设置变量和列的值，或者用子查询来测试数据行是否存在于 WHERE 子句中。需要注意的是，ORDER BY 子句只能对最终查询结果进行排序，即在子查询的 SELECT 语句中不能使用 ORDER BY 子句。本节重点介绍使用 SELECT 语句实现子查询的基本方法。

4.6.1　带有 IN 谓词的子查询

　　由于子查询的结果是记录的集合，故常使用谓词 IN 来实现。

　　IN 谓词用于判断一个给定值是否在子查询的结果集中。当父查询表达式与子查询的结果集中的某个值相等时，返回 TURE，否则返回 FALSE。同时，也可以在 IN 关键字之前使用 NOT，表示表达式的值不在查询结果集中。

　　对于使用 IN 的子查询的连接条件，其语法格式如下：

> WHERE 表达式 [NOT] IN (子查询)

　　如果使用了 NOT IN 关键字，则子查询的意义与使用 IN 关键字的子查询的意义相反。

【例 4-27】查询至少有一门课程不及格的学生信息。

T-SQL 代码如下：

```
SELECT 学生.学号,姓名,系部编号
FROM 学生
WHERE 学号 IN (SELECT 学号
                FROM 选课
                WHERE 成绩<60)
```

执行结果如图 4-27 所示。

在执行包含子查询的 SELECT 语句时，系统先执行子查询，产生一个结果集。在本例中，系统先执行子查询，得到所有不及格学生的学号，再执行父查询，如果学生表中某行的学号值等于子查询结果集中的任意一个值，则该行就被选择。

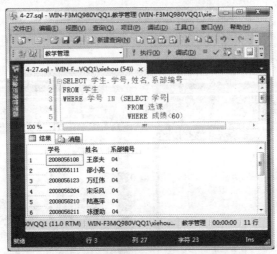

图 4-27　带有 IN 谓词的子查询

4.6.2　带有比较运算符的子查询

当用户能确切知道子查询返回的是单值时，可以在父查询的 WHERE 子句中，使用比较运算符进行比较查询。这种查询可以认为是 IN 子查询的扩展。

带有 IN 运算符的子查询返回的结果是集合，而带有比较运算符的子查询返回的结果是单值，而且用户在查询开始时就要知晓"内层查询返回的是单值"这一事实。

【例 4-28】从选课表中查询"汪远东"同学的考试成绩信息，显示选课表的所有字段。

T-SQL 代码如下：

```
SELECT *
FROM 选课
WHERE 学号= (SELECT 学号
                FROM 学生
```

> WHERE 姓名='汪远东')

执行结果如图 4-28 所示。

【例 4-29】使用带比较运算符的子查询改写【例 4-25】，查询与"张乐"在同一个系任课的教师编号、教师姓名和教师的职称，要求不包括"张乐"本人。

分析：由于一个老师只能在一个系部工作，所以子查询返回的结果是单值，此时可以用比较运算符"="来实现。

T-SQL 代码如下：

```
SELECT *
FROM 教师
WHERE 系部编号= (SELECT 系部编号
                FROM 教师
                WHERE 姓名='张乐')
        AND 姓名!='张乐'
```

执行结果如图 4-29 所示。

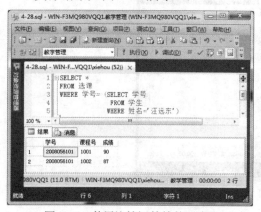

图 4-28　使用比较运算符的子查询

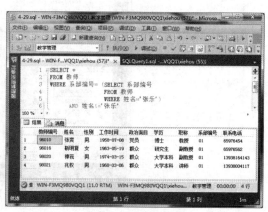

图 4-29　使用比较运算符改写例 4-25

4.6.3　带有 ANY、SOME 或 ALL 关键字的子查询

可以使用 ANY、SOME 或 ALL 关键字对子查询进行限制。其中：

- ALL 代表所有值，ALL 指定的表达式要与子查询结果集中的每个值都进行比较，当表达式与每个值都满足比较的关系时，才返回 TRUE，否则返回 FALSE。
- SOME 或 ANY 代表某些或者某个值，表达式只要与子查询结果集中的某个值满足比较的关系，就返回 TRUE，否则返回 FALSE。

【例 4-30】查询考试成绩比"汪远东"同学高的学生信息。

在【例 4-28】的基础上，我们进一步进行查询嵌套：如果使用 ANY，则查询结果是只要比"汪远东"同学任一门成绩高的学生信息；使用 ALL，则查询结果是比"汪远东"

同学所有的成绩都要高的学生信息。

T-SQL 代码如下：

```
SELECT *
FROM  选课
WHERE 成绩>ANY(SELECT 成绩
              FROM  选课
              WHERE 学号=(SELECT 学号
                        FROM  学生
                        WHERE 姓名='汪远东'))
```

执行结果如图 4-30 所示。

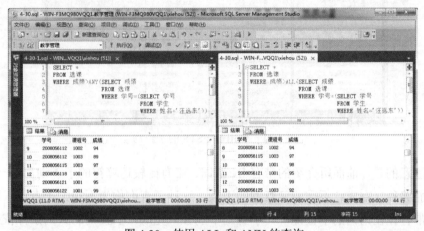

图 4-30 使用 ALL 和 ANY 的查询

由【例 4-28】我们知道，汪远东的最高成绩为 90，最低成绩为 87。因此，使用 ALL 关键字，只显示高于 90 分的学生成绩，共有 44 条记录；而使用 ANY 关键字，则显示了所有高于 87 分的学生成绩，共有 53 条记录。

4.6.4 带有 EXISTS 谓词的子查询

EXISTS 称为存在量词，在 WHERE 子句中使用 EXISTS，表示当子查询的结果非空时，条件为 TRUE，反之则为 FALSE。EXISTS 前面也可以加 NOT，表示检测条件为"不存在"。

EXISTS 语句与 IN 语句非常类似，它们都根据来自子查询的数据子集测试列的值。不同之处在于，EXISTS 使用联接将列的值与子查询中的列联接起来，而 IN 不需要联接，它直接根据一组以逗号分隔的值进行比较。使用 EXISTS 的子查询语句返回的结果为逻辑值，如果子查询结果为空，则父查询的 WHERE 子句返回逻辑值 TRUE，否则返回逻辑值 FALSE。由于带 EXISTS 的子查询只返回真值或假值，故在子查询中给出列名无实际意义。

【例 4-31】查询没有选修"1001"号课程的学生信息。

代码如下：

```
SELECT *
FROM  学生
WHERE      NOT EXISTS (SELECT *
                    FROM  选课
                    WHERE  学号=学生.学号  AND  课程号='1001')
```

执行结果如图 4-31 所示。

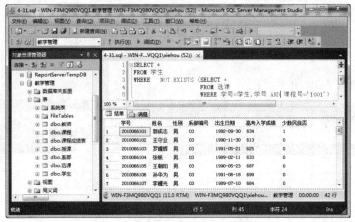

图 4-31　使用 EXISTS 的子查询

　　需要注意的是，前面所介绍的带有 IN 谓词、带有比较运算符的子查询都有一个特点，即子查询能够独立完成，不需要父查询的干预，这种子查询称为不相关子查询。而本小节所介绍的带有存在谓词的子查询，其子查询不能独立完成，子查询的查询条件依赖于父查询，这类子查询称为相关子查询。

　　【例 4-32】使用 EXISTS 谓词的查询改写【例 4-25】，查询与"张乐"在同一个系任课的教师编号、教师姓名和教师的职称，要求不包括"张乐"本人。

　　T-SQL 代码如下：

```
SELECT *
FROM  教师 x
WHERE EXISTS(SELECT *
        FROM  教师 y
        WHERE X.系部编号=Y.系部编号
            AND y.姓名='张乐')
AND x.姓名!='张乐'
```

执行结果如图 4-32 所示。

　　【例 4-33】查询选修了全部课程的学生学号和姓名。

　　分析：题义是求这样的学生：所有课程，他都选了。关系代数中用除运算来表达此查询。这是含有全称量词∀意义的查询，SQL 中没有提供∀量词，需要用 ¬∃ 来表达。

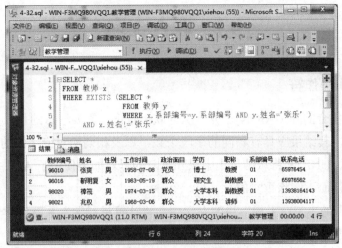

图 4-32　使用 EXISTS 实现【例 4-25】

"所有课程，所求学生选之"等价于求"不存在任何一门课程，所求学生没有选之"。

T-SQL 代码如下：

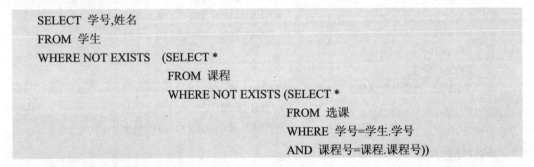

```
SELECT  学号,姓名
FROM  学生
WHERE NOT EXISTS    (SELECT *
                    FROM  课程
                    WHERE NOT EXISTS (SELECT *
                                    FROM  选课
                                    WHERE  学号=学生.学号
                                    AND  课程号=课程.课程号))
```

执行结果如图 4-33 所示。

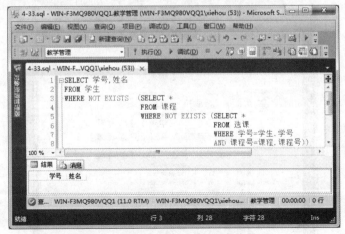

图 4-33　使用 EXISTS 实现全称量词

由于没有选修了全部课程的学生，所以返回结果为空。

4.7   联合查询

4.7.1   UNION 操作符

T-SQL 支持集合的并(UNION)运算，执行联合查询。需要注意的是，参与并运算操作的两个查询语句，其结果应具有相同的字段个数，以及相同的对应字段的数据类型。

默认情况下，UNION 将从结果集中删除重复的行。如果使用了 ALL 关键字，那么结果中将包含所有行而不删除重复的行。

【例 4-34】查询"工业工程"系的女学生和"计算机科学"系的男学生信息。

T-SQL 代码如下：

```
SELECT *
FROM 学生
WHERE 性别='女' AND 系部编号=(SELECT 系部编号
                            FROM 系部
                            WHERE 系部名称='工业工程')
UNION
SELECT *
FROM 学生
WHERE 性别='男' AND 系部编号=(SELECT 系部编号
                            FROM 系部
                            WHERE 系部名称='计算机科学')
```

执行结果如图 4-34 所示。

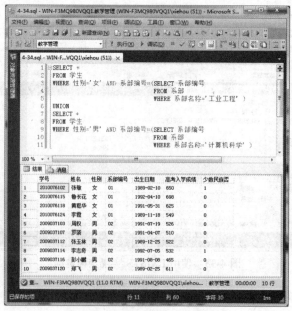

图 4-34   使用 UNION 联合查询

4.7.2　INTERSECT 操作符

INTERSECT 操作符返回两个查询检索出的共有行。

【例 4-35】查询选修了课程名中含有"数学"两个字的课程并且也选修了课程名含有"系统"的课程的学生姓名。

T-SQL 代码如下：

```
SELECT  姓名
FROM  学生,选课,课程
WHERE  学生.学号=选课.学号  AND  选课.课程号=课程.课程号
        AND  课程名  LIKE '%数学%'
INTERSECT
SELECT  姓名
FROM  学生,选课,课程
WHERE  学生.学号=选课.学号  AND  选课.课程号=课程.课程号
        AND  课程名  LIKE '%系统%'
```

执行结果如图 4-35 所示。

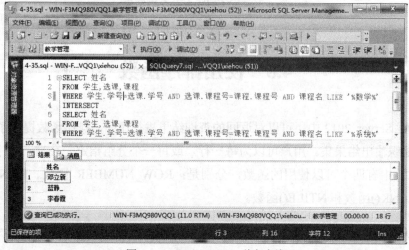

图 4-35　INTERSECT 联合查询

4.7.3　EXCEPT 操作符

EXCEPT操作符返回将第二个查询检索出的行从第一个查询检索出的行中减去之后剩余的行。

【例 4-36】查询选修了"高等数学"课，却没有选修"操作系统"课的学生姓名。

```
SELECT  姓名
FROM  学生,选课,课程
WHERE  学生.学号=选课.学号  AND  选课.课程号=课程.课程号  AND  课程名='高等数学'
```

```
EXCEPT
SELECT 姓名
FROM 学生,选课,课程
WHERE 学生.学号=选课.学号 AND 选课.课程号=课程.课程号 AND 课程名='操作系统'
```

执行结果如图 4-36 所示。

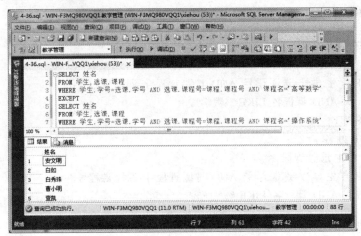

图 4-36　EXCEPT 联合查询结果

4.8　使用排序函数

在 SQL Server 2012 中，可以对返回的查询结果进行排序，排序函数提供了一种按升序的方式组织输出结果集。用户可以为每一行，或每一个分组指定一个唯一的序号。SQL Server 2012 中有四个可以使用的函数，分别是：ROW_NUMBER 函数、RANK 函数、DENSE_RANK()函数和 NTILE()函数。

4.8.1　ROW_NUMBER()

ROW_NUMBER()函数返回结果集分区内行的序列号，每个分区的第一行从 1 开始，返回类型为 bigint。

语法格式如下：

ROW_NUMBER() OVER([PARTITION BY value_expression , ... [n]] order_by_clause)

其中，PARTITION BY value_expression 将 FROM 子句生成的结果集划入应用了 ROW_NUMBER 函数的分区。value_expression 指定对结果集进行分区所依据的列。 如果未指定 PARTITION BY，则此函数将查询结果集的所有行视为单个组。ORDER BY 子句可确定在特定分区中为行分配唯一 ROW_NUMBER 的顺序，它是必需的。

【例 4-37】将学生信息按性别划分区间，同一性别再按年龄来排序。将相同性别的学生按出生日期进行排序。

T-SQL 语句如下：

> SELECT ROW_NUMBER() OVER (PARTITION BY 性别 ORDER BY 出生日期) AS 年龄序号, 姓名, 出生日期
> 　　FROM 学生

执行结果如图 4-37 所示。

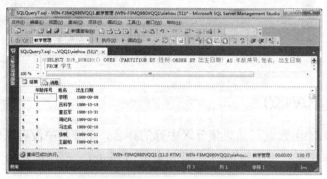

图 4-37　ROW_NUMBER()函数

如图可见，根据学生的出生日期为他们的年龄排序，并且添加了排序的序号。

4.8.2　RANK()

RANK()函数返回结果集的分区内每行的排名。RANK()函数并不总返回连续整数。行的排名是相关行之前的排名数加一。 返回类型为 bigint。语法格式如下：

> RANK ( ) OVER ([partition_by_clause] order_by_clause)

其中，partition_by_clause 为将 FROM 子句生成的结果集划分为要应用 RANK()函数的分区；order_by_clause 为确定将 RANK 值应用于分区中的行时所基于的顺序。

【例 4-38】按参加工作时间将教师记录进行排序。

T-SQL 语句如下：

> SELECT RANK() OVER (ORDER BY 工作时间) AS 参加工作时间, 姓名, 工作时间
> 　　FROM 教师

执行结果如图 4-38 所示。

从图中可以看出，根据教师参加工作时间的先后为其排序。教师"参加工作时间"列左侧的列，序号依次递增，但是"参加工作时间"列的值却不是连续的，RANK()函数使工作时间相同的排序后的序号相同，下一个的序号将与"参加工作时间"左侧的列序号一致。这说明了 RANK()函数并不总返回连续整数的原因。

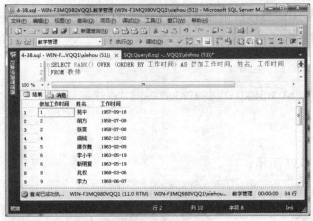

图 4-38　RANK()函数

4.8.3　DENSE_RANK()

DENSE_RANK()函数返回结果集分区中行的排名，在排名中没有任何间断。行的排名等于所讨论行之前的所有排名数加一。 返回类型为 bigint。语法格式如下：

DENSE_RANK ( ) OVER ([<partition_by_clause>] < order_by_clause >)

其中，<partition_by_clause> 将 FROM 子句生成的结果集划分为多个应用 DENSE_RANK 函数的分区；<order_by_clause>确定将 DENSE_RANK 函数应用于分区中各行的顺序。

【例 4-39】用 DENSE_RANK()函数实现按工作时间将教师记录进行排序。

T-SQL 语句如下：

SELECT DENSE_RANK() OVER (ORDER BY 工作时间) AS 参加工作先后, 姓名, 工作时间
　FROM 教师

执行结果如图 4-39 所示。

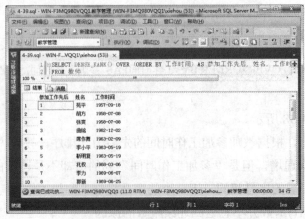

图 4-39　DENSE_RANK()函数

　　DENSE_RANK()函数的功能与 RANK()函数类似，只是在生成序号时是连续的，而RANK()函数生成的序号有可能不连续。

4.8.4　NTILE()

　　NTILE()函数将有序(数据行)分区中的数据行分散到指定数目的组中。这些组有编号，编号从 1 开始。对于每一个数据行，NTILE 将返回此数据行所属的组的编号。

　　NTILE 的 Transact-SQL 语法格式如下：

```
NTILE (integer_expression) OVER ( [ <partition_by_clause> ] < order_by_clause > )
```

　　各参数的含义如下：

　　(1) integer_expression

　　一个正整数常量表达式，用于指定每个分区必须被划分成的组数。integer_expression的类型可以是 int 或 bigint。

　　(2) <partition_by_clause>

　　将 FROM 子句生成的结果集划分成此函数适用的分区。若要详细了解 PARTITION BY 语法，请参阅 MSDN 的 OVER 子句(Transact-SQL)。

　　(3) <order_by_clause>

　　确定 NTILE 值分配到分区中各行的顺序。当在排名函数中使用<order_by_clause> 时，不能用整数表示列。

　　NTILE 函数返回类型：bigint。

注释：

　　如果分区的行数不能被 integer_expression 整除，则将导致一个成员有两种大小不同的组。按照 OVER 子句指定的顺序，较大的组排在较小的组前面。例如，如果总行数是 53，组数是 5，则前三个组每组包含 11 行，其余两组每组包含 10 行。另一方面，如果总行数可被组数整除，则行数将在组之间平均分布。例如，如果总行数为 50，有 5 个组，则每组包含 10 行。

　　【例 4-40】用 NTILE()函数实现对教师表进行分组处理。

　　T-SQL 语句如下：

```
SELECT NTILE(4) OVER (ORDER BY 工作时间) AS 参加工作先后组, 姓名, 工作时间
FROM 教师
```

　　执行结果如图 4-40 所示。

　　这个函数的作用是把结果集尽量平均地分为 N 个部分。

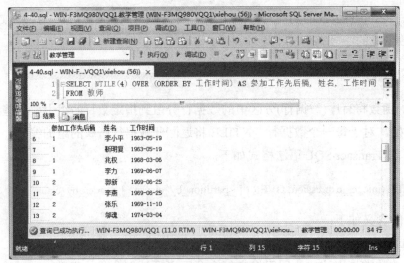

图 4-40　NTILE()函数

4.9　动态查询

前面介绍的查询方法中使用的 SQL 语句都是固定的,这些语句中的查询条件相关的数据类型都是固定的,这种 SQL 语句称为静态 SQL 语句。静态 SQL 语句在许多情况下不能满足要求,不能编写更为通用的程序,例如,有一个学生成绩表,对于学生来说,只想查询自己的成绩,而对于老师来说,可能想要知道班级里面所有学生的成绩。这样一来,不同的用户查询的字段列也是不同的,因此必须在查询之前动态指定查询语句的内容,这种根据实际需要临时组装成的 SQL 语句,就是动态 SQL 语句。

动态语句可以有完整的 SQL 语句组成,也可以根据操作分类,分别指定 SELECT 或 INSERT 等关键字,同时也可以指定查询对象和查询条件。

动态 SQL 语句是在运行时由程序创建的字符串,他们必须是有效的 SQL 语句。

普通 SQL 语句可以用 Exec 执行。如下面的代码:

```
--普通的 SQL 语句
SELECT * FROM 课程
--利用 EXEC 执行 SQL 语句
EXEC('SELECT * FROM 课程')
--使用扩展存储过程执行 SQL 语句
EXEC sp_executesql N'SELECT * FROM 课程'
```

上述代码均可实现查询课程表的信息。需要注意的是,第三条语句使用扩展存储过程执行 SQL 语句的时候,SQL 代码构成的字符串前一定要加字符“N”。

当字段名、表名或数据库名之类作为变量时,必须用动态 SQL。

【例 4-41】用动态查询实现查询课程的信息。

代码如下：

```
DECLARE @CNAME varchar(20)
SET @CNAME='课程名'
SELECT @CNAME FROM 课程    --没有语法错误，但结果为固定值"课程名"
EXEC ('SELECT '+@CNAME +' FROM 课程')
```

执行结果如图 4-41 所示。

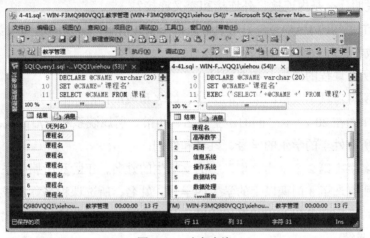

图 4-41　动态查询

由执行结果可以看出，左侧的代码虽然没有错误，但是执行的结果确是固定值"课程名"，并不是读者想要的信息。右侧的代码是正确的，实现了查询课程名的要求。但是需要注意的是，EXEC 命令中的加号前后以及单引号边上都需要加上空格。

EXEC 命令的参数是一个查询语句，下面可以将字符串改成变量的形式，代码如下：

```
DECLARE @CNAME varchar(20) --声明一个字段名
SET @CNAME='课程名'
DECLARE @sql varchar(1000) --声明变量用来存放字符串
SET @sql='SELECT '+@CNAME +' FROM 课程'
EXEC (@sql)
```

若想使用扩展存储过程 sp_executesql 执行，则需要将变量@sql 的数据类型改动一下，代码如下：

```
DECLARE @CNAME varchar(20)
SET @CNAME='课程名'
DECLARE @sql nvarchar(1000)
SET @sql='SELECT '+@CNAME +' FROM 课程'
EXEC (@sql)
EXEC sp_executesql @sql
```

4.10　经典习题

1. 回到工作场景，完成工作场景中提出的查询要求。

2. 简述 SELECT 语句的基本语法。

3. 简述 SELECT 语句中的 FROM、WHERE、GROUP BY 以及 ORDER BY 子句的作用。

4. 简述 WHERE 子句可以使用的搜索条件及其意义。

5. 举例说明什么是内连接、外连接和交叉连接？

6. INSERT 语句的 VALUES 子句中必须指明哪些信息，必须满足哪些要求？

7. 使用教学管理数据库，进行如下操作：

(1) 查询所有课程的课程名和课程号；

(2) 查询所有考试不及格的学生的学号、姓名和成绩；

(3) 查询年龄在 20-22 岁之间的学生姓名、年龄、所属院系和政治面貌；

(4) 查询所有姓李的学生的学号、姓名和性别；

(5) 查询名字中第 2 个字为"华"字的女学生的姓名、年龄和所属院系；

(6) 查询所有选了 3 门课以上的学生的学号、姓名、所选课程名称及成绩；

(7) 查询每个同学各门课程的平均成绩和最高成绩，按照降序排列输出学生姓名、平均成绩和最高成绩；

(8) 查询所有学生都选修了的课程号和课程名。

第5章 数据的更新

数据库和表都创建完成以后，需要对表中的数据进行操作。操纵表实际上就是操纵数据。对表中的数据操作包括插入、删除和修改数据，可以通过"对象资源管理器"窗口操作表中的数据，也可以通过 Transact-SQL 语句操作表中的数据。本节重点讨论操作表数据的两种方法。

本章学习目标：

- 掌握插入单个记录和多条记录的方法
- 掌握更新记录的方法，包括根据子查询更新记录的方法
- 掌握删除记录的方法，包括根据子查询删除记录的方法以及清空表的方法

5.1 工作场景导入

学校教务处工作人员小李在工作中会遇到更新数据库中数据的情况。例如，有如下更新需求：

(1) 当新生入学时，需要大批量插入学生的信息；

(2) 学生的基本信息录入出错时需要更改；

(3) 修改教学计划，会删除一批课程、添加一部分新课程，或者更新一部分课程的信息。

引导问题：

(1) 如何插入单个记录或多条记录？

(2) 如何更新记录？

(3) 如何删除记录？

5.2 插入数据

对教学管理数据库中的表录入数据、修改和删除数据可以通过 SSMS 管理器进行操作。首先启动 SQL Server，然后打开"资源管理器"，建立与 SQL Server 的连接，展开需要进行操作的表所在的数据库，接着展开表。在需要操作的表上单击鼠标右键，从弹出的快捷

菜单中选择"编辑前 200 行"命令，如图 5-1 所示。打开窗口后，表中的记录按行显示，

每条记录占一行。在此界面中可以向表中插入记
录、也可以修改和删除记录。

　　下面重点介绍如何使用 T-SQL 语句进行插
入、修改和删除数据。与界面操作表数据相比，通
过 T-SQL 语句操作表数据更为灵活，功能更强大。

5.2.1　插入单行数据

　　使用 INSERT 语句可以向指定表中插入数据。
INSERT 语法的基本结构如下：

> INSERT INTO <table_name > (column_name 1,
> column_name 2…, column_name n)
> VALUES(values 1, values 2,…, values n)

图 5-1　SSMS 插入数据

　　其中，column_name 1, column_name 2…, column_name n 必须是指定表名中定义的列，
而且必须和 VALUES 子句中的值 values 1, values 2,…, values n 一一对应，且数据类型一致。

1. 最简单的 INSERT 语句

【例 5-1】向教学管理数据库中的课程表中增加一条记录，增加一门课程"SQL Server
2012"，其选修课为数据结构，学分为 4 分。

　　T-SQL 代码如下：

> INSERT INTO 课程 (课程号，课程名，选修课程号，学分)
> VALUES ('1014','SQL Server 2012','1005',4)

　　执行结果如图 5-2 所示。

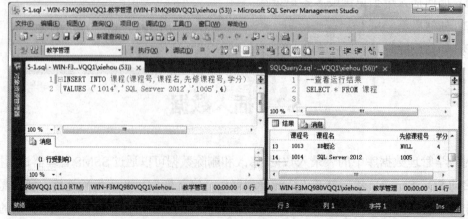

图 5-2　插入单行数据

2. 省略清单的 INSERT 语句

【例 5-2】使用省略清单的 INSERT 语句，向教学管理数据库中的课程表中增加一条记录，增加一门课程"Oracle 11g"，课程号为"1015"，选修课为数据结构，学分为 4 分。

T-SQL 代码如下：

```
INSERT INTO  课程  VALUES ('1015','Oracle 11g','1005',4)
```

执行结果图略。

3. 使用 DEFAULT VALUES 子句

DEFAULT 和 NULL 都可以为某个列提供空值，但是，这两个关键字的作用是不同的。NULL 关键字仅是向允许为空的列提供空值；DEFAULT 关键字则为指定的列提供一个默认值。如果列上没有定义默认值或者其他可以自动获取数据的类型，这两个关键字的作用才是相同的。

上例中向课程表插入数据的代码也可以写成下面的形式：

```
INSERT INTO  课程  VALUES ('1015','Oracle 11g',DEFAULT,NULL)
```

如果课程表的列有默认值，则先取默认值，如果没有就会填上空值。如果表中所有的列都允许为空，或者定义有默认值或者定义了其他可以获取数据的特征，则可以使用 DEFAULT VALUES 子句向表中提供一行全是默认值的数据。假设课程表的所有列都允许为空或者有默认值，则可以使用如下语句实现向课程表中插入一条记录。

```
INSERT INTO  课程  DEFAULT VALUES
```

5.2.2　插入多行数据

在 T-SQL 语言中，有一种简单的插入多行数据的方法。这种方法是使用 SELECT 语句查询出的结果代替 VALUES 子句。其语法结构如下：

```
INSERT [INTO] table_name [(column_list)] SELECT column_list
FROM table_name
WHERE search_conditions
```

其中，各项参数的含义如下：

- search_conditions 是查询条件。
- INSERT 表和 SELECT 表的结果集的列数、列序、数据类型必须一致。

【例 5-3】创建一个学分表，然后把每位学生选修的课程所获得的学分输入到学分表中。

T-SQL 代码如下：

```
--创建学分表
CREATE TABLE 学分表
(学号  char(10) not null,
 姓名  varchar(10) not null,
 选修课程门数  tinyint,
 学分  tinyint)
--插入数据
 INSERT  学分表
 SELECT   学生.学号,姓名,COUNT(选课.课程号),SUM(学分)
 FROM  学生,选课,课程
 WHERE  学生.学号=选课.学号  AND  选课.课程号=课程.课程号
 GROUP BY  学生.学号,姓名
```

执行结果如图5-3所示。

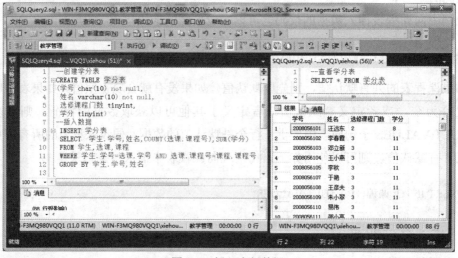

图 5-3　插入多行数据

代码执行后,在学分表中增添了多条数据。使用插入多行数据的前提是,插入数据的表一定要事先存在,已经被创建好。在 INSERT 语句中使用 SELECT 时,它们引用的表既可以是相同的,也可以是不同的。要插入数据的表必须和 SELECT 语句的结果集兼容。

5.2.3　大批量插入数据

可以使用 BULK INSERT 语句按照用户指定的格式把大量数据插入到数据库的表中,这是批量加载数据的一种方式。FIELDTERMINATOR 用于指定字段之间的分隔符,ROWTERMINATOR 用于指定行之间的分隔符。

【例 5-4】使用大批量插入数据的方法将 txt 文件中的数据插入到指定表中。

T-SQL 代码如下:

```
--创建表 test
CREATE TABLE test
(c1 char(2),
 c2 int)
--插入数据
BULK INSERT test
FROM 'G:\temp\test1.txt'
WITH (FIELDTERMINATOR=',', ROWTERMINATOR='\n')
GO
```

5.3　修改数据

在数据输入过程中，可能会出现输入错误，或是因为时间变化而需要更新数据，这都需要修改数据。修改表中的数据可以使用查询分析器中的网格界面进行修改。本节主要介绍使用 T-SQL 的 UPDATE 语句实现数据的修改，UPDATE 语句的语法格式如下：

```
UPDATE table_name
SET {column_1 =expression}[,…n]
[WHERE condition]
```

SET 子句后面既可以跟具体的值，也可以是一个表达式。如果不带 WHERE 子句，则表中的所有行都将被更新。WHERE 子句的条件也可以是一个子查询。

5.3.1　修改单行数据

【例 5-5】将 SQL Server 2012 课程的学分改为 5 分。

T-SQL 代码如下：

```
UPDATE  课程
SET  学分=5
WHERE  课程名='SQL Server 2012'
```

执行结果如图 5-4 所示。

如果上例中不带 WHERE 子句，则表示把所有课程的学分都改成 5 分。对于修改一个表的数据，还可以同时修改多个值。例如：

```
UPDATE  课程
SET  课程名='SQL Server 2012 数据库设计',学分=5
WHERE  课程名='SQL Server 2012'
```

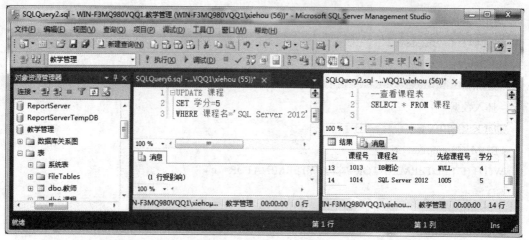

图 5-4　修改单行数据

执行结果如图 5-5 所示。

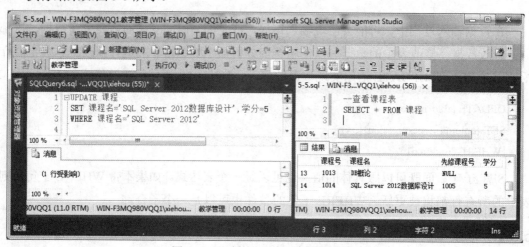

图 5-5　同时修改一条记录的多个值

5.3.2　修改多行数据

【例 5-6】将所有选修"高等数学"课的学生的成绩加 5 分。

T-SQL 代码如下：

```
UPDATE  选课
SET  成绩=成绩+5
WHERE  课程号  IN (SELECT  课程号
            FROM  课程
            WHERE  课程名='高等数学')
```

执行结果如图 5-6 所示。

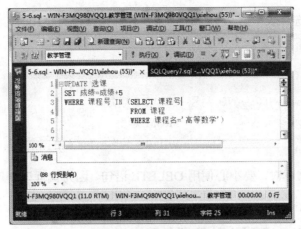

图 5-6　修改多行数据

5.4　删除数据

随着系统的运行，表中可能会产生一些无用的数据，这些数据不仅占用空间，而且还影响查询的速度，所以应该及时地删除。删除数据可以使用 DELETE 语句和 TRUNCATE TABLE 语句。

5.4.1　使用 DELETE 语句删除数据

从表中删除数据，最常用的是 DELETE 语句。DELETE 语句的语法格式如下：

```
DELETE FROM table_name [WHERE search_conditions]
```

如果省略了 WHERE search_conditions 子句，就表示删除数据表中的全部数据；如果加上了 [WHERE search_conditions]子句就可以根据条件删除表中的指定数据。

【例 5-7】删除选课表中的所有记录。

T-SQL 代码如下：

```
DELETE FROM 选课
```

本例中没有使用 WHERE 语句，将删除选课表中的所有记录，只剩下表的定义。用户可以通过"资源管理器"查看。

【例 5-8】删除课程表中没有学分的记录。

T-SQL 代码如下：

```
DELETE 课程
WHERE 学分 IS NULL
```

【例 5-9】删除选课表中姓名为"汪远东"、选修课程为"1001"的选课信息。

T-SQL 代码如下：

```
DELETE  选课
WHERE  选课.课程号='1001' AND  学号=(SELECT  学号
                            FROM  学生
                            WHERE  姓名='汪远东')
```

用户在操作数据库时，要小心使用 DELETE 语句，因为执行该语句后，数据会从数据库中永久的被删除。

5.4.2　使用 TRUNCATE TABLE 语句清空表

使用 TRUNCATE TABLE 语句删除所有记录的语法格式如下：

```
TRUNCATE TABLE table_name
```

其中，TRUNCATE TABLE 为关键字，table_name 为要删除记录的表名。

使用 TRUNCATE TABLE 语句比 DELETE 语句要快，因为它是逐页删除表中的内容，而 DELETE 则是逐行删除内容。TRUNCATE TABLE 是不记录日志的操作，它将释放表的数据和索引所占据的所有空间以及所有为全部索引分配的页，删除的数据是不可恢复的。而 DELETE 语句则不同，它在删除每一行记录时都要把删除操作记录在日志中。删除操作记录在日志中，可以通过事务回滚来恢复删除的数据。用 TRUNCATE TABLE 和 DELETE 语句都可以删除所有的记录，但是表结构还在，而 DROP TABLE 不但删除表中的数据，而且还删除表的结构并释放空间。

【例 5-10】清空选课表。

T-SQL 代码如下：

```
TRUNCATE TABLE  选课
```

5.5　经典习题

1. 完成工作场景提出的工作要求。
2. 使用 T-SQL 语句管理表的数据，插入语句是_____；修改语句是_____；删除语句是_____。
3. 向表中插入数据一共有几种方法？
4. 删除表中的数据可以使用哪几种语句？有什么区别？

第6章　规则、默认和完整性约束

数据库的完整性控制机制是指保护数据库中数据的正确性及有效性，防止出现不符合语义约束的数据破坏数据库，并且保证数据是完整的、可用的和有效的。在 SQL Server 2012 中，可以通过规则、默认值及约束实现数据的完整性。本章主要介绍 PRIMARY KEY 约束、FOREIGN KEY(外键)约束、UNIQUE 约束、CHECK 约束、DEFAULT 约束、NOT NULL 约束。

本章学习目标：

- 理解数据完整性的概念和控制机制
- 掌握使用规则、默认值及约束来实现数据的完整性

6.1　工作场景导入

如何限制输入的年龄值在 1~150 之间？如何保证"性别"列只能输入"男"或"女"？已知学生中女生较多，如何为"性别"列设置默认值"女"，从而减少输入数据量。

强制数据完整性可以保证数据库中数据的质量。例如，如果输入了雇员 ID 值为 123 的雇员，则数据库不允许其他雇员拥有同值的 ID。如果其列的值范围是从 1 至 5，则数据库将不接受此范围以外的值。如果表有一个存储雇员部门编号的 dept_id 列，则数据库应只允许该列接受有效的公司部门编号的值。

引导问题：

(1) 如何使用"规则"限制输入的年龄值在 1~150 之间？
(2) 如何为"性别"列设置默认值"女"，以减少输入数据量？
(3) 如何实现强制数据完整性？

6.2　如何实现数据完整性

数据完整性指的是存储在数据库中的所有数据值均正确的状态。如果数据库中存储有不正确的数据值，则该数据库称为已丧失数据完整性。数据完整性(Data Integrity)分为以下

4 个类别：

- 实体完整性(Entity integrity)
- 域完整性(Domain integrity)
- 引用完整性(Referential integrity)
- 用户定义完整性(User-defined integrity)

(1) 实体完整性

实体完整性将一特定表中的每一个数据行(row)都定义为唯一实体(entity)，即它要求表中的每一条记录(每一行数据)是唯一的，每一数据行必须至少拥有一个唯一标识以区分不同的数据行。实体完整性通过唯一性索引(UNIQUE index)、唯一值约束(UNIQUE constraint)、标识 IDENTITY 或主键约束(PRIMARY KEY constraint)来强制表的标识符列或主键的完整性。

(2) 域完整性

域完整性是指特定列的值的有效性。可以通过域完整性限制类型(通过使用数据类型)、限制格式(通过使用 CHECK 约束和规则)或限制可能值的范围(通过使用 FOREIGN KEY 约束、CHECK 约束、DEFAULT 定义、NOT NULL 定义和规则)。

(3) 引用完整性

引用完整性又称，参照完整性，它定义外键码和主键码之间的引用规则(外键码要么和相对应的主键码取值相同，要么为空值)。输入或删除行时，引用完整性保留表之间定义的参照关系。在 SQL Server 中，引用完整性通过 FOREIGN KEY 和 CHECK 约束、触发器 TRIGGER、存储过程 PROCEDURE 来实现，以外键与主键之间或外键与唯一键之间的关系为基础。引用完整性确保键值在所有表中一致。这类一致性要求不引用不存在的值，如果一个键值发生更改，则整个数据库中，对该键值的所有引用都要进行一致的更改。

强制引用完整性时，SQL Server 将防止用户执行下列操作：

- 在主表中没有关联行的情况下在相关表中添加或更改行。
- 在主表中更改值(可导致相关表中出现孤立行)。
- 在有匹配的相关行的情况下删除主表中的行。

【例 6-1】例如，对于 AdventureWorks 2008R2 数据库中的 Sales.SalesOrderDetail 表和 Production.Product 表，引用完整性基于 Sales.SalesOrderDetail 表中的外键(ProductID)与 Production.Product 表中的主键(ProductID)之间的关系。此关系可以确保销售订单从不引用 Production.Product 表中不存在的产品，如图 6-1 所示。

【例 6-2】学生、课程、学生与课程之间的多对多联系可以用下述关系模式来表示：

学生(学号，姓名，性别，专业，年龄)

课程(课程号，课程名，学分)

选修(学号，课程号，成绩)

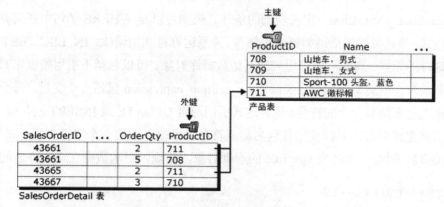

图 6-1　引用完整性关系图

这 3 个关系之间存在属性的引用，分析后发现，"选修"关系中的"学号"和"课程号"属性取值分别需要参照"学生"关系中的"学号"属性和"课程"关系中的"课程号"属性的取值。

(4) 用户自定义的完整性

用户定义的完整性是根据应用环境的要求和实际的需求，对某个应用所涉及的数据提出的约束性条件。实现方法有：CHECK 约束、规则 RULE、默认值 DEFAULT，还包括在创建表(CREATE TABLE)、存储过程(stored procedure)以及触发器(trigger)时创建的所有的列级(column-level)约束和表级(table-level)约束。

6.3　规则对象的基本操作

规则和默认值都是数据库内的对象，可以绑定到多个数据库表的列上，也可以绑定到用户自定义的数据类型上，在数据库内可以共享使用。

6.3.1　创建规则对象

创建规则对象的基本语法格式如下：

```
CREATE RULE [ schema_name . ] rule_name
AS condition_expression
[ ; ]
```

各参数的含义如下：

- schema_name：规则所属架构的名称。
- rule_name：新规则的名称。规则名称必须符合标识符规则。根据需要，指定规则所有者名称。

● condition_expression：定义规则的条件。规则可以是 WHERE 子句中任何有效的表达式，并且可以包括诸如算术运算符、关系运算符和谓词(如 IN、LIKE、BETWEEN)这样的元素。规则不能引用列或其他数据库对象。可以包括不引用数据库对象的内置函数，不能使用用户定义函数。condition_expression 包括一个变量。每个局部变量的前面都有一个@符号。该表达式引用通过 UPDATE 或 INSERT 语句输入的值。在创建规则时，可以使用任何名称或符号表示值，但第一个字符必须是@符号。

【例 6-3】 创建一个名为 age_rule 的规则对象，该规则要求数据在 1~100 之间。

```
CREATE RULE age_rule
    As @age>=1 and @age<=100
```

在"对象资源管理器"窗口中可以看到创建的规则，如图 6-2 所示。

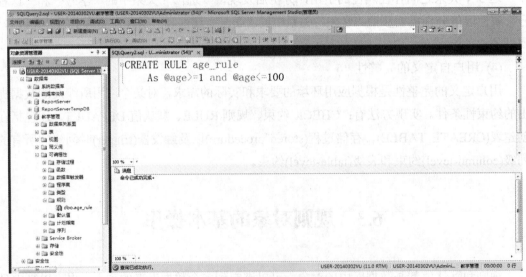

图 6-2　查看创建的规则

【例 6-4】创建一个名为 sex_rule 的规则对象，该规则要求"性别"只取"男"或"女"。

```
CREATE RULE sex_rule
    As @sex in ('男','女')
```

6.3.2　绑定规则对象

将创建好的规则对象绑定到某个数据表的列上，规则对象才会起约束作用。

绑定规则对象的语法格式如下：

```
Exec Sp_bindrule '规则对象名', '表名.列名'
```

【例 6-5】建立数据表"学生"，包括"姓名"、"性别"、"年龄"字段，要求年龄字段值为 1~100。

```
CREATE TABLE 学生表
( 姓名  nvarchar(4),
  性别  nvarchar(1),
年龄  tinyint)
Exec sp_bindrule 'age_rule','学生表.年龄'
```

说明：

可以多次将不同规则对象绑定到同一列，但只有最近一次绑定的规则对象生效。亦即对同一列，每绑定一次新规则对象，以前所绑定的旧规则对象将自动失效，一列只有一个规则对象生效。

6.3.3　验证规则对象

【例 6-6】向"学生表"中插入一条记录，该学生的年龄为 321。

```
INSERT INTO 学生表  values('张三',321)
```

执行上述插入语句，结果如图 6-3 所示。

消息 513,级别 16,状态 0,第 1 行
列的插入或更新与先前的 create rule 语句所指定的规则发生冲突，该语句已终止。
该语句已终止。

图 6-3　【例 6-6】INSERT INTO 命令执行结果

由于规则约束，该条记录不能插入到数据表中。

6.3.4　解除规则对象绑定

如果表中列不再需要规则对象，可以将规则对象解除绑定。执行删除规则对象前，规则对象仍然存储在数据库中，还可以再绑定到其他列上。

解除绑定的命令格式如下：

```
sp_unbindrule  '表名.列名'
```

【例 6-7】解除学生表中的规则对象绑定。

```
Exec sp_unbindrule '学生表.年龄'
```

6.3.5　删除规则对象

如果需要删除规则对象，必须先解除对该规则对象的所有绑定，然后从数据库中清除。删除规则对象的语法格式如下。

```
DROP RULE  规则对象名组
```

【例 6-8】删除规则对象 age_rule 和 sex_rule。

```
DROP RULE age_rule,sex_rule
```

说明：可以同时删除多个规则对象，规则对象名之间用"，"分隔。

重要提示：

后续版本的 Microsoft SQL Server 将删除该功能。请避免在新的开发工作中使用该功能，并着手修改当前还在使用该功能的应用程序。建议改用检验(check)约束。

6.4 默认值对象的基本操作

6.4.1 创建默认值对象

创建默认值对象的语法格式如下：

```
CREATE TABLE  默认值对象名
    As  表达式
```

【例 6-9】创建一个名为 sex_default 的默认值对象，默认值为"女"。

```
CREATE DEFAULT sex_default as '女'
```

6.4.2 默认值对象绑定

默认值对象必须绑定到数据列或用户定义的数据类型中，才能得到应用。

绑定默认值对象使用系统存储过程 sp_bindefault，语法格式如下：

```
Exec Sp_bindefault '默认值对象名', '表名.列名'
```

【例 6-10】将默认值对象 sex_default 绑定到学生表的性别列上。

```
Exec Sp_bindefault 'sex_default', '学生表.性别'
```

6.4.3 解除默认值对象绑定

解除默认值对象绑定就是将默认值对象从表的列上分离开来，在执行删除默认值对象之前，该默认值对象仍存储在数据库中，还可再绑定到其他数据列上。

解除默认值对象使用系统存储过程 sp_unbindefault，其语法格式如下：

```
Sp_unbindefault '表名.列名'
```

【例 6-11】将 sex_default 默认值对象从学生表的"性别"列中分离。

```
Exec Sp_unbindefault '学生表.性别'
```

6.4.4　删除默认值对象

删除默认值对象就是从数据库中清除默认值对象的定义，该默认值对象不能再绑定到任何数据表的列上。删除默认值对象之前，必须解除对其所有的绑定。

删除默认值对象的语法格式如下：

```
DROP default  默认值对象名组
```

【例 6-12】删除默认值对象 sex_default。

```
DROP default sex_default
```

重要提示：

后续版本的 Microsoft SQL Server 将删除该功能，所以请避免在新的开发工作中使用该功能，并着手修改当前还在使用该功能的应用程序。可通过 ALTER TABLE 或 CREATE TABLE 的 DEFAULT 关键字创建默认值定义。

6.5　完整性约束

SQL Server2012 中提供了下列完整性约束机制来强制数据表中列数据的完整性：

- PRIMARY KEY 约束
- FOREIGN KEY 约束
- UNIQUE 约束
- CHECK 约束
- DEFAULT 定义
- 允许空值

6.5.1　PRIMARY KEY 约束

PRIMARY KEY (主键)约束用于定义基本表的主键，即一个列或多个列组合的数据值唯一标识表中的一条记录，其值不能为 NULL，也不能重复，以此来保证实体的完整性。主键可以通过两种方法来创建：第一种是使用 SSMS 图形化界面创建；第二种是使用

Transact-SQL 语句创建。

1. 创建主键

(1) 使用 SSMS 图形化界面创建主键约束

在"对象资源管理器"窗口中，展开"数据库"节点下某一具体数据库，然后展开"表"节点，右键单击要创建主键的表，从弹出的快捷菜单中选择"设计"命令，打开"表设计器"，可以对表进行进一步定义；选中表中的某列，单击鼠标右键，从弹出的快捷菜单中选择"设置主键"命令，即可为表设置主键，如图 6-4 所示。

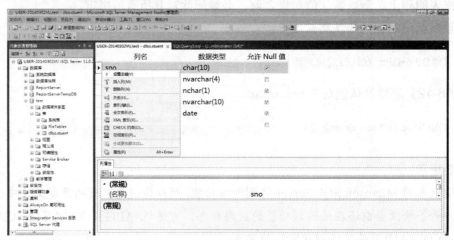

图 6-4　设置主键约束

(2) 使用 T-SQL 语句创建表时定义主键约束

定义列级主键的命令格式如下：

```
CREATE TABLE table_name
  ( column_name    data_type
    [ DEFAULT default_expression ] | [ IDENTITY [ ( seed ， increment ) ] ]
    [    [ CONSTRAINT constraint_name    ]
        PRIMARY KEY    [ CLUSTERED | NONCLUSTERED ]
    ] [,... n]
  )
```

参数说明如下：

● DEFAULT 为默认值约束的关键字，用于指定其后的 default_expression 为默认值表达式。

● IDENTITY [(seed,increment)]表示该列为标识列或称自动编号列。

● CONSTRAINT constraint_name 为可选项，关键字 CONSTRAINT 用于指定其后面的约束名称 constraint_name。如省略本选项，则系统自动给出一个约束名。建议选择约束名以便于识别。

- PRIMARY KEY 表示该列具有主键约束。
- CLUSTERED| NONCLUSTERED 表示建立聚簇索引或非聚簇索引，省略此项则系统默认为聚簇索引。如果没有特别指定本选项，且没有为其他 UNIQUE 唯一约束指定聚簇索引，则默认对该 PRIMARY KEY 约束使用 CLUSTERED。

【例 6-13】将学生表 Student 的学号 sno 设置为主键

```
CREATE table student
(sno char(10) primary key,
Sname nvarchar(4),
…)
```

定义表级主键的命令格式如下：

```
CREATE   TABLE   table_name
   (   column_name   data_type   [ ,... n ]
   [ [ CONSTRAINT   constraint_name ]
      PRIMARY KEY [ CLUSTERED | NONCLUSTERED ]( column_name [ ,... n ] )
   ]
   )
```

其中，column_name [,...n]表示该表级主键可以作用于多个列组合在一起的联合主键。

【例 6-14】创建选课表 sc，同时设置学号 sno、课程号 sno 为联合主键。

```
CREATE TABLE sc
(sno char(10),
Cno char(4),
Grade int,
Primary key (sno,cno))
```

2. 更改表的主键约束

(1) 在现有表中添加一列，同时将其设置为主键， 要求表中原先没有主键，语法格式如下：

```
ALTER   TABLE   table_name
ADD   column_name   data_type
      [DEFAULT default_expression]   | [ IDENTITY   [   ( seed , increment ) ] ]
      [ CONSTRAINT constraint_name]
      PRIMARY   KEY   [ CLUSTERED | NONCLUSTERED ]
```

ALTER TABLE 只允许添加可包含空值或指定了 DEFAULT 定义的列。因为主键不能包含空值，所以需要指定 DEFAULT 定义，或指定 IDENTITY。其他说明与创建主键约束类同。

【例 6-15】为学生表 student 添加学号 sno 列，同时设置其为主键。

```
ALTER TABLE student
ADD sno char(10)
CONSTRAINT pk_sno
Primary key
```

(2) 将表中现有的一列(或列组合)设置为主键，要求表中原先没有主键。且备选主键列中的已有数据不得重复或为空，语法格式如下：

```
ALTER   TABLE   table_name
[ WITH   CHECK | WITH   NONCHECK ]
ADD [ CONSTRAINT constraint_name ]
       PRIMARY   KEY   [CLUSTERED | NONCLUSTERED] (column_name [,... n])
```

命令参数说明如下：

- WITH CHECK 为默认选项，该选项表示将使用新的主键约束来检查表中已有数据是否符合主键条件；如果使用了 WITH   NOCHECK 选项，则不进行检查。
- ADD 指定要添加的约束。
- 将表的主键由当前列换到另一列。一般先删除主键，然后在另一列上添加主键。

【例 6-16】为选课表 sc 表添加学号 sno、课程号 cno 为联合主键。

```
ALTER TABLE student
ADD CONSTRAINT pk_sno_cno
Primary key(sno,cno)
```

3. 删除主键约束

删除主键约束的命令格式如下：

```
ALTER   TABLE   table_name
DROP   [CONSTRAINT ]   primarykey_name
```

其中，primarykey_name 表示要删除的主键名称，该名称是建立主键时定义的。如果建立主键时没有指定名称，则这里必须输入建立主键时系统自动给出的随机名称。

【例 6-17】删除学生表 student 中学号 sno 主键。

```
ALTER TABLE student
DROP CONSTRAINT pk_sno
```

6.5.2 FOREIGN KEY(外键)约束

外键约束保证数据的参照完整性。当外键表中的 FOREIGN KEY 外键引用主键表中的 PRIMARY KEY 主键时，外键表与主键表就建立了关系，并成功加入到数据库中，外键约束定义一个或多个列，这些列可以引用同一个表或另外一个表中的主键约束列或 UNIQUE

约束列。

1. 创建外键约束

创建外键约束常用的操作方法有如下两种。

(1) 使用 SSMS 图形化界面添加外键约束

在 SC 表中选中一列，如：sno 列，如图 6-5 所示。右击该列，从弹出的快捷菜单中选择"关系"命令，将会弹出"外键关系"对话框，如图 6-6 所示。单击"添加"按钮即可添加新的约束关系；设置"在创建或重新启用时检查所有数据"为"是"；设置外键名称、"强制外键约束"和"强制用于复制"选项；在"表和列规范"中设置表和列之间的参照关系，如图 6-7 所示。

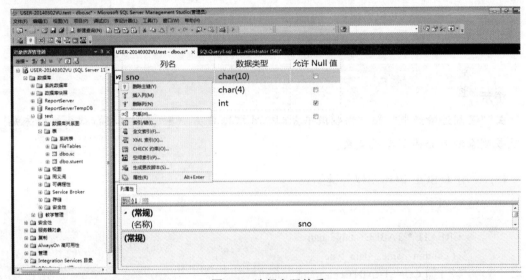

图 6-5　选择参照关系

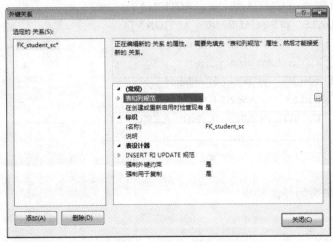

图 6-6　设置外键约束

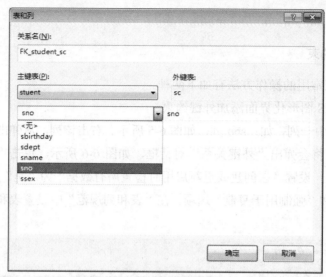

图6-7　设置表和列

提示：

若"强制外键约束"和"强制用于复制"选项设置为"是"，则能保证任何数据添加、修改或删除都不会违背参照关系。

(2) 使用 T_SQL 语句创建外键约束

命令格式如下：

```
CREATE   TABLE   table_name
  ( column_name   data_type
    [   [ CONSTRAINT constraint_name ]
       FOREIGN   KEY   REFERENCES   ref_table (ref_column)
[ ON   DELETE   { CASCADE | NO   ACTION } ]
[ ON   UPDATE   { CASCADE | NO   ACTION } ]
    [   [ CONSTRAINT constraint_name ]
FOREIGN   KEY (column_name [,... n])
   REFERENCES   ref_table (ref_column[,... n])
   [ ON   DELETE { CASCADE | NO   ACTION }]
   [ ON   UPDATE { CASCADE | NO   ACTION } ]

  )
```

2. 为已创建表添加外键约束

命令格式如下：

```
ALTER   TABLE   table_name
```

```
    [WITH CHECK | WITH NOCHECK]
    ADD   [ CONSTRAINT constraint_name ]
        FOREIGN   KEY (column_name [,... n ] )
        REFERENCES   ref_table (ref_column [,... n ] )
        [ ON   DELETE { CASCADE | NO ACTION }]
        [ ON   UPDATE { CASCADE | NO ACTION } ]
```

【例 6-18】为已创建的选课表添加 sno 外键约束，引用学生表 student 的主键 sno。

```
ALTER TABLE sc
ADD
CONSTRAINT fk_sno
FOREIGN   KEY (sno) REFERENCES student(sno)
```

3.　删除外键约束

删除外键约束的命令格式如下：

```
ALTER   TABLE   table_name
DROP     [ CONSTRAINT constraint_name ]
```

【例 6-19】删除选课表 sc 中的 sno 外键约束。

```
ALTER TABLE sc
DROP CONSTRAINT fk_sno
```

6.5.3　UNIQUE 约束

UNIQUE 约束指定表中某列或多个列组合的数据取值不能重复。UNIQUE 约束所作用的列不是表的主键列。

RPRIMAY KEY 约束与 UNIQUE 约束的区别如下：

- 一个表中只能有一个 RPRIMAY KEY 约束，但可以有多个 UNIQUE 约束。
- UNIQUE 约束所在的列允许空值，只能出现一个空值，但是 RPRIMAY KEY 约束所在的列不允许空值。
- 在默认情况下，RPRIMAY KEY 约束强制在指定的列上创建一个唯一性的聚集索引；UNIQUE 约束强制在指定的列上创建一个唯一性的非聚集索引。

创建 UNIQUE 约束的语法格式如下：

```
CONSTRAINT 约束名称
Unique [clustered | nonclustered] [列名] [,…n]
```

【例 6-20】创建数据表 dept，定义部门编号 deptno 为主键约束，部门名称 deptname 为唯一键约束。

```
CREATE TABLE dept
(deptno char(6) primary key,
  Deptname nvarchar(10) unique,
Location nvarchar(20))
```

6.5.4　CHECK 约束

CHECK 约束通过逻辑表达式作用于表中的某些列，用于限制列取值范围，以保证数据库数据的有效性，从而实施域完整性约束。

CHECK 约束的两种基本语法格式如下：

```
CONSTRAINT con 使用 straint_name CHECK (logical_expression)
CHECK (logical_expression)
```

1. 创建表时添加 CHECK 约束

Transact-SQL 语句创建检查约束的语法格式如下：

```
CREATE TABLE table_name
( column_name    data_type
   [CONSTRAINT constraint_name ]
   CHECK (logical_expression)
)
```

【例 6-21】创建学生表 student，同时设置性别 sex 只取"男"或"女"的 check 约束。

```
CREATE TABLE student
(sno char(10),
Sname nvarchar(4),
Sex nvarchar(1) check (sex='男' or sex='女')
)
```

2. 创建表后添加 CHECK 约束

语法格式如下：

```
ALTER TABLE table_name
    ADD    [ CONSTRAINT constraint_name ]
    CHECK (logical_expression)
```

【例 6-22】为已创建的学生表 student 添加性别 sex 只取"男"或"女"的 check 约束。

```
ALTER TABLE student
ADD CONSTRAINT ck_sex
```

```
CHECK (sex='男' or sex='女')
```

6.5.5 DEFAULT 约束

DEFAULT 约束用于向列中插入默认值。用户在表的插入操作中如果没有输入字段列值，则 SQL Server 系统会自动为该列指定一个值。

创建默认约束常用的操作方法有如下两种 ： 使用 SSMS 图形化界面创建默认约束和使用 Transact-SQL 语句创建默认约束。

在创建表时和创建表后，都可以对表中的列使用 DEFAULT 约束。

1. 创建表时定义默认值约束

命令格式如下：

```
CREATE TABLE table_name
(   column_name data_type
     [CONSTRAINT constraint_name]
   DEFAULT constant_expression
)
```

【例 6-23】为 student 表中的 sex 字段创建 default 约束。

```
CREATE TABLE   student
(sno  CHAR(5) PRIMARY   KEY ,
Sname nvar CHAR(10) not NULL,
Sex   nvarCHAR(1) DEFAULT   ('女'))
```

2. 对已创建表添加 DEFAULT 约束

命令格式如下：

```
ALTER   TABLE   table_name
ADD [CONSTRAINT constraint_name]
    DEFAULT   constant_expression   FOR   column_name
```

【例 6-24】为已创建的学生表 student 的 sex 列添加 DEFAULT 约束。

```
ALTER TABLE student
ADD CONSTRAINT defa_sex
Default ('女') for sex
```

6.5.6 NOT NULL 约束

NOT NULL 约束强制作用列不能取空值。NOT NULL 约束只能定义列约束。创建空值(NULL)约束常用的操作方法有如下两种：

- 使用 SSMS 图形化界面设置空值约束
- 使用 Transact-SQL 语句创建空值约束

语法格式如下：

```
column_name    data_type    NOT NULL
```

6.6　疑难解惑

1. 唯一约束和主键约束的区别是什么？
2. 规则对象与 CHECK 约束有什么区别？

6.7　经典习题

1. 什么是数据库的完整性？完整性有哪些类型？
2. 创建一个"职工"数据表，包含职工号 char(6)、姓名 nvarchar(4)、性别 nchar(1)、部门 nvarchar(10)字段。设置"职工号"为主键、姓名"字段设置唯一约束、"部门"字段设置默认值为"销售处"。
3. 将"职工"数据表的"性别"字段设置为只能取值"男"或"女"。

第7章　创建和使用索引

索引是数据库中的重要对象之一，它类似于图书的目录。索引用于快速找出在某个列中有某一特定值的行。索引允许数据库应用程序迅速找到表中特定的数据，而不用扫描表中的全部数据。在数据库中，使用索引可以提高数据的查询效率，减少查询数据的时间，改善数据库的性能。

本章主要介绍索引的概述、索引的类型、索引的设计原则以及使用 SSMS 和 T-SQL 语句来管理索引。

本章学习目标：

- 理解 SQL Server 2012 中数据库、表和索引之间的关系和概念
- 掌握用 SSMS 和 T-SQL 语句创建索引
- 掌握用 SSMS 和 T-SQL 语句修改和删除索引

7.1　工作场景导入

小王管理一个教学管理数据库，他发现数据库中有两万条记录，现在要执行这样一个查询：select * from table where num=10000。如果没有索引，必须遍历整个表，直到 num 等于 10000 的这一行被找到为止；如果在 num 列上创建了索引，则 SQL Server 不需要任何扫描，直接在索引里面找 10000，就可以得知这一行的位置。可见，索引的建立可以加快数据的查询速度。

引导问题：

(1) 如何选择不同类别的索引？

(2) 如何创建索引？

(3) 查询时，如何利用索引？

7.2　索引的优缺点

索引的优点有以下几个方面。

(1) 通过创建唯一索引，可以保证数据库表中每一行数据的唯一性。

(2) 可以大大加快数据的查询速度，这也是创建索引的最主要原因。

(3) 实现数据的参照完整性，可以加速表和表之间的连接。

(4) 在使用分组和排列子句进行数据查询时，可以显著减少查询中分组和排序的时间。

增加索引也有许多不利的方面，主要表现在如下几个方面。

(1) 创建索引和维护索引要耗费时间，并且随着数据量的增加所耗费的时间也会增加。

(2) 索引需要占用磁盘空间，除了数据表占数据空间之外，每一个索引还要占一定的物理空间，如果有大量的索引，索引文件可能比数据文件更快到达到最大文件尺寸。

(3) 当对表中的数据进行增加、删除和修改的时候，索引也要动态地维护，这就降低了数据的维护速度。

7.3　索引的分类

不同数据库提供了不同的索引类型，SQL Server 2012 中的索引有两种：聚集索引(clustered index)和非聚集索引(nonclustered index)。它们的区别是在物理数据的存储方式上。

1. 聚集索引

在 SQL Server 中，聚集索引是对聚集索引列进行排序的，进而实现对记录进行相应的排序。换言之，在聚集索引中，叶节点包含基础表的数据页。根节点和叶节点包含索引行的索引页。每个索引行包含一个键值和一个指针，该指针指向 B-Tree 上的某一中间级页或叶级索引中的某个数据行。每级索引中的页均被链接在双向链接列表中。

对于真正的数据页链只能按一种方式进行排序，所以，一个表只能建立一个聚集索引。聚集索引将数据行的键值在表内排序，存储对应的数据记录，使行表的物理顺序与索引顺序一致。如果不是聚集索引，那么表中各行的物理顺序与键值的逻辑顺序就不会匹配。

由于聚集索引的索引页面指针指向数据页面，所以使用聚集索引查找数据几乎总是比使用非聚集索引快。值得注意的是，每张表只能创建一个聚集索引，聚集索引需要至少相当于该表 120%的附加空间，以存放该表的副本和索引中间页。

2. 非聚集索引

在非聚集索引中，每个索引并不是包含行记录的数据，而是数据行的一个指针。也就是说，非聚集索引的数据存储在一个位置，索引存储在另一个位置，索引带有指针指向数据的存储位置。索引中的项目按索引值的顺序存储，而表中的信息则按另一种顺序存储。

非聚集索引与聚集索引具有相同的 B-Tree 结构，但它们之间存在差别：数据行不按非聚集索引键的顺序排序和存储；非聚集索引的叶层不包含数据页，叶节点包含索引行。

与聚集索引不一样的是：有没有非聚集索引，搜索都不影响数据页的组织，因此，每个表可以有多个非聚集索引，不像聚集索引那样只能有一个。在 SQL Server 2012 中，每个表可以创建的非聚集索引数最大为 999 个，这包括使用 PRIMARY KEY 或 UNIQUE 约束创建的任何索引，但不包括 XML 索引。

数据库在查询数据值时，首先对非聚集索引进行搜索，找到数据值在表中的位置，然后从该位置直接检索数据。因为索引包含描述查询所搜索的数据值在表中的精确位置的条目，从而使非聚集索引成为精确查询的最佳方法。

非聚集索引可以提高从表中查询数据的速度，但也会降低向表中插入和更新数据的速度。当用户更新了一个建立了非聚集索引的表的数据时，也必须同时更新索引。如果一个表需要频繁地更新数据，就不要对它建立太多的非聚集索引。另外，如果硬盘和内存空间有限，也应限制使用非聚集索引的数量。

3. 其他类型索引

除了基础的聚集索引和非聚集索引以外，SQL Server 2012 系统还提供了一些其他类型的索引。

(1) 唯一索引(unique index)：确保索引键不包含重复的值，因此，表或视图中的每一行在某种程度上是唯一的。聚集索引和非聚集索引都可以是唯一索引，这种唯一性与前面讲过的主键约束是相关的，在某种程度上，主键约束等于唯一性的聚集索引。

(2) 包含列索引(INCLUDE)：一种非聚集索引，它扩展后不仅包含键列，还包含非键列。

(3) 索引视图(indexed view)：索引视图是指其结果集保留在数据库中，并建立了索引以供快速访问的视图。在视图上添加索引后，能提高视图的查询效率。视图的索引将具体化视图，并将结果集永久存储在唯一的聚集索引中。而且其存储方法与带聚集索引的表的存储方法相同。对视图创建的第一个索引必须是唯一聚集索引。创建唯一聚集索引后，可以创建非聚集索引。

(4) 全文索引(full-text index)：一种基于标记的索引，是通过 SQL Server 的全文引擎服务创建、使用和维护的，其目的是为用户提供在字符串数据中高效搜索复杂词语。这种索引的结构与数据库引擎使用的聚集索引或非聚集的 B-Tree 结构不同，SQL Server 全文引擎不是基于某一特定行中存储的值来构造 B-Tree 结构，而是基于要索引的文本中的各个标记来创建倒排、堆积且压缩索引结构。

(5) 空间索引(spatial index)：一种针对 geometry 数据类型的索引。

(6) XML 索引：分为主索引和二级索引。在对 XML 数据类型的字段创建主索引时，SQL Server 2012 并不是对 XML 数据本身进行索引，而是对 XML 数据的元素名、值、属性和路径进行创建索引。

7.4　索引的设计原则

　　一般情况下，访问数据库中的数据，可以采用两种方法：表扫描和索引查找的方法。

　　表扫描访问数据，是指系统将指针放在该表的表头所在的数据页上，然后按照数据页的排序顺序，一页一页地从前向后扫描该表的全部数据页，直到扫描完表中的所有记录。在进行扫描时，如果找到符合查询条件的记录，就将这条记录挑选出来。最后，将挑选出来的所有符合条件的记录显示出来，如图 7-1 所示。

　　索引查找访问数据，就是通过建立的索引进行查找。索引是一种树状结构，其中存储了关键字和指向包含关键字所在记录的数据页的指针。当使用索引查找时，系统就会沿着索引的树状结构，根据索引中的关键字和指针，找到符合查询条件的记录。最后，将查找到的所有符合查询条件的记录显示出来。当系统沿着索引值查找时，使用搜索值与索引值进行比较判断。这种比较判断一直进行下去，直到满足下面两个条件为止：搜索值小于或等于索引值；搜索值大于或等于索引页上最后一个值，如图 7-2 所示。

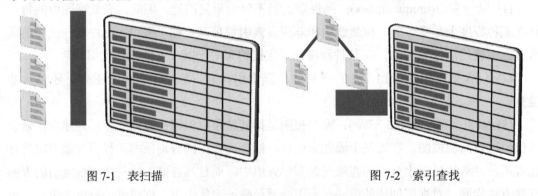

　　图 7-1　表扫描　　　　　　　　　　　　　　　　图 7-2　索引查找

　　在 SQL Server 2012 中，当需要访问数据库中的数据时，首先由系统确定该表中是否有索引存在。如果没有索引，则系统使用表扫描的方法访问数据库中的数据。

　　系统为每一个索引创建一个分布页，统计信息就是指存储在分布页上的某一个表中的一个或者多个索引的关键值的分布信息。当执行查询语句时，为了提高查询速度和性能，系统可以使用这些分布信息来确定使用表的哪一个索引。查询处理器就是依赖于这些分布的统计信息，来生成查询语句的执行规划，以提高访问数据的效率为目标，确定是使用表扫描还是使用索引查找。执行规划的优化程度依赖于这些分布统计信息的准确步骤的高低程度。如果这些分布的统计信息与索引的物理信息非常一致，那么查询处理器可以生成优化程度很高的执行规划。相反，如果这些统计信息与索引的实际存储的信息相差比较大，那么查询处理器生成的执行规划的优化程度就会比较低。

　　索引设计不合理或者缺少索引都会对数据库和应用程序的性能造成影响。高效的索引对于获得良好的性能非常重要。设计索引时，应考虑以下准则：

(1) 索引并非越多越好，一个表中如果有大量的索引，不仅占用大量的磁盘空间，而且会影响 INSERT、DELETE、UPDATE 等语句的性能。因为当表中数据更改的同时，索引也会进行调整和更新。

(2) 避免对经常更新的表进行过多的索引，并且索引中的列应尽可能少。对经常用于查询的字段应该创建索引，但要避免添加不必要的字段。

(3) 数据量小的表最好不要使用索引，由于数据较少，查询花费的时间可能比遍历索引的时间还要短，索引可能不会产生优化效果。

(4) 在条件表达式中经常用到的、不同值较多的列上建立索引，在不同值少的列上不要建立索引。例如在学生表的"性别"字段上只有"男"与"女"两个不同值，因此就无需建立索引。如果建立索引，不但不会提高查询效率，反而会严重降低更新速度。

(5) 当唯一性是某种数据本身的特征时，指定唯一索引。使用唯一索引能够确保定义的列的数据完整性，提高查询速度。

(6) 在频繁进行排序或分组(即进行 GROUP BY 或 ORDER BY 操作)的列上建立索引，如果待排序的列有多个，那么可以在这些列上建立组合索引。

7.5　创建索引

在了解了 SQL Server 2012 中的不同索引类型之后，下面开始介绍如何创建索引。SQL Server 2012 提供了两种创建索引的方法：在 SQL Server 管理平台的"对象资源管理器"中，通过图形化工具创建或者使用 T-SQL 语句创建。本节将介绍这两种索引创建方法的操作过程。

7.5.1　使用对象资源管理器创建索引

在使用"对象资源管理器"创建索引之前，我们先创建用到的数据库和表。在 SSMS 窗口中，单击工具栏中的"新建查询"按钮，在"查询编辑器"中输入如下 SQL 语句：

```
----------创建"StuInfo"数据库----------
----------先手工在 E:盘创建文件夹'E:\application----------
USE master
GO
CREATE DATABASE StuInfo
ON
 ( NAME=StuInfo,
   FILENAME='E:\application\StuInfo.mdf',
   SIZE=3MB,
   MAXSIZE=UNLIMITED,
   FILEGROWTH=10% )
```

```
LOG ON
( NAME=StuInfo_log,
    FILENAME='E:\application\StuInfo_log.ldf',
    SIZE=1MB,
    MAXSIZE=10MB,
    FILEGROWTH=10% )
----------创建表----------
USE StuInfo
GO
CREATE TABLE [dbo].[student](
 [s_id] [char](10) NOT NULL,
 [sname] [nvarchar](5) NULL,
 [ssex] [nvarchar](1) NULL,
 [sbirthday] [date] NULL,
 [sdepartment] [nvarchar](10) NULL,
 [smajor] [nvarchar](10) NULL,
 [spoliticalStatus] [nvarchar](4) NULL,
 [photoName] [varchar](100) NULL,
 [photo] [varbinary](max) NULL,
 [smemo] [nvarchar](max) NULL,
) ON [PRIMARY]
```

(1) 打开 SQL Server Management Studio 窗口，并使用 Windows 或 SQL Server 身份验证建立连接。

(2) 在"对象资源管理器"窗格中展开指定的"服务器"和"数据库"节点，选择要创建索引的表，展开该表，选择"索引"选项，单击鼠标右键，从弹出的快捷菜单中选择"新建索引"命令，如图7-3所示，将会打开"新建索引"对话框，如图7-4所示。

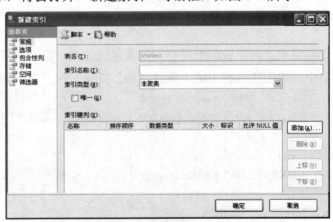

图 7-3 选择"新建索引"命令　　　　图 7-4 "新建索引"对话框

(3) 单击"添加"按钮，会弹出"从"dbo.student"中选择列"对话框，可以选择用于创建索引的字段，如图7-5所示。

（4）在对话框中，选中要建立索引的列建立索引，单击"确定"按钮即可创建索引。最后在"新建索引"对话框中的"索引名称"框中输入 index_ID，"索引类型"列表框中选择"聚集"，选中复选框"唯一"，如图 7-6 所示。

图 7-5　"从"dbo.student"中选择列"对话框

图 7-6　"新建索引"对话框—设置索引名称和索引类型

切换到"新建索引"对话框的"选项"选项页，在此还可以设定索引的属性，如图 7-7 所示。

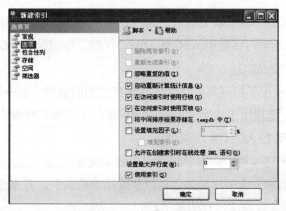

图 7-7　"选项"选项页

（5）单击"确定"按钮，完成索引的创建。

7.5.2 使用 Transact-SQL 语句创建索引

使用 CREATE INDEX 语句创建索引是最基本的索引创建方式，可以创建出符合自己需要的索引。使用这种方式创建索引时，可以使用很多选项，如：指定数据页的填充度、进行排序、整理统计信息等，从而优化索引。使用这种方法，可以指定索引类型、唯一性等，换言之，使用该语句既可创建聚集索引，也可创建非聚集索引；既可在一个列上创建索引，也可在两个或两个以上的列上创建索引。

在 Microsoft SQL Server 2012 中，使用 CREATE INDEX 语句在关系表上创建索引的基本语法格式如下：

```
CREATE [UNIQUE] [CLUSTERED] [NONCLUSTERED] INDEX index_name
ON table_or_view_name (column [ASC| DESC] [,…n])
[INCLUDE (column_name[,…n])]
[WITH
( PAD_INDEX = {ON | OFF}
| FILLFACTOR = fillfactor
| DROP_EXISTING = {ON | OFF}
| ONLINE = {ON | OFF}
| ALLOW_ROW_LOCKS = {ON | OFF}
| ALLOW_PAGE_LOCKS = {ON | OFF}
ON {partition_schema_name(column_name) | filegroup_name | default}
```

各选项参数的含义说明如下：

- UNIQUE 选项表示创建索引为唯一性的索引，不存在两个相同的列值。
- CLUSTERED 选项表示创建聚集索引。
- NONCLUSTERED 选项表示创建非聚集索引。该选项为 CREATE INDEX 语句的默认值。
- 第一个 ON 关键字表示索引所属的表或视图，用于指定表或视图的名称和相应的列名称。列名称后面可以使用 ASC 或 DESC 关键字指定是升序(ASC)还是降序(DESC)排列，默认值是 ASC。
- INCLUDE 选项用于指定将要包含到非聚集索引的页级中的非键列。
- PAD_INDEX 选项用于指定索引的中间页级，就是为非叶级索引指定填充度。这时的填充度由 FILLFACTOR 选项指定。
- FILLFACTOR 选项用于指定中级索引页的填充度。
- DROP_EXISTING 选项指定是否可以删除指定的索引，并重建该索引。该值为 ON 时，可以删除并且重建已有的索引。
- ONLINE 选项用于指定索引操作期间基础表和关联索引是否可用于查询。为 ON 时，不持有表锁，允许用于查询。

- ALLOW_ROW_LOCKS 该选项用于指定是否使用行锁。为 ON 时，表示使用行锁。
- ALLOW_PAGE_LOCKS 该选项用于指定是否使用页锁。为 ON 时，表示使用页锁。

在空表上创建索引时，使用 FILLFACTOR 选项和 PAD_INDEX 选项是一样的。因为指定填充度的行为只在创建索引和重新生成索引时起作用。

【例 7-1】在数据库 StuInfo 中为学生表 Student 创建一个非聚集索引 index_Student1，索引键为 Sname。

在 SSMS 窗口中，单击工具栏中的"新建查询"按钮，在"查询编辑器"中输入如下 T-SQL 语句：

```
--在 StuInfo 数据库中 student 表 sname 列上创建一个非聚集索引。
USE StuInfo
GO
CREATE NONCLUSTERED INDEX index_Student1 ON dbo.student
(
 sname ASC
)
--WITH(DROP_EXISTING=ON)      --如果已经存在同名索引则删除
GO
```

注释：

在创建本索引时，由于前期已经建立了一个同名索引，所以为了成功建立可以使用 WITH 子句中的"DROP_EXISTING=ON"直接删除掉同名索引。

7.6　索引的维护和删除

用户在表上创建索引之后，由于数据的更新、删除等操作会使索引页出现碎片，为了提高系统的性能，必须对索引进行维护。维护操作包括查看碎片信息、维护统计信息、重建索引等。

7.6.1　显示索引信息

1. 使用对象资源管理器查看索引信息

要查看索引信息，可以在"对象资源管理器"中，打开指定数据库节点，选中相应表中的索引，右击要查看的索引节点，从弹出的快捷菜单中选择"属性"命令，打开"索引属性"窗口，如图 7-8 所示，在这里可以看到刚才创建的名称为 index_Student1 的索引，在该窗口中可以查看建立索引的相关信息，也可以修改索引。

2. 用系统存储过程查看索引信息

系统存储过程 sp-helpindex 可以返回某个表或视图中的索引信息，语法格式如下：

> Sp_helpindex [　@objname =]　'name'

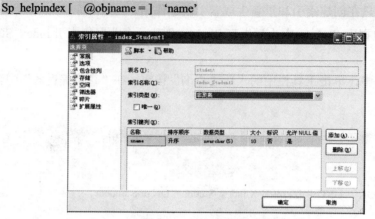

图 7-8　"索引属性"对话框

其中，[@objname=]'name'是用户定义的表或视图的限定或非限定名称。仅当指定的表或视图名称时，才使用引号。如果提供了完全限定的名称，包括数据库名称，则该数据库名称必须是当前数据库的名称。

【例 7-2】使用存储过程查看 StuInfo 数据库中 student 表中定义的索引信息，输入语句如下。

```
Use StuInfo;

Go
Exec sp_helpindex 'student'
```

执行结果如图 7-9 所示。

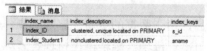

图 7-9　例 7-2 执行结果

从执行结果可以看出，这里显示了 student 表中的索引信息。

- Index_name：指定索引名称，这里创建了 2 个不同名称的索引。
- Index_description：包含索引的描述信息，例如唯一性索引、聚集索引等。
- Index_keys：包含索引所在的表中的列。

打开 SQL Server 管理平台，在"对象资源管理器"中，展开 student 表中的"索引"节点，右击要查看属性信息的索引(例如 index_Student1)，从弹出的快捷菜单中选择"属性"菜单命令，打开"索引属性"窗口，选择"选择页"中的"选项"选项，可以在右侧的窗格中看到当前索引的选项信息，如图 7-10 所示。

3. 查看索引的统计信息

索引信息还包括统计信息，这些信息可以用来分析索引性能，更好地维护索引。索引统计信息是查询优化器用来分析和评估查询、制定最优查询方式的基础数据，用户可以使用图形化工具来查看索引信息，也可以使用 DBCC SHOW_STATISTICS 命令来查看指定索引的信息。

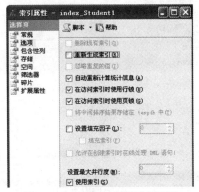

图 7-10　"索引属性"对话框

打开 SQL Server 管理平台，在"对象资源管理器"中，展开 student 表中的"统计信息"节点，右击要查看统计信息的索引(例如 index_Student1)，从弹出的快捷菜单中选择"属性"命令，打开"统计信息属性"窗口，选择"选择页"中的"详细信息"选项，可以在右侧的窗格中看到当前索引的统计信息，如图 7-11 所示。

图 7-11　查看索引统计信息

7.6.2　修改索引

1. 使用 SQL Server Management Studio 修改索引

(1) 在"开始"菜单中选择"程序"|Microsoft SQL Server 2012|SQL Server Management Studio 命令，打开 SQL Server Management Studio 窗口，并使用 Windows 或 SQL Server 身份验证建立连接。

(2) 在"对象资源管理器"中展开服务器，然后展开"数据库"节点，然后展开"表"|"索引"选项，则会出现表中已存在的索引列表。双击某一索引名称，将打开"索引属性"对话框，该对话框有多个选项页如图 7-12、7-13、7-14 所示是其中的几个选项页。

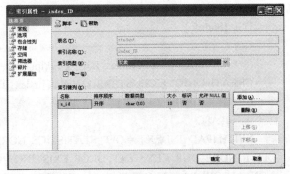

图 7-12　"索引属性"对话框"常规"页

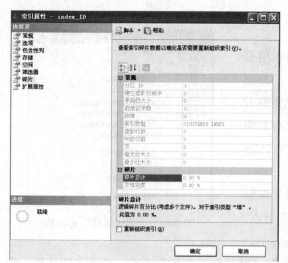

图 7-13　"索引属性"对话框"碎片"页

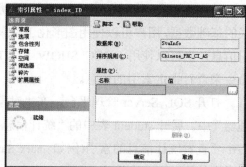

图 7-14　"索引属性"对话框"扩展属性"页

通过右键单击某个"索引名称",从弹出的快捷菜单中选择"编写索引脚本为" |"CREATE 到" | "新查询编辑器窗口"命令,可以查看创建索引的 SQL 脚本,如图 7-15所示。

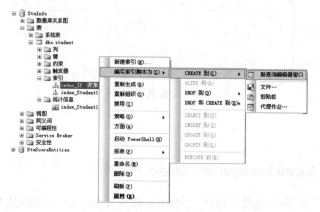

图 7-15　生成索引脚本

生成的脚本如下:

```
USE [StuInfo]
GO
/****** Object:    Index [index_ID]       Script Date: 02/10/2014 17:40:41 ******/
CREATE UNIQUE CLUSTERED INDEX [index_ID] ON [dbo].[student]
(
 [s_id] ASC
)WITH (PAD_INDEX   = OFF, STATISTICS_NORECOMPUTE   = OFF, SORT_IN_TEMPDB =
OFF, IGNORE_DUP_KEY = OFF, DROP_EXISTING = OFF, ONLINE = OFF, ALLOW_ROW_LOCKS
= ON, ALLOW_PAGE_LOCKS   = ON) ON [PRIMARY]
GO
```

2. 使用 ALTER INDEX 语句修改索引

ALTER INDEX 语句的语法格式如下：

- 重新生成索引：ALTER INDEX index_name ON table_or_view_name REBUILD
- 重新组织索引：ALTER INDEX index_name ON table_or_view_name REORGANIZE
- 禁用索引：ALTER INDEX index_name ON table_or_view DISABLE

7.6.3　删除索引

1. 使用 SSMS 删除索引

具体操作步骤如下：

(1) 在"开始"菜单中选择"程序" |Microsoft SQL Server 2012|SQL Server Management Studio 命令，打开 SQL Server Management Studio 窗口，并使用 Windows 或 SQL Server 身份验证建立连接。

(2) 在"对象资源管理器"中展开服务器，然后展开"数据库"节点。再展开某个具体的数据库，接着展开"表"节点。

(3) 双击展开某一个表，展开该表下面的"索引"节点。右击某一个索引，从弹出的快捷菜单中选择"删除"命令。

(4) 打开"删除对象"对话框，在"删除对象"对话框中单击"确定"按钮，完成删除。

2. 使用 Transact-SQL 语句中的 DROP INDEX 命令删除索引

当不再需要某个索引时，可以将其删除，DROP INDEX 命令可以删除一个或者多个当前数据库中的索引，其语法格式如下：

```
DROP INDEX 'table.index | view.index' [ ,...n ]
```

【例 7-3】在 StuInfo 数据库中，删除表 student 中的索引 index_Student1。

T-SQL 语句如下：

```
DROP INDEX student. index_Student1
```

7.6.4　重新组织和重新生成索引

SQL Server 数据库随着使用时间的增长，会让人觉得越来越慢，这与平时没有合理的维护计划有关，定期处理索引碎片是一个必不可少的工作内容之一。

无论何时对基础数据执行插入、更新或删除操作，SQL Server 数据库引擎都会自动维护索引。随着时间的推移，这些修改可能会导致索引中的信息分散在数据库中(含有碎片)。

当索引包含的页中的逻辑排序(基于键值)与数据文件中的物理排序不匹配时，就会产生碎片。碎片非常多的索引可能会降低查询性能，导致应用程序响应缓慢。

可以通过重新组织或重新生成索引来修复索引碎片。对于基于分区方案生成的已分区索引，可以在完整索引或索引的单个分区上使用下列方法之一：重新生成索引将会删除并重新创建索引，这将根据指定的或现有的填充因子设置压缩页来删除碎片、回收磁盘空间，然后对连续页中的索引行重新排序，如果指定 ALL，将删除表中的所有索引，然后在单个事务中重新生成；使用最少系统资源重新组织索引；通过对叶级页以物理方式重新排序，使之与叶节点的从左到右的逻辑顺序相匹配，进而对表和视图中的聚集索引和非聚集索引的叶级进行碎片整理；重新组织还会压缩索引页；压缩基于现有的填充因子值。

下面介绍如何使用 SQL Server Management Studio 或 Transact-SQL 在 SQL Server 2012 中重新组织或重新生成碎片索引。

维护索引的用户必须是 sysadmin 固定服务器角色的成员，或者是 db_ddladmin 和 db_owner 固定数据库角色的成员。

1. 使用 SQL Server Management Studio 检查索引的碎片

使用 SQL Server Management Studio 检查索引的碎片的操作步骤如下：

(1) 在"对象资源管理器"中，展开数据库。

(2) 展开"表"节点下要检查索引碎片的表。

(3) 展开"索引"节点。

(4) 右键单击要检查碎片的索引，从弹出的快捷菜单中选择"属性"命令。

(5) 在"索引属性"对话框中，选择"碎片"选项页。

"碎片"页提供了以下信息：

- 分区 ID：包含该索引的 B 树的分区 ID。
- 建立虚影行版本：由于某个快照隔离事务未完成而保留的虚影记录的数目。
- 平均行大小：叶级行的平均大小。
- 前推记录数：堆中具有指向另一个数据位置的转向指针的记录数。(在更新过程中，如果在原始位置存储新行的空间不足，将会出现此状态。)
- 深度：索引中的级别数(包括叶级别)。
- 索引类型：索引的类型。可能的值包括"聚集索引"、"非聚集索引"和"主 XML"。表也可以存储为堆(不带索引)，但此后将无法打开此"索引属性"页。
- 虚影行数：标记为已删除，但尚未移除的行数。当服务器不忙时，将通过清除线程来移除这些行。此值不包括由于某个快照隔离事务未完成而保留的行。
- 叶级行数：叶级行的数目。
- 页：数据页总数。
- 最大行大小：叶级行最大大小。

- 最小行大小：叶级行最小大小。
- 碎片总计：逻辑碎片百分比。用于指示索引中未按顺序存储的页数。
- 页填充度：指示索引页的平均填充率(以百分比表示)。100%表示索引页完全填充。
  50%表示每个索引页平均填充一半。

2. 使用 Transact-SQL 检查索引的碎片

使用 Transact-SQL 检查索引的碎片的步骤如下：

(1) 在"对象资源管理器"中，连接到数据库引擎实例。

(2) 单击工具栏中的"新建查询"按钮。

(3) 将以下语句复制并粘贴到查询窗口中，然后单击"执行"按钮。

```
USE StuInfo;
GO
-- Find the average fragmentation percentage of all indexes
-- in the Dbo.student table.
SELECT a.index_id, name, avg_fragmentation_in_percent
FROM
    sys.dm_db_index_physical_stats(DB_ID(N'StuInfo'), OBJECT_ID(N'dbo.student'), NULL, NULL,
NULL)
    AS a    JOIN sys.indexes    AS b
        ON a.object_id = b.object_id AND a.index_id = b.index_id;
GO
```

上述语句可能会返回类似于以下内容的结果集，如表 7-1 所示。

表 7-1　使用 Transact-SQL 检查索引的碎片结果集

index_id	name	avg_fragmentation_in_percent
1	index_ID	0
2	index_Student1	0

有关详细信息，请参阅 Microsoft 网站的 sys.dm_db_index_physical_stats(Transact-SQL)。

3. 使用 SQL Server Management Studio 重新组织索引

使用 SQL Server Management Studio 重新组织索引的步骤如下：

(1) 在"对象资源管理器"中，展开数据库节点。

(2) 展开"表"节点中要为其重新组织索引的表。

(3) 展开"索引"节点，右键单击要重新组织的索引，从弹出的快捷菜单中选择"重新组织"命令。

(4) 在打开的"重新组织索引"对话框中，确认正确的索引位于"要重新组织的索引"

网格中，然后单击"确定"按钮。

(5) 选中"压缩大型对象列数据"复选框，以指定也压缩所有包含大型对象(LOB)数据的页。

(6) 单击"确定"按钮。

4. 使用 SQL Server Management Studio 重新组织表中的所有索引

使用 SQL Server Management Studio 重新组织表中的所有索引的步骤如下：

(1) 在"对象资源管理器"中，展开数据库节点。

(2) 展开"表"节点中要为其重新组织索引的表。

(3) 右键单击"索引"节点，从弹出的快捷菜单中选择"全部重新组织"命令。

(4) 在打开的"重新组织索引"对话框中，确认正确的索引位于"要重新组织的索引"中。若要从"要重新组织的索引"网格中删除索引，可以选择该索引，然后按 Delete 键。

(5) 选中"压缩大型对象列数据"复选框，以指定也压缩所有包含大型对象(LOB)数据的页。

(6) 单击"确定"按钮。

5. 使用 SQL Server Management Studio 重新生成索引

使用 SQL Server Management Studio 重新生成索引的步骤如下：

(1) 在"对象资源管理器"中，展开数据库节点。

(2) 展开"表"节点中要为其重新生成索引的表。

(3) 展开"索引"节点，右键单击要重新生成的索引，从弹出的快捷菜单中选择"重新组织"命令。

(4) 在打开的"重新生成索引"对话框中，确认正确的索引位于"要重新生成的索引"网格中，然后单击"确定"按钮。

(5) 选中"压缩大型对象列数据"复选框，以指定也压缩所有包含大型对象(LOB)数据的页。

(6) 单击"确定"按钮。

6. 使用 Transact-SQL 重新组织碎片索引

使用 Transact-SQL 重新组织碎片索引的步骤如下：

(1) 在"对象资源管理器"中，连接到数据库引擎实例。

(2) 单击工具栏中的"新建查询"按钮。

(3) 将以下语句复制并粘贴到查询窗口中，然后单击"执行"按钮。

```
USE StuInfo;
GO
-- Reorganize the index_Student1 index on the dbo.student table.
```

```
ALTER INDEX index_Student1 ON dbo.student REORGANIZE ;
GO
```

7. 使用 Transact-SQL 重新组织表中的所有索引

使用 Transact-SQL 重新组织表中的所有索引的步骤如下：

(1) 在"对象资源管理器"中，连接到数据库引擎实例。

(2) 单击工具栏中的"新建查询"按钮。

(3) 将以下语句复制并粘贴到查询窗口中，然后单击"执行"按钮。

```
USE [StuInfo]
GO
-- Reorganize all indexes on the [dbo].[student] table.
ALTER INDEX ALL ON [dbo].[student] REORGANIZE;
GO
```

8. 使用 Transact-SQL 重新生成碎片索引

使用 Transact-SQL 重新生成碎片索引的步骤如下：

(1) 在"对象资源管理器"中，连接到数据库引擎实例。

(2) 单击工具栏中的"新建查询"按钮。

(3) 将以下脚本复制并粘贴到查询窗口中，然后单击"执行"按钮。该脚本在 Dbo.student 表中重新生成单个索引。

Transact-SQL 代码如下：

```
USE [StuInfo]
GO
ALTER INDEX [index_ID] ON [dbo].[student] REBUILD
    PARTITION = ALL
    WITH ( PAD_INDEX   = OFF,
    STATISTICS_NORECOMPUTE    = ON,
    ALLOW_ROW_LOCKS   = ON,
    ALLOW_PAGE_LOCKS   = ON,
    IGNORE_DUP_KEY   = OFF,
    ONLINE = OFF,
    SORT_IN_TEMPDB = OFF )
GO
```

9. 使用 Transact-SQL 重新生成表中的所有索引

使用 Transact-SQL 重新生成表中的所有索引的步骤如下：

(1) 在"对象资源管理器"中，连接到数据库引擎实例。

(2) 单击工具栏中的"新建查询"按钮。

(3) 复制以下脚本并将其粘贴到查询窗口中，然后单击"执行"按钮。该脚本指定了 ALL 关键字，这将重新生成与表相关联的所有索引。

Transact-SQL 代码如下：

```
USE StuInfo;
GO
ALTER INDEX ALL ON dbo.student
REBUILD WITH (FILLFACTOR = 80, SORT_IN_TEMPDB = ON,
              STATISTICS_NORECOMPUTE = ON);
GO
```

7.7　经典习题

1. 创建 index_test 数据库，在 index_test 数据库中创建数据表 writers，writers 表结构如表 7-2 所示，按如下要求进行操作。

表 7-2　writers 表结构

字段名	数据类型	主键	外键	非空	唯一
W_id	INT	是	否	是	是
W_name	VARCHAR(255)	否	否	是	否
W_address	VARCHAR(255)	否	否	否	否
W_age	CHAR(2)	否	否	是	否
W_note	VARCHAR(255)	否	否	否	否

(1) 在数据库 index_test 中创建表 writers，创建表的同时在 w_id 字段上添加名称为 uniqidx 的唯一索引。

(2) 通过图形化的对象资源管理器，在 w_name 和 w_address 字段上建立名称为 NAIdx 的非聚集组合索引。

(3) 将 NAIdx 索引重新命名为 IdxOnNameAndAddress。

(4) 查看 IdxOnNameAndAddress 索引的统计信息。

(5) 删除名称为 IdxOnNameAndAddress 的索引。

2. 填空：

(1) 命令中使用关键字 CLUSTERED 和 NONCLUSTERED 分别表示将建立的是_____ 和_____索引。

(2) 访问数据库中的数据有两种方法，分别是：_____和_____。

(3) 索引一旦创建，将由_____自动管理和维护。

(4) 在一个表上，最多可以定义_____个聚集索引，最多可以有_____非聚集索引。

3. 有一个职员表 Customers，表中有客户姓名(Name)，客户 ID(ID)等列，对表执行如下语句：

```
CREATE CLUSTERED INDEX idx ON Customers(Name)
```

得到以下错误信息：

```
Cannot create more than one clustered index
```

原因是什么，为什么会出错？

第8章 事务、锁和游标

SQL Server 提供了多种数据完整性的保证机制，如约束、触发器、事务和锁管理等。事务管理主要是为了保证一批相关数据库中数据的操作能够全部被完成，从而保证数据的完整性。锁机制主要是对多个活动事务执行并发控制。它可以控制多个用户同时对同一数据进行的操作，使用锁机制可以解决数据库的并发问题。查询语句可能返回多条记录，如果数据量非常大，需要使用游标来逐条读取查询结果中的记录。应用程序可以根据需要滚动或浏览其中的数据。

本章将介绍事务、锁及游标相关的内容，内容包括事务的原理与事务管理的常用语句、事务的类型和应用、锁的内涵与类型、锁的应用、游标的概念、分类以及基本操作等内容。

本章学习目标：

- 了解事务处理的概念和方法
- 掌握执行、撤销和回滚事务
- 了解引入锁的原因和锁的类型
- 掌握如何设置事务和锁的相关操作
- 了解游标的概念与分类
- 掌握游标的基本操作

8.1 工作场景导入

学校财务处让出纳小李和小王去银行取钱，对于同一个银行账户 A 内有 200 元，小李进行提款操作 100 元，小王进行转账操作 100 元到 B 账户。如果事务没有进行隔离可能会并发如下问题：

(1) 第一类丢失更新：首先小李提款时账户内有 200 元，同时小王转账时也是 200 元，然后小李小王同时操作，小李操作成功取走 100 元，小王操作失败回滚，账户内最终为 200 元，这样小李的操作被覆盖掉了，银行损失 100 元。

(2) 脏读：小李取款 100 元未提交，小王进行转账查到账户内剩有 100 元，这时，小李放弃操作回滚，小王正常操作提交，账户内最终为 0 元，小王读取了小李的脏数据，客户损失 100 元。

(3) 虚读：和脏读类似，是针对插入操作过程中的读取问题，如丙存款 100 元未提交，这时，银行做报表进行统计查询账户为 200 元，然后丙提交了，这时银行再统计发现账户为 300 元了，无法判断到底以哪个为准？

(4) 不可重复读：小李、小王同时开始，都查到账户内为 200 元，小李先开始取款 100 元提交，这时小王在准备最后更新的时候又进行了一次查询，发现结果是 100 元，这时小王就会很困惑，不知道该将账户改为 100 还是 0。

(5) 第二类丢失更新：这是不可重复读的一种特例，如上，小王不做第二次查询而是直接操作完成，账户内最终为 100 元，小李的操作被覆盖掉了，银行损失 100 元。感觉和第一类丢失更新类似。

事务是所有数据库管理系统中一个非常重要的概念，不管是数据库管理人员还是数据库开发人员，都应该对事务有较深刻的理解。

引导问题：

(1) 如何防止丢失更新？

(2) 如何防止脏读和虚读？

(3) 如何实现可重复读？

8.2　事务管理

8.2.1　事务的原理

在 SQL Server 2012 中，使用 DELETE 或 UPDATE 语句对数据库进行更新时，一次只能操作一个表，但 SQL Server 2012 又允许多个用户并发使用数据库。因此，可能会带来数据库的数据不一致问题。

如现实中的转账过程，它需要两条 UPDATE 语句来完成业务流程：

● 从转出账户 A 中减掉需转账的金额；

● 在转入账户 B 中加上转账的金额。

这两个过程必须全部完成，整个转账过程才完成。否则，款项从 A 账户扣除了，正好此时因为其他原因导致程序中断，这样，B 账户没有收到款项，而 A 账户的钱也没有了，这样明显是错误的。

为了解决这类问题，数据库管理系统提出了事务的概念：将一组相关操作绑定在一个事务中，为了使事务成功，必须成功完成该事务中的所有操作。

事务对上面转账问题的解决方法是：把转出和转入作为一个整体，形成一个操作集合，这个集合中的操作要么都不执行，要么都执行。

8.2.2　事务的概念

事务(TRANSACTION)是由对数据库的若干操作组成的一个逻辑工作单元，这些操作要么都执行，要么都不做，是一个不可分割的整体。事务用这种方式保证数据满足并发性和完整性的要求。使用事务可以避免发生有的语句被执行，而另外一些语句没有被执行，从而造成数据不一致问题。

8.2.3　事务的特性

事务的处理必须满足四个原则，即原子性(A)、一致性(C)、隔离性(I)和持久性(D)，简称 ACID 原则：

- 原子性(Atomicity)：事务必须是原子工作单元，事务中的操作要么全部执行，要么全都不执行，不能只完成部分操作。原子性在数据库系统中，由恢复机制来实现；
- 一致性(Consistency)：事务开始之前，数据库处于一致性的状态；事务结束后，数据库必须仍处于一致性状态。数据库一致性的定义是由用户负责的，如前面所述的银行转账，用户可以定义转账前后两个账户金额之和应该保持不变；
- 隔离性(Isolation)：系统必须保证事务不受其他并发执行事务的影响，即当多个事务同时运行时，各事务之间相互隔离，不可互相干扰。事务查看数据时所处的状态，要么是另一个并发事务修改它之前的状态，要么是另一个并发事务修改它之后的状态，事务不会查看中间状态的数据。隔离性通过系统的并发控制机制实现；
- 持久性(Durability)：一个已完成的事务对数据所做的任何变动在系统中是永久有效的，即使该事务产生的修改是不正确，错误也将一直保持。持久性通过恢复机制实现，发生故障时，可以通过日志等手段恢复数据库信息。

事务四原则保证了一个事务或者成功提交，或者失败回滚，二者必居其一，因此，它对数据的修改具有可恢复性。即当事务失败时，它对数据的修改都会恢复到该事务执行前的状态。

8.2.4　事务的工作原理

事务以 BEGIN TRANSACTION 开始，以 COMMIT TRANSACTION 或 ROLLBACK TRANSACTION 结束。

其中，COMMIT TRANSACTION 表示事务正常结束，提交给数据库，而 ROLLBACK TRANSACTION 表示事务非正常结束，撤销事务已经做的操作，回滚到事务开始时的状态。

8.2.5　事务的执行模式

SQL Server 的事务可以分为两类：显式事务和隐性事务。

1. 隐性事务

一条 Transact-SQL 语句就是一个隐性事务，也叫系统提供的事务。例如，执行如下的建表语句：

```
CREATE TABLE aa (f1 int not null, f2 char(10), f3 varchar(30))
```

这条语句本身就构成了一个事务，他要么建立包含 3 列的表，要么对数据库没有任何影响。不会出现建立只含 1 列或者 2 列的表的情况。

2. 显式事务

显式事务又称为用户定义的事务。事务有一个开头和一个结尾，它们指定了操作的边界。边界内的所有资源都参与同一个事务。当事务执行遇到错误时，将取消事务对数据库所作的修改。因此，我们需要把参与事务的语句封装在一个 BEGIN TRAN/COMMIT TRAN 块中。

一个显式事务的语句以 BEGIN TRANSACTION 开始，至 COMMIT TRANSACTION 或 ROLLBACK TRANSACTION 结束。事务的定义是一个完整的过程，指定事务的开始和表明事务的结束两者缺一不可。下面详细说明它们的用法。

(1) BEGIN TRANSACTION 语句定义事务的起始点

语法格式如下：

```
BEGIN TRAN[SACTION] 事务名称|@事务变量名称
```

说明：

- @事务变量名称是由用户定义的变量，必须用 char、varchar、nchar 或 nvarchar 数据类型来声明该变量；
- BEGIN TRANSACTION 语句的执行使全局变量@@TRANCOUNT 的值加 1。

(2) COMMIT TRANSACTION 提交事务

提交事务，意味着将事务开始以来所执行的所有数据修改成为数据库的永久部分，因此也标志着一个事务的结束。一旦执行了该命令，将不能回滚事务。只有在所有修改都准备好提交给数据库时，才执行这一操作。

语法格式如下：

```
COMMIT   [TRAN[SACTION]] 事务名称|@事务变量名称
```

说明：

COMMIT TRANSACTION 语句的执行会使全局变量@@TRANCOUNT 的值减 1。

(3) ROLLBACK TRANSACTION 回滚事务

当事务执行过程中遇到错误时，使用 ROLLBACK TRANSACTION 语句使事务回滚到起点或指定的保持点处。同时系统将清除自事务起点或到某个保存点所做的所有的数据修改，并且释放由事务控制的资源。因此，这条语句也标志事务的结束。

语法格式如下：

> ROLLBACK　　[TRAN[SACTION]] [事务名称|@事务变量名称|存储点名称|@含有存储点名称的
> 变量名]

说明：

● 当条件回滚只影响事务的一部分时，事务不需要全部撤销已执行的操作。可以让
事务回滚到指定位置，此时，需要在事务中设定保存点(SAVEPOINT)。保存点所
在位置之前的事务语句，不用回滚，即保存点之前的操作被视为有效的。保存点
的创建通过 "SAVE TRANSACTION 保存点名称" 语句来实现，然后再执行
"ROLLBACK TRANSACTION 保存点名称" 语句回滚到该保存点；

● 若事务回滚到起点，则全局变量@@TRANCOUNT 的值减 1；若事务回滚到指定
的保存点，则全局变量@@TRANCOUNT 的值不变。

8.2.6　事务的应用案例

【例 8-1】事务的显式开始和显式回滚。

在 SQL Server Management Studio 的 "标准" 工具栏上，单击 "新建查询" 按钮。此
时将使用当前连接打开一个查询编辑器窗口。输入如下代码，单击 "SQL 编辑器" 工具栏
中的 "执行" 按钮，在 "结果" / "消息" 窗格中查看结果。

```
USE TempDB;/*使用 TempDB 作为当前数据库*/
GO
--TempDB 数据库中若存在用户创建的表 TestTable，则删除之。
IF OBJECT_ID(N'TempDB..TestTable', N'U')IS NOT NULL
 DROP TABLE TestTable;
GO

CREATE TABLE TestTable([ID] int,[name] nchar(10))
GO
DECLARE @TransactionName varchar(20);/*声明局部变量*/
set @TransactionName    = 'Transaction1';/*局部变量赋初值*/

PRINT @@TRANCOUNT/*向客户端返回当前连接上已发生的 BEGIN TRANSACTION 语句数
*/

BEGIN TRAN @TransactionName/*显式开始事务*/
 PRINT @@TRANCOUNT
INSERT INTO TestTable VALUES(1,'李伟')/*插入记录到表*/
INSERT INTO TestTable VALUES(2,'李强')/*插入记录到表*/
ROLLBACK TRAN @TransactionName/*显式回滚事务,取消插入操作，将表中数据恢复到初始
```

```
状态*/
    PRINT @@TRANCOUNT

    BEGIN TRAN @TransactionName
    PRINT @@TRANCOUNT
    INSERT INTO TestTable VALUES(3,'王力')
    INSERT INTO TestTable VALUES(4,'王为')
    If @@error>0 --如果系统出现意外
        ROLLBACK TRAN @TransactionName      --则进行回滚操作
    Else
        COMMIT TRAN @TransactionName/*显式提交事务*/
    PRINT @@TRANCOUNT

    SELECT * FROM TestTable/*查询表的所有记录*/
    --结果
    --ID name
    -------------
    --3  王力
    --4  王为

    DROP TABLE TestTable/*删除表*/
```

【例 8-2】向教师表中插入一名教师的信息，如果正常运行则插入数据表中，反之则回滚。此题注意学习 SAVE TRANSACTION 语句。

```
USE TempDB;/*使用 TempDB 作为当前数据库*/
GO
--TempDB 数据库中若存在用户创建的表 Teacher，则删除之。
IF OBJECT_ID(N'TempDB..Teacher', N'U')IS NOT NULL
    DROP TABLE Teacher;
GO

CREATE TABLE Teacher([ID] int,[name] nchar(10),[birthday]datetime,depatrment nchar(4),salary
int null)
GO

Begin transaction
Insert into teacher values('101','周健',1990-03-22,'计算机学院',1000)
Insert into teacher values('102','黎明',1980-08-28,'计算机学院',1000)
select * from Teacher;

update teacher set salary=salary+100      --给每名教师的薪水加元
Save transaction savepoint1
Insert into teacher values('105','陈红',1975-03-22,'计算机学院',null)
```

```
If @@error>0
    rollback transaction savepoint1
If @@error>0
    rollback transaction
Else
    commit transaction
select * from Teacher;
```

注意：save transaction 命令后面有一个名字，这就是在事务内设置的保存点的名字，这样在第一次回滚时，就可以回滚到这个保存点，就是 savepoint1，而不是回滚整个事务。Insert into teacher 会被取消，但是事务本身仍然将继续。也就是插入的教师信息将从事务中除去，数据表撤销该教师信息的插入，但是给每名教师的薪水加 100 元的操作正常的被保存到数据库之中；到了后一个回滚，由于没有给出回滚到的保存点名字，rollback transaction 将回滚到 begin transaction 前的状态，即修改和插入操作都被撤销，就像没有发生任何事情一样。

【例 8-3】删除"工业工程"系，将"工业工程"系的学生划归到"企业管理"系。

```
USE 教学管理
GO
begin transaction my_transaction_delete
use 教学管理  /*使用数据库"教学管理"*/
go
delete from 系部   where   系别 = '工业工程'


save transaction after_delete      /* 设置事务恢复断点*/


update  学生
set 系别 = '企业管理'  where   系别 = '工业工程'
/*"工业工程"系学生的系别编号改为"企业管理"系的系别编号*/
if @@error<>0 or @@rowcount=0 then
/* 检测是否成功更新，@@ERROR 返回上一个 SQL 语句状态，非零即说明出错，错则回滚之 */
begin
rollback tran after_delete
/* 回滚到保存点 after_delete，如果使用 rollback my_transaction_delete，则会回滚到事务开始前
*/
commit tran
print '更新学生表时产生错误'
return
end


commit transaction my_transaction_delete
go
```

说明：

如果不指定回滚的事务名称或保存点，则 ROLLBACK TRANSACTION 命令会将事务回滚到事务执行前，如果事务是嵌套的，则会回滚到最靠近的 BEGIN TRANSACTION 命令前。

下面我们来看看如何使用 SQL Server 2012 的存储过程实现银行转账这样的事务处理。

【例 8-4】使用 SQL Server 2012 的存储过程实现银行转账业务的事务处理。

具体操作如下：

```
USE master;
GO
IF DB_ID('BankDB')
 IS NOT NULL
 DROP DATABASE BankDB;
GO
--创建数据库 BankDB
CREATE DATABASE BankDB;
GO
--选择当前数据库为 BankDB
USE BankDB;
GO
--创建表 accout
IF OBJECT_ID ( 'account', 'U' ) IS NOT NULL
    DROP TABLE account;
GO

CREATE TABLE account(
 id INT IDENTITY(1,1) PRIMARY KEY,--设置主键
 cardno CHAR(20) UNIQUE NOT NULL,--创建非空唯一值索引
 balance NUMERIC(18,2)
)


--插入记录到表 account
INSERT INTO account VALUES('01',100.0)
INSERT INTO account VALUES('02',200.0)
GO

--创建存储过程以演示转账事务
IF EXISTS (SELECT name FROM sys.objects
        WHERE name = N'sp_transfer_money')
```

```
            DROP PROCEDURE sp_transfer_money;
    GO


    CREATE PROCEDURE sp_transfer_money--创建存储过程
     @out_cardno CHAR(20),--转出账户
     @in_cardno CHAR(20),--转入账户
     @money NUMERIC(18,2)--转账金额
    AS
    BEGIN
     DECLARE @remain NUMERIC(18,2)
     SELECT @remain=balance FROM account WHERE cardno=@out_cardno
     IF @money>0
       IF @remain>=@money
         BEGIN
           BEGIN TRANSACTION T1 --开始执行事务
         --执行的第一个操作，转账出钱，减去转出的金额
         UPDATE account SET balance = balance-@money WHERE cardno=@out_cardno
         --执行第二个操作，接受转账的金额，余额增加
         UPDATE account SET balance = balance+@money WHERE cardno=@in_cardno


         IF @@error>0 --如果系统出现意外
           BEGIN
             ROLLBACK TRAN T1      --则进行回滚操作，恢复的转账开始之前状态
             RETURN 0
           END
         ELSE
           BEGIN
             COMMIT TRANSACTION T1/*显式提交事务*/
             PRINT '转账成功.'
           END
         END
       ELSE
         BEGIN
         PRINT '余额不足.'
         END
     ELSE
       PRINT '转账金额应大于.'
    END
    GO


    --执行存储过程
    EXEC sp_transfer_money '01','02',50
```

【例 8-5】某学籍管理系统中需要将某学生的学号由 2010066103 改为 2010066200，这一修改涉及到"选课"表和"学生"表两个表(相关表的定义见第 2 章)。本例中的事务就是为了保证这两个表的数据一致性。

```
USE 教学管理
GO
BEGIN TRAN MyTran          /* 开始一个事务 */
    UPDATE 选课               /* 更新选课表 */
        SET 学号='2010066200'   WHERE 学号='2010066103'
    IF @@ERROR<>0
    /*检测是否成功更新，@@ERROR 返回上一个 SQL 语句状态，非零即说明出错，错则回滚之
*/
    BEGIN
        PRINT '更新选课表时出现错误'
        ROLLBACK TRAN            /* 回滚 */
        RETURN
    END

    UPDATE 学生                /* 更新学生表 */
        SET 学号='2010066200'   WHERE 学号='2010066103'
    IF @@ERROR<>0
    BEGIN
        PRINT '更新学生表时出现错误'
        ROLLBACK TRAN            /* 回滚 */
        RETURN
    END
COMMIT TRAN MyTran /* 提交事务 */
```

8.2.7 使用事务时的考虑

在使用事务时，用户不可以随意定义事务，它有一些考虑和限制。

1. 事务应该尽可能短

较长的事务增加了事务占用数据的时间，会使其他必须等待访问相关数据的事务等待较长时间。

为了使事务尽可能短，可以考虑采取如下一些方法：

● 事务在使用过程控制语句改变程序运行顺序时，一定要非常小心。例如，当使用循环语句 WHILE 时，一定要事先确认循环的长度和占用的时间，要确保循环尽可能的短；

● 在开始事务之前，一定要了解需要用户交互式操作才能得到的信息，以便在事务执行过程中，可以避免进行一些耗费时间的交互式操作，从而缩短事务进程的时间；

- 应该尽可能地使用一些数据操纵语言，例如 INSERT、UPDATE 和 DELETE 语句，因为这些语句主要是操纵数据库中的数据。而对于一些数据定义语言，应该尽可能地少用或者不用，因为数据定义语言的操作既占用比较长的时间，又占用比较多的资源，并且数据定义语言的操作通常不涉及数据，所以应该在事务中尽可能地少用或者不用；

- 在使用数据操纵语言时，一定要在这些语句中使用条件判断语句，使得数据操纵语言涉及到尽可能少的记录，从而缩短事务的处理时间。

2. 避免事务嵌套

虽然说，系统允许在事务中间嵌套事务。但实际上，使用嵌套事务，除了把事务搞得更复杂之外，并没有什么明显的好处。因此，不建议使用嵌套事务。

8.3　锁

有关锁定数据的讨论(包含如何持有锁，以及如何避免与锁有关的问题)，是一个非常复杂的领域，掌握并使用锁对数据库初学者来说是比较困难的。但是，知道锁的概念，了解关于锁的背景知识是非常必要的，这样才能避免在设计查询时出现问题。

8.3.1　事务的缺陷

为了提高系统效率、满足实际应用的要求，系统允许多个事务并发执行，即允许多个用户同时对数据库进行操作。但由于并发事务对数据的操作不同，可能会带来丢失更新、脏读、不可重复读和幻读等数据不一致的问题：

1. 丢失更新(lose update)

一个进程读取了数据，并对数据执行了一些计算，然后根据这些计算更新数据。如果两个进程都是先读取数据，然后再根据他们所读取的数据更新，那么由于每个进程都不知道其他进程的存在，其中一个进程可能就会覆盖另一个进程的更新。

例如，在火车订票系统中，出现下面事务并发操作时，就会发生"丢失更新"：

(1) 售票窗口 1 中的售票员查询一行数据，系统将数据放入内存，并显示票务信息给售票员 1；

(2) 售票窗口 2 中的另一个售票员也查询这一行数据，系统将相同的票务信息显示给售票员 2；

(3) 售票员 1 售出车票，修改了这一行的票务信息，更新数据库并提交。售票员 1 售票过程完成；

(4) 售票员 2 也修改这一行，更新数据库并提交。售票员 2 的售票过程完成。

这个过程中第(3)步所做的修改将全部丢失，即产生了"丢失更新"。

2. 脏读(dirty read)

脏读是指读取未提交的数据。一个进程更新了数据但在另一个进程读取相同的数据之前未提交该更新。这样，第二个进程所读取的数据处于不一致状态。

具体来说，以下情况属于"脏读"错误：A 事务正在修改数据，在修改的过程中 B 事务读出该数据。但 A 事务因为某些原因取消了对数据的修改，A 事务回滚，数据恢复原值。此时，B 事务得到的数据就与数据库内的数据产生了不一致。B 事务所读取的数据就是"脏"数据(不正确数据)。

3. 不可重复读(unrepeateable read)

A 事务读取数据，随后 B 事务读出该数据并修改，此时，A 事务再次读取该数据时就会发现数据前后两次的值不一致。这就是不可重复读，也称为不一致的分析。是指在同一个事务的两次读取中，进程读取相同的资源得到不同的值。

它与脏读有相似之处，也是由于事务读取了其他事务正在操作的数据而造成的错误。

4. 幻读 (Phantom Read)

当一个进程对一定范围内的行执行操作，而另一个进程对该范围内的行执行不兼容的操作，这时就会发生幻读。幻读是当事务不是独立执行时发生的一种现象。

例如，A 事务对一个表中的数据进行了修改，这种修改涉及到表中的全部数据行。同时，B 事务也修改这个表中的数据，这种修改是向表中插入一行新数据。那么，事务提交以后，A 事务的用户发现表中还有没被修改的数据行，就好象发生了幻觉一样。

为了防止出现这些问题，我们引入数据库并发控制技术：在允许多个应用程序同时访问同一数据的同时，保证数据库一致性和数据完整性。数据库并发控制技术的主要方法就是使用锁。

8.3.2　锁的概念

在单用户数据库中，由于只有一个用户在修改信息，不会产生数据不一致的情况，因此并不需要锁。当允许多个用户同时访问和修改数据时，就需要使用锁来防止对同一数据的并发修改，避免产生丢失更新、脏读、不可重复读和幻读等问题。

锁(lock)的基本原则是允许一个事务更新数据，当必须回滚所有修改时，能够确信在第一个事务修改完数据之后，没有其他事务在数据上进行过修改。即锁提供了事务的隔离性。

事务一旦获取了锁，则在事务终止之前，就一直持有该锁。如果其他事务尝试访问数据资源的方式与该事务所持有的锁不兼容，则其他事务必须停止执行，直到拥有锁的事务终止、不兼容的锁被释放，才可以使用被解锁的数据资源。在 SQL Server 2012 中，系统能够自动处理锁的行为。

8.3.3　隔离性的级别

由于多个进程可能会并发允许，SQL Server 2012 使用了隔离级别允许用户控制操作数据时的一致性级别。一个隔离级别决定当数据被访问时，如何锁定数据或让数据与其他进程隔离。用户通过设置不同的事务隔离级别来控制锁的使用，为事务锁定资源。

1. 隔离的级别

SQL Server 2000 提供了 4 种隔离级别：未提交读、已提交读、可重复读和可串行读。SQL Server 2005 后的版本又增加了两个隔离级别：快照和已提交读快照。

不同隔离级别主要通过控制读取器的行为来控制操作数据时得到的一致性级别，用户可以牺牲并发性以提高一致性，反之亦然。技术上，隔离级别通过增加锁持续时间来提高一致性。下面主要讨论各种隔离级别，以及每种隔离级别所导致的并发性问题。

(1) 未提交读(read uncommitted)

使用未提交读隔离级别时，读取器不请求共享锁。因此它可以读取被排他方式锁定的数据，不会干扰修改数据的进程，通常用于那些访问只读表的事务或某些执行 SELECT 语句的事务。在该级别下，读取器可能会得到未提交的更新，即可能发生脏读和我们前面所介绍的所有并发相关的问题。

未提交读是一致性最差的隔离级别，但它的并发性最好。

(2) 已提交读(read committed)

已提交读是 SQL Server 的默认隔离级别。在这种隔离级别下，进程请求一个共享锁以读取数据，一旦数据读取完成后便立即释放，而不管事务什么时候结束。这就意味着不会发生脏读，用户所读取的更新都是那些已经被提交过的更新。但除此之外的所有并发问题都有可能在这个隔离级别下发生。

(3) 可重复读(repeateable read)

使用可重复读隔离级别的进程在读取数据时会请求共享锁，这意味着在该级别上不会发生脏读。

不同于已提交读的是，事务保持共享锁直到事务被终止。由于在事务的多次读取之间没有其他进程可以获得排他锁，因此可以避免不可重复读。

在这个隔离级别下，如果读取数据的两个进程保持共享锁直到事务结束，当这两个进程尝试修改数据时，由于每个进程都请求排它锁，而排它锁被另一个进程锁阻塞，因而会导致死锁。所以，丢失更新也不会发生在这个隔离级别上。

尽管丢失更新不会发生，但是可重复读隔离级别还是不能避免幻读。

从性能上来分析，可重复读隔离级别锁定了隔离事务所引用的每个行，而不是仅锁定被实际检索或修改的那些行。因此，尽管一个事务扫描了 5000 行数据，但实际可能只修改

10 行，系统也会在事务提交完成前锁定全部被扫描的 5000 行数据。

(4) 可串行读(serializable)

可串行读隔离级别与可重复读类似，唯一不同的是，活动事务根据查询条件在索引上请求键范围锁。获取键范围锁类似于在逻辑上锁定所有满足查询条件的数据。在读取数据时，用户不仅锁定物理上存在的数据，还会锁定物理上不存在但满足条件的数据。

这个隔离级别在可重复读级别的基础上还可以防止幻读。

(5) 快照(snapshot)和已提交读快照(read committed snapshot)

这两种隔离级别是 SQL Server 2005 引入的隔离级别，利用了新的行版本控制(row versioning)技术。在这两种隔离级别下，进程在读取数据时不请求共享锁，而且永远不会与修改数据的进程发生冲突。

当读取数据时，如果请求的行被锁定，SQL Server 将从行版本存储区返回该行的早期状态。这两种与快照相关的隔离级别提供了新的处理并发问题的模型。

2. 隔离级别的选择

选择用于事务的适当隔离级别是非常重要的。由于获取和释放锁所需的资源因隔离级别不同而不同，因此，隔离级别不仅影响数据库的并发性实现，而且还影响包含该事务的应用程序的整体性能。

通常，使用的隔离级别越严格，要获取并占有的资源就越多，因而对并发性提供的支持就越少，而整体性能也会越低。

3. 隔离级别的设定

尽管隔离级别是为事务锁定资源服务的，但隔离级别是在应用程序级别指定的。当没有指定隔离级别时，系统默认地使用"游标稳定性"隔离级别。

对于嵌入式 SQL 应用程序，隔离级别在预编译或将应用程序绑定到数据库时指定。

大多数情况下，隔离级别是用受支持的编译语言(如 C 或 C++)编写，通过PRECOMPILE PROGRAM、BIND 命令或 API 的 ISOLATION 选项来设置。

8.3.4 锁的空间管理及粒度

当一个事务锁定特定资源时，在事务终止之前，其他事务对该资源的访问都可能被拒绝。锁保证了事务运行的正确性，但也牺牲了系统的一部分并发性。为了获取最大并发性，我们引入了锁的管理空间及粒度的概念。

锁粒度是指被封锁目标的大小。锁定粒度和数据库并发访问问度是一对矛盾，锁定粒度大，系统的开销小但并发度会降低；锁定粒度小，系统开销大，但并发度会提高。在 SQL Server 中，可被锁定的资源从小到大分别是行、页、扩展盘区、表和数据库。

8.3.5 锁的类别

SQL Server 2012 使用不同类型的锁来锁定资源，也叫锁的模式，锁的类别决定了并发事务如何访问资源。也就是说，如果进程在资源上设置了某种模式的锁，其他进程尝试获取同一资源上的互斥的锁模式时将被阻塞。从数据库系统的角度来看，共有 6 种锁，分别是：共享锁、更新锁、排他锁、意向锁、架构锁和大容量更新锁。

1. 共享锁(shared lock，S)

共享锁用于不更改数据的操作(只读操作)，如事务使用 SELECT 语句读取资源的操作。

共享锁锁定的资源可以被其他用户读取，但无法被其他用户修改。除非将事务隔离级别设置为可重复读，或在事务生存周期内用锁定提示保留共享锁，否则当事务读取数据完毕，系统便立即释放资源上的共享锁。

2. 更新锁(update lock，U)

更新锁用于可能被更新的资源中。防止多个事务在读取、锁定以及随后可能进行的更新操作时发生死锁。

同一时刻只能有一个事务可以获得资源的更新锁。当系统准备更新数据时，SQL Server 会自动将资源用更新锁锁定，这样数据将不能被修改，但可以被读取。等到系统确定要进行数据更新操作时，自动将更新锁转换为排他锁。但当资源上有其他锁存在时，无法使用更新锁。

3. 排他锁(exclusive lock，X)

排它锁与所有锁模式互斥，以确保不会同时对同一资源进行多重更新。用于数据修改操作(如 INSERT、UPDATE 或 DELETE)时，可以确保并发事务不能读取或修改排它锁锁定的数据。

4. 意向锁(intent lock)

意向锁用于建立锁的层次结构。表示系统需要在层次结构中的某些底层资源上获取共享(S)锁或排它(X)锁。

意向锁的类型包括：意向共享锁、意向排它锁以及意向排它共享锁。

- 意向共享锁(Intent Share，IS)：通过在各资源上放置 S 锁，表明事务的意向是读取表中的部分(而不是全部)数据。当事务不传达更新的意图时，就获取这种锁。
- 意向排它锁(Intent Exclusive，IX)：IX 是 IS 的超集，通过在各资源上放置 X 锁，表明事务的意向是读取和修改表中的部分(而不是全部)数据。当事务传达更新表中行的意图时，就获取这种锁。
- 意向排它共享锁(Share With Intent Exclusive，SIX)：通过在各资源上放置 IX 锁，表明事务的意向是读取表中的全部数据并修改部分(而不是全部)数据。

5. 架构锁(Schema locks)

架构锁在执行依赖于表架构的操作时使用。

架构锁的类型包括：架构修改锁(Sch-M)和架构稳定性锁(Sch-S)

- 架构修改锁(Sch-M)：在执行表的数据定义语言操作(如增加列或删除表)时使用 Sch-M。
- 架构稳定性锁(Sch-S)：Sch-S 不阻塞任何事务锁，因此在编译查询时，其他事务都能继续运行。因此在编译查询时，使用 Sch-S。

6. 大容量更新锁(bulk update lock，BU)

大容量更新锁 (BU)允许多个会话向表中大容量加载数据，同时阻塞进程对该表执行大容量加载以外的操作。

如果数据资源上的一种锁允许在同一资源上放置另一种锁，就认为这两种锁是兼容的。

当一个事务持有数据资源上的锁，而第二个事务又请求同一资源上的锁时，系统将检查两种锁状态以确定它们是否兼容。如果锁是兼容的，则将锁授予第二个事务；如果锁不兼容，则第二个事务必须等待，直到第一个事务释放锁，才可以获取对资源的访问权并处理资源。如表 8-1 所示是给出了各种锁之间的兼容性。

表 8-1 各种锁之间的兼容性

锁模式	IS	S	U	IX	SIX	X
IS	兼容	兼容	兼容	兼容	兼容	不兼容
S	兼容	兼容	兼容	不兼容	不兼容	不兼容
U	兼容	兼容	不兼容	不兼容	不兼容	不兼容
IX	兼容	不兼容	不兼容	兼容	不兼容	不兼容
SIX	兼容	不兼容	不兼容	不兼容	不兼容	不兼容
X	不兼容	不兼容	不兼容	不兼容	不兼容	不兼容

8.3.6 如何在 SQL Server 中查看数据库中的锁

可以使用快捷键"Ctrl+2"来查看锁信息，也可以通过系统存储过程 sp_lock 来查看数据库中的锁。

1. 使用 SSMS 查看锁信息

打开 SQL Server 2012 的 SSMS，在查询分析器中使用快捷键"Ctrl+2"，即可查看到进程、锁以及对象等信息，如图 8-1 所示。

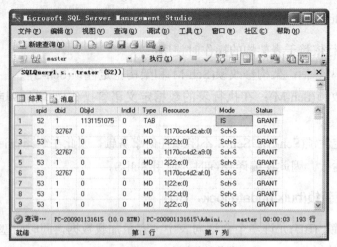

图 8-1　查看锁的信息

2. 使用系统存储过程 sp_lock 查看锁的信息

SQL Server 2012 提供了系统存储过程帮助我们查看锁的信息。语法格式如下:

```
EXECUTE sp_lock
```

执行结果如图 8-2 所示。

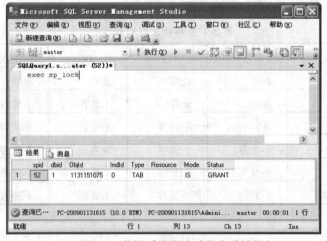

图 8-2　使用系统存储过程查看锁信息

8.3.7　死锁及其防止

在数据库并发执行中,两个或更多个事务对锁的争用会引起死锁。通俗地讲,死锁就是两个事务各对一个资源加锁,都想使用对方的资源,但同时又不愿放弃自己的资源,于是一直等待对方放弃资源。如果不进行外部干涉,死锁将一直持续。死锁会造成资源的大量浪费,甚至会使系统崩溃。

在 SQL Server 2012 中,解决死锁的方法是:系统自动进行死锁检测,终止操作较少的事务以打断死锁，并向作为死锁牺牲品的事务发送错误信息。

处理死锁最好的方法就是防止死锁的发生，即不让满足死锁条件的情况发生。为此，用户需要遵循以下原则：

(1) 尽量避免并发地执行涉及到修改数据的语句。

(2) 要求每个事务一次就将所有要使用的数据全部加锁，否则就不予执行。

(3) 预先规定一个加锁顺序。所有的事务，都必须按这个顺序对数据进行加锁。例如，不同的过程在事务内部对对象的更新执行顺序应尽量保持一致。

(4) 每个事务的执行时间不可太长，尽量缩短事务的逻辑处理过程，及早提交或回滚事务。对程序段长的事务可以考虑将其分割为几个事务。

(5) 一般不要修改 SQL Server 事务的默认级别。不推荐强行加锁。

8.4　游标

关系数据库中的操作会对整个行集起作用。由 SELECT 语句返回的行集包括满足该语句的 WHERE 子句的所有行。这种由 SELECT 语句返回的完整行集称为结果集。应用程序，特别是交互式联机应用程序，并不总能将整个结果集作为一个单元来有效地处理。这些应用程序往往采用非数据库语言(如 C、VB、ASP 或其他开发工具)内嵌 Transact-SQL 的形式来开发，而这些非数据库语言无法将表作为一个单元来处理，因此，这些应用程序需要一种机制以便每次处理一行或一部分行。游标就是提供这种机制的对结果集的一种扩展。

8.4.1　游标(Cursor)概述

除了在SELECT查询中使用WHERE子句来限制只有一条记录被选中外，Transact-SQL语言并没有提供查询表中单条记录的方法，但是我们常常会遇到需要逐行读取记录的情况。因此引入了游标，来进行面向单条记录的数据处理。

1. 游标的概念

游标是一种处理数据的方法，具有对结果集进行逐行处理的能力。可以把游标看为一种特殊的指针，它与某个查询结果相联系，可以指向结果集的任意位置，可以将数据放在数组、应用程序中或其他的地方，允许用户对指定位置的数据进行处理。

使用游标，可以实现如下功能：

- 允许对 SELECT 返回的表中的每一行进行相同或不同的操作，而不是一次对整个结果集进行同一种操作；
- 从表中的当前位置检索一行或多行数据；
- 游标允许应用程序提供对当前位置的数据进行修改、删除的能力；

● 对于其他用户对结果集包含的数据所做的修改，支持不同的可见性级别；

● 提供脚本、存储过程和触发器中用于访问结果集中的数据的语句。

在实现上，游标总是与一条 SQL 语句相关联。因为游标由结果集和结果集中指向特定记录的游标位置组成。当决定对结果集进行处理时，必须声明一个指向该结果集的游标。

2. 游标的使用步骤

SQL Server 对游标的使用要遵循如下顺序：

(1) 声明游标(DECLARE)：将游标与 Transact-SQL 语句的结果集相关联，并定义游标的名称、类型和属性，如游标中的记录是否可以更新、删除。

(2) 打开游标(OPEN)：执行 Transact-SQL 语句以填充数据。

(3) 读取数据(FETCH)：从游标的结果集中检索想要查看的行，进行逐行操作。

(4) 关闭游标(CLOSE)：停止游标使用的查询，但并不删除游标定义，可以使用 OPEN 语句再次打开。

(5) 释放游标(DEALLOCATE)：删除游标并释放其占用的所有资源。

在上面的 5 个步骤中，前面 4 个步骤是必须的。

8.4.2　声明游标

声明游标是指用 DECLARE 语句声明或创建一个游标。声明游标主要包括以下内容：游标名称、数据来源、选取条件和属性。

声明游标的 DECLARE 语法格式如下：

```
DECLARE  游标名称 CURSOR
[LOCAL|GLOBAL]                               --游标的作用域
[FORWORD_ONLY|SCROLL]                        --游标的移动方向
[STATIC|KEYSET|DYNAMIC|FAST_FORWARD]         --游标的类型
[READ_ONLY|SCROLL_LOCKS|OPTIMISTIC]          --游标的访问类型
[TYPE_WARNING]                               --类型转换警告信息
FOR SELECT 查询语句                          --SELECT 查询语句
[FOR {READ ONLY|UPDATE[OF 列名称]}][,…n]     --可修改的列
```

各参数的含义说明如下：

(1) 游标的作用域有两个可选项：LOCAL 和 GLOBAL。

● LOCAL 限定游标的作用范围为其所在的存储过程、触发器或批处理中，当建立游标的存储过程执行结束后，游标就会被自动释放。LOCAL 为系统默认选项。

● GLOBAL 定义游标的作用域为整个用户的连接时间，它包括从用户登录到 SQL Server 到脱离数据库的整段时间。只有当用户脱离数据库时，游标才会被自动释放。

(2) 游标的移动方向有两个选项：FORWORD_ONLY 和 SCROLL

- FORWORD_ONLY 选项指明在游标中提取数据记录时，只能按照从第一行到最后一行的顺序，此时提取操作只能使用 NEXT 操作。FORWORD_ONLY 为系统的默认选项。
- SCROLL 选项表明所有的 FETCH 操作(NEXT、PRIOR、FIRST、LAST、ABSOLUTE 和 RELATIVE)都可以使用。

(3) 游标的类型有 4 个可选项：STATIC、KEYSET、DYNAMIC 和 FAST_FORWARD。

- STATIC 选项规定系统将根据游标定义所选取出来的数据记录存放在一临时表中(建立在 tempdb 数据库下)。对该游标的读取操作皆由临时表来应答。因此，对基本表的修改并不影响根据游标提取的数据，即游标不会随着基本表内容的更改而更改，也无法通过游标来更新基本表。若省略该关键字，那么对基本表的更新、删除操作都会反映到游标中。
- KEYSET 选项指出当游标被打开时，游标中列的顺序是固定的。
- DYNAMIC 选项指明基础表的变化将反映到游标中，使用这个选项会最大程度上保证数据的一致性。
- FAST_FORWARD 选项指明游标为 FORWARD_ONLY，READ_ONLY 型。

(4) 游标的访问类型有 3 类：READ_ONLY、SCROLL_LOCKS 和 OPTIMISTIC。

- READ_ONLY 表示只读型。
- SCROLL_LOCKS 类型指明锁被放置在游标结果集所使用的数据上，当数据被读入游标中时，就会出现锁。该选项保证对游标进行的更新和删除操作总能被成功执行。
- OPTIMISTIC 类型指明在数据被读入游标后，如果游标中某行数据已经发生变化，那么对游标数据进行更新或删除可能会导致失败。

(5) TYPE_WARNING 选项指明若游标类型被修改成与用户定义的类型不同时，系统将发送一个警告信息给客户端

(6) SELECT 查询语句中必须有 FROM 子句。

(7) FOR READ ONLY 指明游标设计的表只允许只读，不能被修改。

(8) FOR UPDATE 表示允许更新或删除游标涉及的表中的行。这通常为默认方式。

声明游标后，除了可以使用游标名称引用游标外，还可以使用游标变量来引用游标。游标变量的声明格式如下：

```
DECLARE @ 变量名 CURSOR
```

声明变量后，变量必须和某个游标相关联才可以实现游标操作。即使用 SET 赋值语句，将游标与变量相关联。

【例8-6】创建游标cur1，使cur1可以对student表所有的数据行进行操作，并将游标变量@var_cur1与cur1相关联。

对应的Transact-SQL语句如下：

```
DECLARE cur1 CURSOR
FOR SELECT * FROM student
DECLARE @var_cur1 CURSOR
SET @var_cur1=cur1
```

8.4.3 打开游标

游标声明以后，如果要从游标中读取数据必须要打开游标。打开游标是指打开已经声明但尚未打开的游标，并执行游标中定义的查询。

语法格式如下：

```
OPEN  游标名称
```

如果游标声明语句中使用了 STATIC 关键字，则打开游标时产生一个临时表来存放结果集；如果声明游标时使用了 KEYSET 选项，则 OPEN 产生一个临时表来存放键值。所有的临时表都存在 tempdb 数据库中。

在游标被成功打开之后，全局变量@@CURSOR_ROWS 用来记录游标内的数据行数。@@CURSOR_ROWS 的返回值有四个，如表 8-2 所示。

表 8-2   @@CURSOR_ROWS 返回值

返回值	描述
-m	表示仍在从基础表向游标读入数据，m 表示当前在游标中的数据行数
-1	该游标是一个动态游标，其返回值无法确定
0	无符合调剂的记录或游标已经被关闭
n	从基础表向游标读入数据已结束，n 为游标中已有的数据记录的行数

【例 8-7】创建游标 cur1，使 cur1 可以对 student 表所有的数据行进行操作，然后打开该游标，输出游标中的行数。

对应的Transact-SQL语句如下：

```
USE stuinfo
go
DECLARE cur1 CURSOR
FOR SELECT * FROM student
go
OPEN cur1
SELECT '游标 cur1 数据行数'=@@CURSOR_ROWS
```

执行结果如图 8-3 所示，结果为-1，说明该游标是一个动态游标，其值未确定。

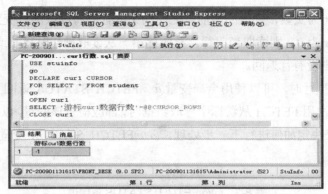

图 8-3　打开游标

8.4.4　读取游标

当游标被成功打开以后，就可以使用 FETCH 命令从游标中逐行地读取数据，以进行相关处理。其语法规则如下：

> FETCH
> [[NEXT | PRIOR | FIRST | LAST | ABSOLUTE{n|@nvar}| RELATIVE {n|@nvar}]
> FROM]　　　--读取数据的位置
> {{[GLOBAL] 游标名称} | @游标变量名称}
> [INTO　@游标变量名称] [,…n]　--将读取的游标数据存放到指定变量中

读取数据位置的参数说明如下：

(1) NEXT 说明读取当前行的下一行，并增加当前行数为返回行行数。如果 FETCH NEXT 是第一次读取游标中的数据，则返回结果集中的是第一行而不是第二行。NEXT 是默认的游标提取选项。

(2) PRIOR 读取当前行的前一行，并使置其为当前行，减少当前行数为返回行行数。如果 FETCH PRIOR 是第一次读取游标中的数据，则无数据记录返回，并把游标位置设为第一行。

(3) FIRST 读取游标中第一行并将其作为当前行。

(4) LAST 返回游标中的最后一行并将其作为当前行。

(5) ABSOLUTE{n|@nvar}：给出读取数据位置与游标头位置的关系，即按绝对位置取数据，其中：

● n 或@nvar 为正数，则表示从游标头开始的第 n 行并将读取的行变成新的当前行。

● n 或@nvar 为负数，则返回游标尾之前的第 n 行并将读取的行变为新的当前行。

● n 或@nvar 为 0，则没有行返回。

(6) RELATIVE{n|@nvar}：给出读取数据位置与当前位置的关系，即按相对位置取数据。

● n 或@nvar 为正数，则表示读取当前行之后的第 n 行并将读取的行变成新的当前行。

- n 或@nvar 为负数，则返回当前行之前的第 n 行并将读取的行变为新的当前行。
- n 或@nvar 为 0，则读取当前行。若游标第一次读取操作时将 n 或@nvar 指定为负数或 0，则没有行返回。

FETCH 语句执行时，可以使用全局变量@@FETCH_STATUS 返回上次执行 FETCH 命令的状态。在每次用 FETCH 从游标中读取数据时，都应检查该变量，以确定上次 FETCH 操作是否成功，来决定如何进行下一步处理。@@FETCH_STATUS 变量有 3 个不同的返回值，如表 8-3 所示。

表 8-3　@@FETCH_STATUS 返回值

返回值	描述
0	FETCH 命令被成功执行
-1	FETCH 命令失败或者行数据超过游标数据结果集的范围
-2	所读取的数据已经不存在

【例8-8】打开游标cur1，从游标中提取数据，并查看FETCH命令的执行状态。

对应的Transact-SQL语句如下：

```
OPEN cur1
FETCH NEXT FROM cur1
SELECT 'NEXT_FETCH 执行情况'=@@FETCH_STATUS
```

执行结果如图 8-4 所示。可以看到返回 student 表第一条学生的记录，@@FETCH_STATUS 返回值为 0，说明执行成功。

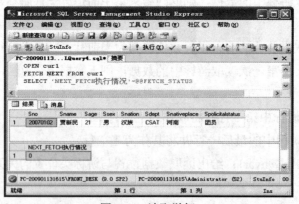

图 8-4　读取游标

8.4.5　关闭游标

游标使用完以后要及时关闭。关闭游标使用 CLOSE 语句，但不释放游标占用的数据结构。其语法规则如下：

> CLOSE{{[GLOBAL]游标名称}|@游标变量名称}

【例8-9】关闭游标cur1。

对应的Transact-SQL语句如下：

> CLOSE cur1

8.4.6　删除游标

游标关闭后，其定义仍在，需要时可以再用 OPEN 语句打开继续使用。若确认游标不再使用，可以删除游标，释放其所占用的系统空间。删除游标用 DEALLOCATE 语句，其语法格式如下：

> DEALLOCATE { { [GLOBAL] 游标名称} | @游标变量名称}

【例8-10】删除游标cur1。

对应的Transact-SQL语句如下：

> DEALLOCATE cur1

8.5　经典习题

1. 什么是事务？简述事务 ACID 原则的含义。
2. 为什么要使用锁？SQL Server 2012 提供了哪几种锁的模式。
3. 什么是死锁？怎么预防死锁？怎么解决死锁？
4. 试说明使用游标的步骤和方法。

第9章　存储过程和触发器

存储过程和触发器是 SQL Server 数据库的 2 个重要组成部分。SQL Server 2012 使用它们从不同方面提高数据处理能力。

在 SQL Server 2012 中，可以像其他程序设计语言一样定义子程序，称为存储过程。存储过程是 SQL Server 2012 提供的最强大的工具之一。理解并运用它，可以创建健壮、安全且具有良好性能的数据库，可以为用户实现最复杂的商业事务。

触发器是一种特殊类型的存储过程：它通过事件触发而被自动执行。自动执行意味着更少的手工操作以及更小的出错几率。触发器用于强制复杂的完整性检查、审核更改、维护不规范的数据等。SQL Server 2012 允许 DML 语句和 DDL 语句创建触发器，可以引发 AFTER 或者 INSTEAD OF 触发事件。

本章学习目标：
- 了解存储过程、触发器的基本概念与特点
- 掌握存储过程的基本类型与相关操作
- 掌握触发器的类型与相关操作

9.1　存储过程

通过前面的学习，我们能够编写并运行 T-SQL 程序以完成各种不同的应用。保存 T-SQL 程序的方法有两种：一种是在本地保存程序的源文件，运行时先打开源文件再执行程序；另一种方法就是将程序存储为存储过程，运行时调用存储过程执行。

因为存储过程是由一组 T-SQL 语句构成的，要使用存储过程，我们必须熟悉前面章节学习的基本的 T-SQL 语句，并且需要了解掌握一些关于函数、过程的概念。

9.1.1　存储过程的基本概念

存储过程是事先编好的、存储在数据库中的一组被编译了的 T-SQL 命令集合，这些命令用来完成对数据库的指定操作。存储过程可以接收用户的输入参数、向客户端返回表格或标量结果和消息、调用数据定义语言(DDL)和数据操作语言(DML)语句，然后返回输出参数。

通过定义可以看出，存储过程起到了其他语言中的子程序的作用，因此，我们可以将

经常执行的管理任务或者复杂的业务规则，预先用 T-SQL 语句写好并保存为存储过程，当需要数据库提供与该存储过程的功能相同的服务时，只需要使用 EXECUTE 命令，来调用该存储过程。

存储过程的优点体现在以下几个方面。

1. 减少网络流量

存储过程在数据库服务器端执行，只向客户端返回执行结果。因此，可以将在网络中要发送的数百行代码，编写为一条存储过程，这样客户端只需要提交存储过程的名称和参数，即可实现相应功能，从而节省了网络流量，提高了执行的效率。此外，由于所有的操作都在服务器端完成，也就避免了在客户端和服务器端之间的多次往返。存储过程只需要将最终结果通过网络传输到客户端。

2. 提高系统性能

一般 T-SQL 语句每执行一次就需要编译一次，而存储过程只在创建时进行编译，被编译后存放在数据库服务器的过程高速缓存中，使用时，服务器不必再重新分析和编译它们。因此，当对数据库进行复杂操作时(如对多个表进行 UPDATE、INSERT 或 DELETE 操作时)，可以将这些复杂操作用存储过程封装起来与数据库提供的事务处理结合一起使用，节省了分析、解析和优化代码所需的 CPU 资源和时间。

3. 安全性高

使用存储过程可以完成所有数据库操作，并且可以授予没有直接执行存储过程中语句的权限的用户，也可执行该存储过程的权限。另外，可以防止用户直接访问表，强制用户使用存储过程执行特定的任务。

4. 可重用性

存储过程只需创建并存储在数据库中，以后即可在程序中的任何地方调用该过程。存储过程可独立于程序源代码而单独修改，减少数据库开发人员的工作量。

5. 可自动完成需要预先执行的任务

存储过程可以在系统启动时自动执行，完成一些需要预先执行的任务，而不必在系统启动后再进行人工操作。

9.1.2　存储过程的类型

SQL Server 2012 支持不同类型的存储过程：系统存储过程、扩展存储过程、用户存储过程，以满足不同的需要。本节将简要介绍这些存储过程。

1. 系统存储过程

系统存储过程是微软内置在 SQL Server 中的存储过程。在 SQL Server 2000 中，系统存储过程位于 master 数据库中，以 sp_ 为前缀，并标记为"system"。SQL Server 2005 以后的版本对其进行了改进，将系统存储过程存储于一个内部隐藏的资源数据库中，逻辑上存在于每个数据库中，即系统存储过程可以在任意一个数据库中执行。

系统存储过程能够方便地从系统表中查询信息，或者完成与更新数据库表相关的管理等系统管理任务。例如，常用的系统存储过程 sp_help 用于显示系统对象信息；sp_stored_procedures 用于列出当前环境中的所有存储过程。

2. 扩展存储过程

扩展存储过程是可以在 SQL Server 环境外执行的动态链接库(DDL，Dynamic-Link Libraries)来实现，以 xp_ 前缀开头。

SQL Server 在早期版本中使用扩展存储过程来扩展产品的功能：先使用 API 编写扩展程序，然后编译成.dll 文件，再在 SQL Server 中注册为扩展存储过程。使用时需要先加载到 SQL Server 系统中，并按照使用存储过程的方法执行。

SQL Server 2012 支持扩展存储过程只是为了向后兼容，在以后的 SQL Server 版本中将不再支持。SQL Server 2012 支持使用.NET 集成开发 CLR 存储过程，以及其他类型程序。

3. 用户存储过程

用户存储过程在用户数据库中创建，通常与数据库对象进行交互，用于完成特定数据库操作任务，可以接收和返回用户提供的参数，名称不能以 sp_ 为前缀。

在 SQL Server 2012 中，用户存储过程有两种类型：Transact-SQL 存储过程和 CLR 存储过程。

- Transact-SQL 存储过程保存 T-SQL 语句的集合，可以接收和返回用户提供的参数，也可以从数据库向客户端应用程序返回数据；
- CLR 存储过程是指对 Microsoft.NET Framework 公共语言运行时方法的引用，可以接收和返回用户提供的参数。它们在.NET Framework 程序集中是作为类的公共静态方法实现的。

本章主要介绍 T-SQL 用户存储过程的创建和使用方法。

9.1.3　用户存储过程的创建与执行

T-SQL 用户存储过程只能定义在当前数据库中，默认情况下，归数据库所有者拥有，数据库所有者可以把许可授权给其他用户。

1．创建和执行用户存储过程实例

创建用户存储过程是通过编辑代码实现的。下面通过一个实例来介绍创建用户存储过程的一般步骤。

【例 9-1】创建名为 sidQuery 的存储过程：通过用户输入的学生学号来查询学生的姓名、年龄、性别和所属院系。

(1) 启动 SSMS，展开服务器。

(2) 复制粘贴以下代码到"新建查询"窗口，然后执行，以便创建"StuInfo"数据库和数据表 student。

```
--先在 E:盘创建文件夹 E:\application
USE master
GO
IF EXISTS(SELECT    * FROM sysdatabases WHERE name='StuInfo')
    DROP DATABASE StuInfo
GO

CREATE DATABASE StuInfo
ON
  ( NAME=StuInfo,
    FILENAME='E:\application\StuInfo.mdf',
    SIZE=3MB,
    MAXSIZE=UNLIMITED,
    FILEGROWTH=10% )
LOG ON
( NAME=StuInfo_log,
    FILENAME='E:\application\StuInfo_log.ldf',
    SIZE=1MB,
    MAXSIZE=100MB,
    FILEGROWTH=10% )
    GO
--创建表 student
USE StuInfo
GO
CREATE TABLE [dbo].[student](
 [s_id] [char](10) NOT NULL,
 [sname] [nvarchar](5) NULL,
 [ssex] [nvarchar](1) NULL,
 [sbirthday] [date] NULL,
 [sdepartment] [nvarchar](10) NULL,
 [smajor] [nvarchar](10) NULL,
 [spoliticalStatus] [nvarchar](4) NULL,
```

```
    [photoName] [varchar](100) NULL,
    [photo] [varbinary](max) NULL,
    [smemo] [nvarchar](max) NULL,
    CONSTRAINT [PK_student] PRIMARY KEY CLUSTERED
(
 [s_id] ASC
)) ON [PRIMARY]
GO
--插入记录
USE StuInfo
INSERT INTO
student(s_id,sname,ssex,sbirthday ,sdepartment ,smajor,spoliticalStatus ,photo ,smemo )
    VALUES('20070101', N'张莉', N'女', '1/30/1980', N'信息工程学院', N'计算机' ,N'党员',
NULL,NULL)
    INSERT INTO
student(s_id,sname,ssex,sbirthday ,sdepartment ,smajor,spoliticalStatus ,photo ,smemo )
    VALUES('20070102', N'张建', N'男', '1/30/1980', N'信息工程学院', N'计算机' ,N'党员',
NULL,NULL)
    GO

    CREATE TABLE [dbo].[grade](
    [s_id] [char](10) NOT NULL,
    [c_id] [char](3) NOT NULL,
    [grade] [int] NULL,
    CONSTRAINT [PK_grade] PRIMARY KEY CLUSTERED
(
 [s_id] ASC,
 [c_id] ASC
)
) ON [PRIMARY]
GO
--修改 grade 表的外键约束,其外键 s_id 引用 student 表的主键,并设置级联更新和级联删除
ALTER TABLE [dbo].[grade]   WITH CHECK ADD   CONSTRAINT [FK_student_grade]
FOREIGN KEY([s_id])
REFERENCES [dbo].[student] ([s_id])
ON UPDATE CASCADE
ON DELETE CASCADE
GO
ALTER TABLE [dbo].[grade] CHECK CONSTRAINT [FK_student_grade]
GO
--插入记录
INSERT INTO grade(s_id,c_id,grade) VALUES(20070102,02,88)
INSERT INTO grade(s_id,c_id,grade) VALUES(20070102,03,99)
```

```
INSERT INTO grade(s_id,c_id,grade) VALUES(20070102,04,100)
GO
```

(3) 展开所需的"数据库"文件夹，然后展开要在其中创建存储过程的数据库。本例中，我们展开 stuinfo 数据库。

(4) 展开"可编程性"节点，在"存储过程"上右击鼠标，从弹出的快捷菜单中选择"新建存储过程"命令。

(5) 系统弹出 T-SQL 语句编写窗口，其中的代码是创建存储过程的格式说明。在此输入如下 T-SQL 代码：

```
USE [StuInfo]
GO
SET ANSI_NULLS ON
GO
SET QUOTED_IDENTIFIER ON
GO
CREATE PROCEDURE [dbo].[sp_sidQuery]
 @xuehao char(10)
AS
 SELECT s_id 学号,sname 学生姓名,sbirthday 出生日期,ssex 性别,sdepartment 所属院系
 FROM student
 WHERE s_id=@xuehao
GO
```

(6) 代码输入后，只要将以上代码在"查询分析器"里执行一次，系统就会在当前数据库中创建一个名为 sp_sidQuery 的存储过程。点击刷新按钮，选择 stuinfo 数据库，在左边的树型列表中选择"存储过程"，就可以看到属于 dbo(database owner)的存储过程 dbo.sp_sidQuery，如图 9-1 所示。

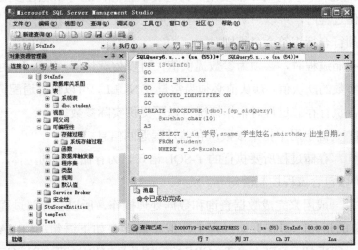

图 9-1 创建存储过程 sp_sidQuery

【例 9-2】使用存储过程 sp_sidQuery 查询学号为"20070102"的学生信息。

T-SQL 语句如下：

```
EXECUTE sp_sidQuery '20070102'
```

得到满足条件的学生信息，查询结果如图 9-2 所示。

图 9-2　执行存储过程 sp_sidQuery

通过例子我们了解了存储过程的创建和使用方法，下面介绍创建相关的语法格式。

2. 创建存储过程的 T-SQL 语句

基本语法格式如下：

```
CREATE PROC[EDURE] <存储过程名称>    -- 定义存储过程名称
[@参数名称  数据类型]        --定义参数及其数据类型
[=default][OUTPUT] [,…n1]        --定义参数的属性
AS
SQL 语句 [,…n2]     --执行的操作
```

各参数含义说明如下：

(1) 一些存储过程在执行时，需要用户为之提供信息，这可以通过参数传递来完成：

● 创建存储过程时，可以声明一个或多个形式参数，形参以@符号作为第一个字符，名称必须符合标识符命名规则；

● 在调用存储过程时，必须为参数提供值，可以为默认值。default 用于指定存储过程输入参数的默认值，默认值必须为常量或 NULL，可以包含通配符。如果定义了默认值，执行存储过程时根据情况可以不提供实际参数。

(2) OUTPUT 关键字用于指定参数从存储过程返回信息。

(3) SQL 语句：存储过程所要执行的 T-SQL 语句，为存储过程的主体。它可以是一组 SQL 语句，也可以包含流程控制语句等。

(4) 存储过程一般用来完成数据查询和数据处理操作，所以在存储过程中不可以使用创建数据库对象的语句。即在存储过程中一般不能含有如下语句：CREATE TABLE、CREATE VIEW、CREATE DEFAULT、CREATE RULE、CREATE TRIGGER 和 CREATE

PROCEDURE。

3. 运行存储过程的 T-SQL 语句

存储过程创建完成后，可以使用 EXECUTE 语句来调用它。

基本语法格式如下：

```
EXEC[UTE] {存储过程名称}
[[@参数名称=] value| @variable [OUTPUT]| [DEFAULT]][,…n1]}
```

其中，使用 value 作为实参，传递参数的值，格式为：@参数名称= value；使用@variable 作为保存 OUTPUT 返回值的变量；DEFAULT 关键字不提供实参，表示使用对应的默认值。

9.1.4　存储过程的查看、修改和删除

在实际应用中，常会查看已经创建的存储过程并进行修改和删除。这些操作要用不同的方法来实现。

1. 查看存储过程

查看存储过程有两种方法：

(1) 一种是在 SSMS 中查看已经存在的存储过程。如例 9-1 中，展开所选数据库 |"可编程性" | "存储过程"节点，即可看到数据库中的系统存储过程和用户存储过程；

(2) 一种是使用系统存储过程：SQL Server 2012 提供了几个系统存储过程方便用户管理数据库的有关对象。

- sp_help：用于查看有关存储过程的名称列表。向用户报告有关数据库对象、用户定义数据类型或 SQL Server 2012 所提供的数据类型的摘要信息；
- sp_helptext：用于显示规则、默认值、未加密的存储过程、用户定义函数、触发器或视图的过程定义代码。

我们可以利用下面的语句来查看存储过程的信息：

```
EXECUTE sp_help 存储过程名称　——用于查看存储过程的对象信息
EXECUTE sp_helptext 存储过程名称　　——用于查看存储过程的代码文本信息
```

【例 9-3】查看存储过程 sp_sidQuery 的对象信息和代码信息。

查看对象信息的 T-SQL 语句如下：

```
USE stuinfo
EXECUTE sp_help sp_sidQuery
```

待查看的存储过程必须在当前数据库中，因此，要使用 USE stuinfo 语句打开数据库。查询结果如图 9-3 所示，可以看到存储过程的相关信息及其中的参数信息。

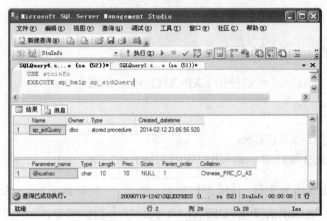

图 9-3　使用 sp_help 查看存储过程对象信息

查看代码信息的 T-SQL 语句如下：

> USE stuinfo
> EXECUTE sp_helptext sp_sidQuery

查询结果如图 9-4 所示，可以看到存储过程 sp_sidQuery 的详细 T-SQL 代码。

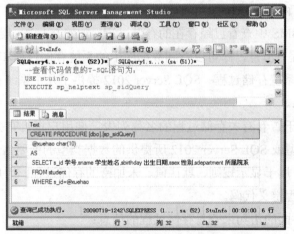

图 9-4　使用 sp_helptext 查看存储过程代码信息

2. 修改存储过程

使用 ALTER PROCEDURE 命令可以修改已经存在的存储过程。在修改存储过程时，首先要考虑需要修改的字段，根据这些字段在存储过程中定义相应的参数，通过参数来传递需要修改的数据。

基本语法格式如下：

> ALTER PROC[EDURE] <存储过程名称>
> [@参数名称　数据类型]

```
[=default][OUTPUT] [,…n1]
AS
SQL 语句 [,…n2]
各参数的操作与创建存储过程相同。
```

【**例 9-4**】修改存储过程 sp_sidQuery：通过用户输入学生姓名来查询学生的姓名、年龄、性别和所属院系。修改完成后查询学生张建的信息。

T-SQL 语句如下：

```
ALTER PROCEDURE sp_sidQuery
 @name nchar(10)
AS
 SELECT s_id 学号,sname 学生姓名,sbirthday 出生日期,ssex 性别,sdepartment  所属院系
 FROM student
 WHERE sname=@name
GO
EXECUTE sp_sidQuery N'张建'
```

执行结果如图 9-5 所示。

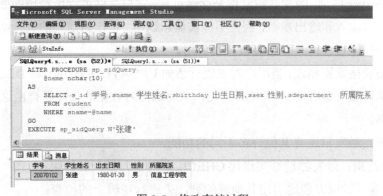

图 9-5 修改存储过程

3. 删除存储过程

当不再使用存储过程时，可以在 SSMS 中选择对应的数据库和存储过程，单击"删除"按钮进行删除，也可以使用 DROP PROCEDURE 语句将其永久从数据库中删除。在删除之前，需要确认该存储过程没有任何函数依赖关系。

语法格式如下：

```
DROP PROCEDURE <存储过程名称> [,…n]
```

【**例 9-5**】删除存储过程 sp_sidQuery。

T-SQL 语句如下：

```
USE stuinfo
DROP PROCEDURE sp_sidQuery
```

9.2　触发器

SQL Server 2012 提供了两种主要机制来强制使用业务规则和数据完整性：约束和触发器。

我们使用 ALTER TABLE 和 CREATE TABLE 语句声明字段的域完整性，使用 PRIMARY KEY 和 FOREIGN KEY 约束实现表之间的参照完整性。对于数据库中约束所不能保证的复杂的参照完整性和数据的一致性就需要使用触发器来实现。

9.2.1　触发器概述

1. 触发器的功能

在 SQL Server 内部，触发器被看作是存储过程，它与存储过程所经历的处理过程类似。但是触发器没有输入和输出参数，因而不能被显示调用。它作为语句的执行结果自动引发，而存储过程则是通过存储过程名称被直接调用。

触发器与表格紧密相连，当用户对表进行诸如 UPDATE、INSERT 和 DELETE 操作时，系统会自动执行触发器所定义的 SQL 语句，从而确保对数据的处理符合由这些 SQL 语句所定义的规则。

除此之外，触发器还有其他许多不同的功能。

(1) 强化约束：触发器能够实现比 CHECK 语句更为复杂的约束：

● 触发器可以很方便地引用其他表的列，去进行逻辑上的检查；

● 触发器是在 CHECK 之后执行的；

● 触发器可以插入，删除，更新多行。

(2) 跟踪变化：触发器可以侦测数据库内的操作，从而禁止数据库中未经许可的更新和变化，确保输入表中的数据的有效性。例如，在库存系统中，触发器可以检测到当实际库存下降到了需要再进货的临界值时，就给管理员相应提示信息或自动生成给供应商的订单。

(3) 级联运行：触发器可以侦测数据库内的操作，并自动地级联影响整个数据库的不同表中的各项内容。如：设置一个触发器，当 student 表中删除一个学号信息时，对应的 sc 表中相应的学号信息也被改为 NULL 或删除相关学生记录。

(4) 调用存储过程：为了响应数据库更新，触发器可以调用一个或多个存储过程。

2. 触发器的种类

SQL Server 2012 支持两种类型的触发器：DML 触发器和 DDL 触发器。

(1) DML 触发器：如果用户要通过数据操作语言 (DML)编辑数据，则执行 DML 触发器。DML 事件是针对表或视图的 INSERT、UPDATE 和 DELETE 语句，即 DML 触发器在数据修改时被执行。系统将触发器和触发它的语句作为可在触发器内回滚的单个事务对待。如果检测到错误(例如，磁盘空间不足)，则整个事务自动回滚；

(2) DDL 触发器：为了响应各种数据定义语言 (DDL) 事件而激发。DDL 事件主要与以关键字 CREATE、ALTER 和 DROP 开头的 T-SQL 语句对应。它们可以用于在数据库中执行管理任务，例如，审核以及规范数据库操作。

9.2.2　DML 触发器的创建和应用

1. DML 触发器的分类

触发器有很多用途，对于 DML 触发器来说，最常见的用途就是强制业务规则。例如，当客户下订单时，DML 触发器可用于检查是否有充足的资金。如果检查完成，就可以完成进一步的操作，或者返回错误信息，对更新进行回滚。

在实际应用中，DML 触发器分为两类：

(1) AFTER 触发器：这类触发器是在记录已经被改变完，相关事务提交之后，才会被触发执行。主要是用于记录变更后的处理或检查，一旦发现错误，可以用 ROLLBACK TRANSACTION 语句来回滚本次操作。对同一个表的操作，可以定义多个 AFTER 触发器，并定义各触发器执行的先后顺序。

(2) INSTEAD OF 触发器：这类触发器并不去执行其所定义的操作(INSERT、UPDATE、DELETE)，而去执行触发器本身所定义的操作。这类触发器一般是用来取代原本的操作，在记录变更之前被触发的。

2. 触发器中的逻辑(虚拟)表

当表被修改时，无论是插入、修改还是删除，在数据行中所操作的记录，都保存在两个系统的逻辑表中，这两个逻辑表是 inserted(插入)表和 deleted(删除)表。

这两个表是在数据库服务器的内存中的，是由系统管理的逻辑表，而不是真正存储在数据库中的物理表。对于这两个表，用户只有读取的权限，没有修改的权限。当触发器的工作完成之后，这两个表将会从内存中删除。

inserted 表中存放的是更新前的记录：对于 INSERT 操作来说，INSERT 触发器执行，新的记录插入到触发器表和 inserted 表中。很显然，只有在进行 INSERT 和 UPDATE 触发器时，inserted 表中才有数据，而在 DELETE 触发器中 inserted 表是空的。

deleted 表中存放的是已从表中删除的记录：对于 DELETE 操作来说，DELETE 触发器执行，被删除的旧记录存放到 deleted 表中。

　　UPDATE 操作等价于插入一条新记录，同时删除旧记录。对于 UPDATE 操作来说，UPDATE 触发器执行，表中原记录被移动到 deleted 表中(更新完后即被删除)，修改过的记录插入到 inserted 表中。

　　inserted 和 deleted 表的结构与触发器所在数据表的结构是完全一致的。它们的操作和普通表的操作也一样。例如，若要检索 deleted 表中的所有记录，则使用如下语句：

```
SELECT *   FROM deleted
```

3. 创建 DML 触发器的语法规则

创建 DML 触发器的语法规则如下：

```
CREATE TRIGGER  触发器名称
ON   { table | view }--指定操作的对象为表或视图，视图只能被 INSTEAD OF  触发器引用
{ FOR |AFTER | INSTEAD OF }          --触发器的类型
{ [ INSERT ] [ , ] [ UPDATE ] [ , ] [ DELETE ] }    --指定数据修改操作，
AS
SQL 语句 [,…n]
```

各参数的含义说明如下：

- CREATE TRIGGER 语句必须是批处理中的第一个语句，该语句后面的所有其他语句被解释为 CREATE TRIGGER 语句定义的一部分；
- 只能在当前数据库中创建 DML 触发器，但触发器可以引用当前数据库外的对象；
- 触发器类型可以选择 FOR|AFTER|INSTEAD OF。如果仅指定 FOR 关键字，则 AFTER 为默认值，不能对视图定义 AFTER 触发器；
- DML 支持 INSERT、UPDATE 或 DELETE 操作。这些语句可以在 DML 触发器对表或视图进行相应操作时激活该触发器。必须至少指定一个操作，也可以选择多个操作，这时，操作的顺序任意；
- SQL 语句含有触发条件和相应操作。触发器条件用于确定尝试的 DML 事件是否导致执行触发器操作；
- 对于含有用 DELETE 或 UPDATE 操作定义的外键的表，不能定义 INSTEAD OF DELETE 和 INSTEAD OF UPDATE 触发器。

4. 创建触发器实例

　　【例 9-6】创建触发器 trigger_stu_delete，实现如下功能：当按照学号删除 student 表中的某个学生记录后，对应的该学生在 sc 表中的记录也被自动删除。

　　T-SQL 语句如下：

```
USE stuinfo
GO
CREATE TRIGGER trigger_stu_delete ON student
FOR DELETE
AS
 DELETE FROM GRADE WHERE s_id=(SELECT s_id FROM deleted)
```

执行后，我们查询 student 表和 grade 表：

```
SELECT * FROM STUDENT
SELECT * FROM GRADE
GO
```

如图 9-6 所示，可以看到两个表中均存在学号为 20070102 的学生记录。

图 9-6　查询 student 表和 grade 表

在 student 表中执行数据删除语句，然后再查询两个表：

```
DELETE FROM student WHERE s_id='20070102'
SELECT * FROM STUDENT
SELECT * FROM GRADE
```

执行结果如图 9-7 所示，student 表中有一行受影响而 GRADE 表中有三行数据受影响。说明设定的触发器被触发，GRADE 表中的相应数据被自动删除。

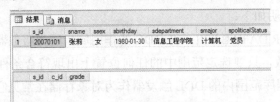

图 9-7　查看 DML 触发器执行后的相关表的内容

通过以上 AFTER 触发器的例子可以验证，只有在成功执行触发 T-SQL 语句之后，才会激活 AFTER 触发器。判断执行成功的标准是：执行了所有与已更新对象或已删除对象相关联的引用级联操作和约束检查。

以删除表中记录为例，整个执行分为如下步骤：

(1) 当系统接收到一个要执行删除 student 表中记录的 T-SQL 语句时，系统将要删除的记录存放在删除表 deleted 中；

(2) 把数据表 student 中的相应记录删除；

(3) 删除操作激活了事先编制的 AFTER 触发器，系统执行 AFTER 触发器中 AS 定义后的 T-SQL 语句；

(4) 触发器执行完毕后，删除内存中的 deleted 表，退出整个操作。若触发器语句执行失败，则整个过程回滚，恢复到初始状态。

9.2.3　DDL 触发器的创建和应用

DDL 触发器可用于回滚违反规则的结构更改、审核结构更改或以合适的形式响应结构更改。DDL 触发器同 DML 触发器一样，在响应事件时执行。

可以使用与 DML 触发器相似的 T-SQL 语法创建 DDL 触发器，二者的区别如下：

- DML 触发器响应 INSERT、UPDATE 和 DELETE 语句的操作，而 DDL 触发器响应 CREATE、ALTER 和 DROP 语句的操作；
- 只有在执行完 T-SQL 语句后，才会触发 DDL 触发器，即 SQL Server 仅支持 AFTER 类型的 DDL 触发器；
- 系统不会为 DDL 触发器创建 inserted 表和 deleted 表。

1. 创建 DDL 触发器的语法规则

基本语法格式如下：

```
CREATE TRIGGER  触发器名称
ON {ALL SERVER| DATABASE}   --指定触发器的作用域
{ FOR |AFTER }              --触发器的类型
{事件类型|事件组}  [,…n]   --指定数据修改操作,
AS
SQL 语句 [,…n]
```

各参数的含义说明如下：

- ALL SERVER|DATABASE：将 DDL 的作用域指明为服务器范围或数据库范围。选定了此参数，只要选定范围中的任何位置上出现符合条件的事件，就会触发该触发器。数据库范围内的 DDL 触发器作为对象存储在常见它们的数据库中；服务器范围内的 DDL 触发器则存储在 master 数据库中；
- 事件类型：指可以激发 DDL 触发器的事件，主要是以 CREATE、ALTER、DROP 开头的 T-SQL 语句，同时，执行 DDL 式操作的系统存储过程也可以激发 DDL 触发器。

2. DDL 触发器的应用

【例 9-7】创建服务器范围的 DDL 触发器，当创建数据库时，系统返回提示信息："DATABASE CREATED"。

T-SQL 语句如下：

```
CREATE TRIGGER trig_create
ON ALL SERVER
FOR CREATE_DATABASE
AS
 PRINT 'DATABASE CREATED'
```

运行创建触发器后，如图 9-8(a)所示，在服务器级的"服务器对象"节点下的"触发器"节点中，可以看到刚创建的 trig_create 触发器。执行如下测试语句：

```
CREATE DATABASE demo
```

运行结果如图 9-8(b)所示，消息栏内会出现我们设定的"DATABASE CREATED"

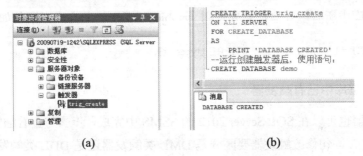

(a)　　　　　　　　　　　　　(b)

图 9-8　服务器范围的 DDL 触发器

9.2.4　查看、修改和删除触发器

1. 查看数据库中已有触发器

要查看表中已有哪些触发器，这些触发器究竟对表有哪些操作，我们需要能够查看触发器信息。查看触发器信息有两种常用方法：

(1) 使用 SQL Server 2012 的 SSMS 查看触发器信息

在 SQL Server 2012 中，展开服务器和数据库节点，此处我们选择展开 stuinfo 数据库。选择表 student，展开"触发器"选项，即看到我们在【例 9-6】中建立的触发器 trigger_stu_delete。右击触发器 trigger_stu_delete，从弹出的快捷菜单中选择"修改"命令，即可看到触发器的源代码，如图 9-9 所示。

(2) 使用系统存储过程查看触发器

由于触发器是一种特殊的存储过程，因此，我们可以使用前面介绍的系统存储过程

sp_help 和 sp_helptext 来查看触发器信息。

- sp_help：用于查看触发器的一般信息，如触发器的名称、属性、类型和创建时间等。格式为：EXECUTE sp_help 触发器名称；
- sp_helptext：用于查看触发器的 T-SQL 代码信息。格式为：EXECUTE sp_helptext 触发器名称。

图 9-9　　查看触发器信息

查看数据库中所有触发器信息要使用 sysobjects 表来辅助完成，语句如下：

```
SELECT * FROM sysobjects WHERE xtype='TR'
```

2. 修改数据库中已有触发器

修改触发器也可以在 SQL Server 2012 的 SSMS 中完成，步骤与查看触发器信息一致。

使用 T-SQL 语句修改触发器要区分是 DML 类触发器还是 DDL 类触发器，下面分别介绍。

(1) 修改 DML 触发器

语法格式如下：

```
ALTER TRIGGER 触发器名称
ON {table | view }
{FOR |AFTER | INSTEAD OF}
{ [ INSERT ] [ , ] [ UPDATE ] [ , ] [ DELETE ] }
AS
SQL 语句 [,…n]
```

(2) 修改 DDL 触发器

语法格式如下：

```
ALTER TRIGGER 触发器名称
ON {ALL SERVER| DATABASE}
{ FOR |AFTER }
```

```
{事件类型|事件组} [,…n]
AS
SQL 语句 [,…n]
```

3. 删除触发器

系统提供了 3 种方法来删除触发器。

(1) 在 SQL Server 2012 的 SSMS 中完成，右击要删除的触发器，从弹出的快捷菜单中选择"删除"命令。

(2) 删除触发器所在的表。在删除表时，系统会自动删除与该表相关的触发器。

(3) 使用 T-SQL 语句 DROP TRIGGER 删除触发器。

基本语法格式如下：

```
DROP TRIGGER  触发器名称 [,…n]
```

9.3　经典习题

1. 试说明存储过程的特点及分类。
2. 举例说明存储过程的定义与调用。
3. 举例说明触发器的使用。

第10章 视 图

视图是一种常用的数据库对象，常用于集中、简化和定制显示数据库中的数据信息，为用户以多种角度观察数据库中的数据提供方便。使用视图还可以实现强化安全、隐藏复杂性和定制数据显示等好处。本章主要介绍视图的基本概念以及视图的创建、修改、更新、查看和删除等操作。

本章学习目标：
- 掌握视图的概念及分类
- 掌握创建、修改、删除和使用视图的方法
- 了解视图的作用

10.1 工作场景导入

教学管理数据库的信息管理员小张已完成对该数据库的创建，也完成了表的创建以及相应的数据录入工作。

教务处信息管理员小李在工作中需要使用 SQL Server 完成更多的操作。具体的操作需求如下：

(1) 教务处为了更好地管理学生的成绩，需要经常查看学生的选课情况，故信息管理员小李需要创建视图 ViewStuScore，该视图主要用来查询学号、姓名、课程名称和成绩。

(2) 信息管理员小李需要修改视图 ViewStuScore，要求添加学生所在的班级信息。

(3) 工作人员赵老师需要使用视图 ViewStuScore 修改学生成绩。

引导问题：
(1) 什么是视图？视图的作用是什么？
(2) 如何创建、修改和删除视图？
(3) 如何维护视图？

10.2 视图概述

视图是从基表中导出的逻辑表，它不像基表一样物理地存储在数据库中，视图没有自

已独立的数据实体。视图作为一种基本的数据库对象，是查询一个或多个表的另一种方法，通过将预先定义好的查询作为一个视图对象存储在数据库中，然后就可以像使用表一样在查询语句中调用它。

10.2.1 视图的概念

视图是一种在一个或多个表上观察数据的途径，可以把视图看作是一个能把焦点定在用户感兴趣的数据上的监视器。

视图是一个虚拟表，是从数据库中一个或多个表中导出来的表。视图还可以在已经存在的视图的基础上定义。视图一经定义便存储在数据库中，但与其相对应的数据并没有像表那样在数据库中再存储一份，通过视图看到的数据只是存放在基本表中的数据。对视图的操作与对表的操作一样，可以对其进行查询、修改和删除。当对通过视图看到的数据进行修改时，相应的基本表中的数据也要发生变化。同样地，如果基本表的数据发生变化，则这种变化也可以自动地反映到视图中。

10.2.2 视图的分类

在 SQL Server 2012 系统中，视图分为 3 种：标准视图、索引视图和分区视图。

1. 标准视图

通常情况下的视图都是标准视图，标准视图选取了来自一个或多个数据库中一个或多个表以及视图中的数据，在数据库中仅保存其定义，在使用视图时系统才会根据视图的定义生成记录。

2. 索引视图

如果希望提高聚合多行数据的视图性能，可以创建索引视图。索引视图是被物理化的视图，它包含经过计算的物理数据。索引视图在数据库中不仅保存其定义，而且生成的记录也被保存，还可以创建唯一聚集索引。使用索引视图可以加快查询速度，从而提高查询性能。

3. 分区视图

分区视图将一个或多个数据库中的一组表中的记录抽取且合并。通过使用分区视图，可以连接一台或者多台服务器成员表中的分区数据，使得这些数据看起来就像来自同一个表一样。分区视图的作用是将大量的记录按地域分开存储，使得数据安全和处理性能得到提高。

10.2.3 视图的优点和作用

使用视图不仅可以简化数据操作，而且可以提高数据库的安全性，使用视图的优点有如下几点。

1. 简单化

视图可以简化用户操作数据的方式。视图机制可以使用户将注意力集中在其所关心的数据上。如果这些数据不是直接来自基表，则可以通过定义视图，使用户眼中的数据库结构简单、清晰，并且可以简化用户的数据查询操作。例如，可以将经常使用的连接、投影、联合查询和选择查询定义为视图，这样，当用户对特定的数据执行进一步操作时，不必指定所有条件和限定。

2. 安全性

通过视图机制，可以在设计数据库应用系统时，对不同的用户定义不同的视图，使机密数据不出现在不应看到这些数据的用户视图中。可以将复杂查询编写为视图，并授予用户访问视图的权限。限制用户只能访问视图，这样，就可以阻止用户直接查询基表。限制某个视图只能访问基表中的某些行，从而可以对最终用户屏蔽部分行。这样，具有视图的机制自动提供了对数据的安全保护功能。

3. 逻辑数据独立性

数据的物理独立性是指用户和用户程序不依赖于数据库的物理结构。数据的逻辑独立性是指当数据库重新构造时，如果增加新的关系或对原有关系增加新的字段等，用户和用户程序都不会受到影响。

10.3　创建视图

在 SQL Server 2012 系统中，只能在当前数据库中创建视图。创建视图时，SQL Server 首先验证视图定义中所引用的对象是否存在。视图的名称必须符合命名规则，因为视图的外形和表的外形是一样的，所以在给视图命名时，建议使用一种能与表区分开的命名机制，使用户容易分辨，如在视图名称之前使用"V_"作为前缀。

创建视图时应该注意以下情况：必须是 sysadmin、db_owner、db_ddladmin 角色的成员，或拥有创建视图权限的用户；只能在当前数据库中创建视图，在视图中最多只能引用 1024 列；如果视图引用的基表或者视图被删除，则该视图将不能再被使用；如果视图中的某一列是函数、数学表达式、常量或者来自多个表的列名相同，则必须为列定义名称；不能在规则、默认、触发器的定义中引用视图；当通过视图查询数据时，SQL Server 要检查以确保语句中涉及的所有数据库对象存在；视图的名称必须遵循标识符的命名规则，是唯一的。

创建视图有两种途径：一种是在"对象资源管理器"中通过菜单创建视图；另一种是在查询编辑器中输入创建视图的 T-SQL 语句并执行，完成创建视图的操作。

10.3.1 使用视图设计器创建视图

使用视图设计器创建视图的步骤如下：

(1) 在"开始"菜单中选择"程序"|Microsoft SQL Server 2012|SQL Server Management Studio 命令，打开 SQL Server Management Studio，并使用 Windows 或 SQL Server 身份验证建立连接。

(2) 在"对象资源管理器"中展开服务器，然后展开"数据库"节点，双击"教学管理"数据库将其展开。

(3) 右击"视图"节点，从弹出的快捷菜单中选择"新建视图"命令，如图 10-1 所示。

(4) 打开"视图设计器"窗口，并弹出"添加表"对话框，如图 10-2 所示。

图 10-1 "新建视图"命令

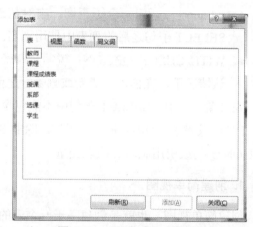

图 10-2 "添加表"对话框

(5) 选择要定义的视图所需的表、视图或函数后，通过单击字段左边的复选框选择需要的字段，如图 10-3 所示。

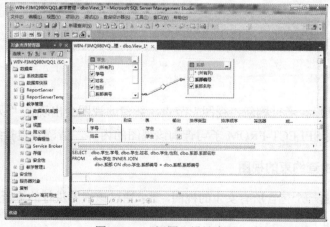

图 10-3 "视图"设计窗口

(6) 单击工具栏中的"保存"按钮,或者选择"文件"|"保存"命令视图,输入视图名,即可完成视图的创建。

10.3.2　使用 T-SQL 命令创建视图

视图可以使用 CREATE VIEW 语句创建,其简化语法格式如下:

```
CREATE VIEW [ schema_name.] view_name [ (column [,···,n] ) ]
[WITH [ENCRYPTION] [SCHEMABINDING] [VIEW_METADATA] ]
AS subquery [ ; ]
[ WITH CHECK OPTION ]
```

其中各选项的含义如下:

- view_name:指定视图名。
- subquery:指定一个子查询,它对基表进行检索。如果已经提供了别名,可以在 SELECT 子句之后的列表中使用别名。
- WITH CHECK OPTION:说明只有子查询检索的行才能被插入、修改或删除。默认情况下,在插入、更新或删除行之前并不会检查这些行是否能被子查询检索。

在视图定义中,SELECT 子句中不能包含下列内容:COMPUTE 或 COMPUTE BY 子句;INTO 关键字;ORDER BY 子句,除非 SELECT 语句中的选择列表中有 TOP 子句、OPTION 子句或引用临时表或表变量。

1. 创建简单视图

创建简单视图,也就是创建基于一个表的视图。

【例 10-1】创建一个包含学生简明信息的视图。

T-SQL 代码如下:

```
CREATE VIEW  学生简明信息
AS
SELECT  学号,姓名,性别,系部编号
FROM  学生
GO
```

视图创建成功后,通过刷新"视图"节点,新建的视图会出现在"视图"节点下面。创建后,可以使用 SELECT-FROM 子句查询该视图的内容,请读者自行练习。

2. 创建带有检查约束的视图

【例 10-2】创建一个包含所有女生的视图,要求通过该视图进行的更新操作只涉及女生。

T-SQL 代码如下:

```
CREATE VIEW   v_学生_女
AS
SELECT *
FROM   学生
WHERE  性别='女'
WITH CHECK OPTION
GO
```

3. 创建基于多表的视图

一般基于多表创建的视图应用更广泛，这样的视图能充分展示它的优点。下面介绍基于多表的视图。

【例 10-3】创建一个"计算机科学"系学生的视图。

T-SQL 代码如下：

```
CREATE VIEW   v_计科
AS
SELECT  学生.*
FROM  学生,系部
WHERE  学生.系部编号=系部.系部编号  AND  系部名称='计算机科学'
GO
```

4. 创建基于视图的视图

【例 10-4】创建一个"计算机科学"系的女生的视图。

T-SQL 代码如下：

```
CREATE VIEW   v_计科_女
AS
SELECT *
FROM   v_计科
WHERE  性别='女'
GO
```

5. 创建带表达式的视图

【例 10-5】创建学生平均成绩的视图 v_平均成绩。

T-SQL 代码如下：

```
CREATE VIEW v_平均成绩 (学号,平均成绩)
```

```
AS
SELECT  学号,AVG(成绩)
FROM  选课
GROUP BY  学号
GO
```

注意:

创建该视图时,由于输出的列 AVG(成绩)是没有列名的,故需要在视图名的后面指定列名。

10.4　修改视图

SQL Server 提供了两种修改视图的方法:

(1) 在 SQL Server 管理平台中,鼠标右击需要修改的视图,从弹出的菜单中选择"设计"命令,出现视图修改对话框。该对话框与创建视图的对话框相同,可以按照创建视图的方法修改视图。

(2) 使用 ALTER VIEW 语句修改视图,但首先必须拥有使用视图的权限,然后才能使用 ALTER VIEW 语句。ALTER VIEW 语句的语法格式与 CREATE VIEW 语句的语法格式基本相同,除了关键字不同。该语句的语法格式如下:

```
ALTER VIEW [ schema_name.]view_name [ (column [ ,… ,n ] ) ]
[WITH [ENCRYPTION] [SCHEMABINDING] [VIEW_METADATA] ]
AS select_statement [ ; ]
[ WITH CHECK OPTION ]
```

【例 10-6】修改【例 10-3】创建的视图,对视图的定义文本加密。

T-SQL 代码如下:

```
ALTER VIEW   v_计科
WITH ENCRYPTION     --为视图加密
AS
SELECT  学生.*
FROM  学生,系部
WHERE  学生.系部编号=系部.系部编号  AND  系部名称='计算机科学'
GO
```

需要注意的是,修改视图的时候不能自引用该视图本身。

10.5 查看视图

10.5.1 使用 SSMS 图形化工具查看视图定义信息

在 SSMS 中，右击某个视图的名称，从弹出的快捷菜单中选择"选择前 1000 行"或"编辑前 200 行"命令，在 SQL Server 图形化界面中就会显示该视图输出的相应数据，如图 10-4 所示。

在 sys.Views 视图中，每个视图对象在该视图中对应一行数据。可以使用 sys.Views 查看当前数据库中的所有视图信息；还可以通过 sys.all_sql_modules 查看视图具体的定义信息。在"查询编辑器"中输入相应语句即可获得相应信息。

例如，在教学管理数据库中查看所有视图信息，可以输入如下 T-SQL 语句：

图 10-4 查看"视图"

```
USE 教学管理
GO
SELECT * FROM sys.views
```

执行结果如图 10-5 所示。

图 10-5 查看所有视图信息

如果要在教学管理数据库中查看所有视图的定义信息，可以输入如下 T-SQL 语句：

```
USE 教学管理
GO
SELECT * FROM sys.all_sql_modules
```

执行结果如图 10-6 所示。

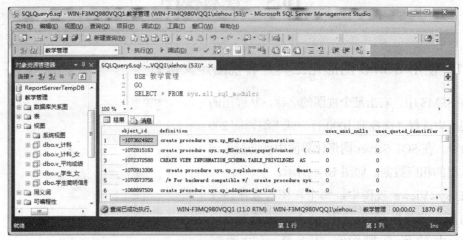

图 10-6　查看所有视图的定义信息

10.5.2　使用系统存储过程查看视图定义信息

用户可以通过执行系统存储过程来查看视图的定义信息、文本信息和依赖对象信息。

1. 查看视图基本信息

使用系统存储过程查看视图一般基本信息的语法格式如下：

```
EXEC sp_help objname
```

其中，objname 为用户需要查看的视图名称。

【例 10-7】查看视图"v_计科"的一般信息。

T-SQL 代码如下，执行结果如图 10-7。

图 10-7　查看指定视图的一般信息

```
EXEC sp_help v_计科
```

2. 查看视图文本信息

使用系统存储过程查看视图文本信息的语法格式如下：

```
EXEC sp_helptext objname
```

其中，objname 为用户需要查看的视图名称。

【例 10-8】查看视图"v_计科"和"v_计科_女"的文本信息。

T-SQL 代码如下，执行结果如图 10-8。

```
EXEC sp_helptext v_计科
EXEC sp_helptext v_计科_女
```

根据执行结果可知，由于在【例 10-6】中视图"v_计科"添加了保密属性，故查看其文本定义时告知文本已加密。而视图"v_计科_女"并未加密，所以可以查看其定义内容。

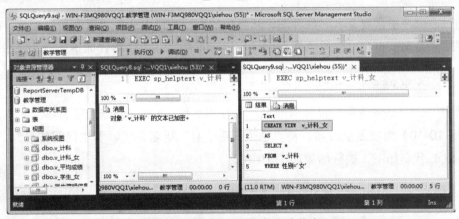

图 10-8　查看指定视图的文本信息

3. 查看视图依赖对象信息

使用系统存储过程查看视图依赖对象信息的语法格式如下：

```
EXEC sp_depends objname
```

其中，objname 为用户需要查看的视图名称。

【例 10-9】查看视图"v_计科"的依赖对象信息。

T-SQL 代码如下，执行结果如图 10-9。

```
EXEC sp_depends v_计科
```

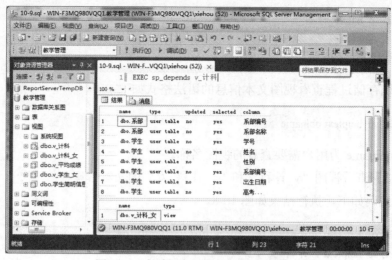

图 10-9　查看指定视图的依赖对象信息

4. 对视图重命名

通过右键单击需要重名名的视图，从弹出的快捷菜单中选择"重命名"命令，可以轻松对视图重命名。也可以使用系统存储过程进行重命名，语法格式如下：

```
EXEC sp_rename    old_name,new_name
```

其中，old_name 为用户需要修改名称的视图名称，new_name 为新名称。

【例 10-10】为视图重命名，将"学生简明信息"更名为"v_学生简明信息"。

T-SQL 代码如下，执行结果如图 10-10。

```
EXEC sp_rename 学生简明信息,v_学生简明信息
```

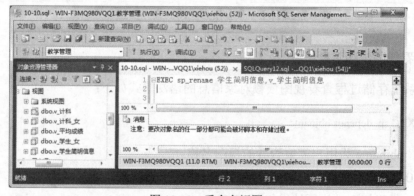

图 10-10　重命名视图

如图 10-10 所示，更名后，对视图刷新即可看到新的名称。

10.6　更新视图

更新视图是指通过视图来插入(INSERT)、删除(DELETE)和修改(UPDATE)数据。

由于视图是不实际存储数据的虚表，因此对视图的更新，最终要转换为对基本表的更新。像查询视图那样，对视图的更新操作也是通过视图消解，转换为对基本表的更新操作。

为了防止用户通过视图对数据进行增加、删除、修改时，有意无意地对不属于视图范围内的基本表数据进行操作，可以在定义视图时加上 WITH CHECK OPTION 子句。这样，在视图上增删改数据时，RDBMS 会检查视图定义中的条件，若不满足条件，则拒绝执行该操作。

使用视图修改数据时，需要注意以下几点：修改视图中的数据时，不能同时修改两个或者多个基表；不能修改那些通过计算得到的字段；如果在创建视图时指定了 WITH CHECK OPTION 选项，那么使用视图修改数据库信息时，必须保证修改后的数据满足视图定义的范围；执行 UPDATE、DELETE 命令时，所删除或更新的数据必须包含在视图的结果集中；当视图引用多个表时，无法使用 DELETE 命令删除数据，如果使用 UPDATE 命令则应与 INSERT 操作一样，被更新的列必须属于同一个表。

通过视图插入、更新与删除数据的步骤如下：

在"开始"菜单中选择"程序"|Microsoft SQL Server 2012|SQL Server Management Studio 命令，打开 SQL Server Management Studio 窗口，并使用 Windows 或 SQL Server 身份验证建立连接；

单击"新建查询"按钮，新建一个查询窗口。可以在该查询窗口中输入相应的语句进行操作。

10.6.1　通过视图向基本表中插入数据

【例 10-11】通过视图"v_学生简明信息"添加一条新的数据行，各列的值分别为"2013056101"、"测试 1"、"男"、"01"。

T-SQL 代码如下，执行结果如图 10-11 所示。

```
INSERT　INTO　v_学生简明信息
VALUES('2013056101','测试 1','男','01')
--插入完查询学生表，观察该条数据是否插入成功
SELECT * FROM 学生
```

从图 10-11 可以看出，通过视图插入数据其实是对基本表的插入，测试插入的数据在基本表中可以找到。

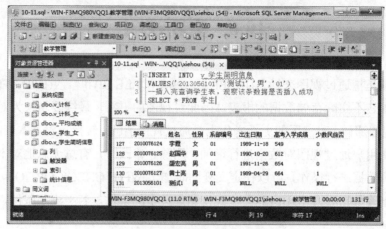

图 10-11　通过视图插入数据

10.6.2　通过视图修改基本表中的数据

【例 10-12】通过视图"v_学生_女"修改表学生中的记录，将"邵小亮"同学的性别修改为"男"。

T-SQL 代码如下，执行结果如图 10-12 所示。

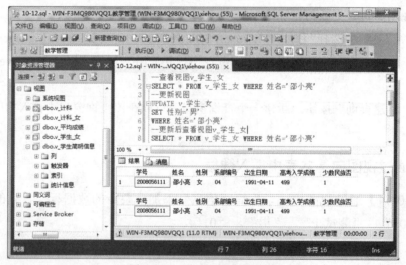

图 10-12　通过视图更新数据

```
--查看视图 v_学生_女
SELECT * FROM v_学生_女  WHERE 姓名='邵小亮'
--更新视图
UPDATE v_学生_女
SET  性别='男'
WHERE 姓名='邵小亮'
```

> --更新后查看视图 v_学生_女
> SELECT * FROM v_学生_女 WHERE 姓名='邵小亮'

从执行结果发现，更新前后邵晓亮同学的性别都是"女"，也就是没有更新成功。并且在消息栏提示："消息 550，级别 16，状态 1，第 4 行。试图进行的插入或更新已失败，原因是目标视图或者目标视图所跨越的某一视图指定了 WITH CHECK OPTION，而该操作的一个或多个结果行又不符合 CHECK OPTION 约束。"分析原因，视图"v_学生_女"在创建时指定了"WITH CHECK OPTION"属性，也就要求当通过该视图进行的更新操作只涉及女生。而本例中要求将"邵小亮"同学的性别更新为"男"，违背了条件，所以更新没有成功。请读者自行练习更新数据成功的例子。

10.6.3　通过视图删除基本表中的数据

【例 10-13】利用视图"v_学生简明信息"删除表学生中姓名为"测试 1"的记录。

T-SQL 代码如下，执行结果如图 10-13 所示。

> DELETE FROM v_学生简明信息 WHERE 姓名='测试 1'
> --插入完查询学生表，观察该条数据是否删除成功
> SELECT * FROM 学生

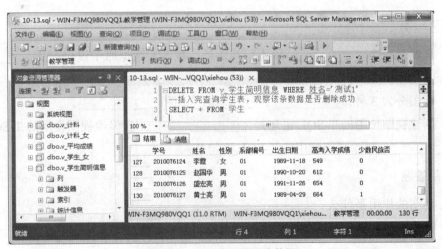

图 10-13　通过视图删除数据

10.7　删除视图

10.7.1　使用对象资源管理器删除视图

对于不再需要的视图，在 SSMS 中，右击该视图的名称，从弹出的快捷菜单中选择"删

除"命令，即可删除该视图，如图 10--14 所示。

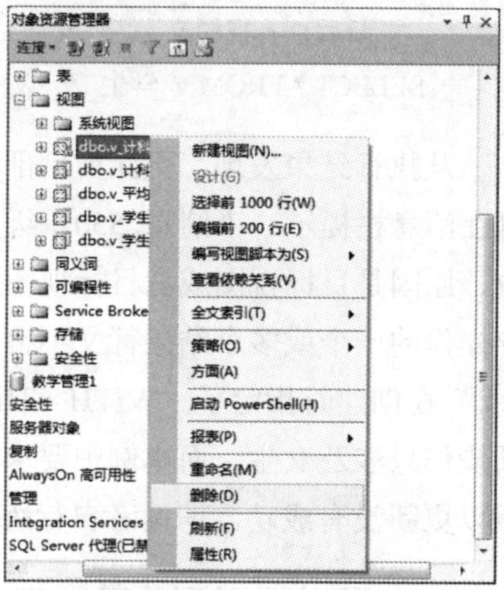

10.7.2　使用 T-SQL 命令删除视图

对于不再需要的视图，可以通过 DROP VIEW 语句把视图的定义从数据库中删除。删除视图，就是删除其定义和赋予它的全部权限。在 DROP VIEW 语句中，可以同时删除多个不再需要的视图。

DROP VIEW 语句的基本语法格式如下：

```
DROP VIEW view_name
```

【例 10-14】同时删除视图"v_学生简明信息"和"v_学生_女"。

图 10-14　删除视图

T-SQL 语句如下：

```
DROP   VIEW v_学生简明信息, v_学生_女
```

10.8　经典习题

1. 填空题

(1) 视图是一个_____，除索引视图外，视图在数据库中仅保存其_____，其中的记录在使用视图时动态生成。

(2) 视图分为 3 种：_____、_____和_____。

(3) 创建视图使用的 T-SQL 语句是_____；修改视图使用的 T-SQL 语句是_____；删除视图使用的 T-SQL 语句是_____。

2. 简答题

(1) 视图的作用是什么？

(2) 查询视图和查询基表的主要区别是什么？

3. 教学管理数据库，进行如下操作：

(1) 创建"市场营销"系的学生视图；

(2) 创建选修"操作系统"课程的学生视图；

(3) 在上述视图的基础上尝试是否能插入、删除、更新记录。如若不能，请思考原因是什么？

4. 完成本章工作场景中的视图操作。

第11章 SQL Server 2012的安全机制

随着越来越多的网络相互连接，安全性也变得日益重要。公司的资产必须受到保护，尤其是存储着重要信息的数据库。数据库是电子商务、金融以及 ERP 系统的基础，通常都保存着重要的商业数据和客户信息，例如，交易记录、工程数据、个人资料等。数据完整性和合法存取会遭到很多方面的威胁，包括密码策略、系统后门、数据库操作以及本身的安全方案。另外，数据库系统中存在的安全漏洞和不恰当的配置通常也会造成严重的后果，而且都难以发现。安全保护措施是否有效是数据库系统的主要指标之一。

本章学习目标:
- SQL Server 的身份验证模式
- SQL Server 登录账户的管理
- 用户的管理
- 角色管理和权限管理

11.1 SQL Server 2012 安全性概述

数据库的安全性是指防止不合法的使用造成数据库中数据的泄漏、更改或破坏。SQL Server 2012 整个安全体系结构从顺序上可以分为认证和授权两个部分，其安全机制可以分为 5 个层级。
(1) 客户机安全机制
(2) 网络传输的安全机制
(3) 实例级别安全机制
(4) 数据库级别安全机制
(5) 对象级别安全机制
这些层级由高到低，所有的层级之间相互联系，用户只有通过了高一层的安全验证，才能继续访问数据库中低一层的内容。
(1) 客户机安全机制——数据库管理系统需要运行在某一特定的操作系统平台下，客户机操作系统的安全性直接影响到 SQL Server2012 的安全性。当用户使用客户机通过网络访问 SQL Server2012 服务器时，首先要获得客户机操作系统的使用权限。保护操作系统的安全性是操作系统管理员或网络管理员的任务。

(2) 网络传输的安全机制——SQL Server 2012 对关键数据进行了加密，即使攻击者通过了防火墙和服务器上的操作系统到达了数据库，还要对数据进行破解。SQL Server 2012 有两种对数据进行加密的方式：数据加密和备份加密。

- 数据加密：数据加密执行所有数据库级别的加密操作，消除了应用程序开发人员创建定制的代码来加密和解密数据的过程，数据在写到磁盘时进行加密，从磁盘读出的时候进行解密。使用 SQL Server 来管理加密和解密，可以保护数据库中的业务数据而不必对现有的应用程序做任何更改。

- 备份加密：对备份进行加密可以防止数据泄露和被篡改。

(3) 实例级别安全机制——SQL Server 2012 采用了标准 SQL Server 登录和集成 Windows 登录两种。无论使用哪种登录方式，用户在登录时必须提供密码和账号。管理和设计合理的登录方式是 SQL Server 数据库管理员的重要任务，也是 SQL Server 安全体系中重要的组成部分。SQL Server 2012 服务器中预设了很多固定的服务器角色，用来为具有服务器管理员资格的用户分配使用权限，固定服务器角色的成员可以用于服务器级的管理权限。

(4) 数据库级别安全机制——在建立用户的登录账号信息时，SQL Server 提示用户选择默认的数据库，并分配给用户权限，以后每次用户登录服务器后，会自动转到默认数据库上。SQL Server 2012 允许用户在数据库上建立新的角色，然后为该用户授予多个权限，最后再通过角色将权限赋给 SQL Server 2012 的用户，使其他用户获取具体数据的操作权限。

(5) 对象级别安全机制——对象安全性检查是数据库管理系统的最后一个安全等级。创建数据库对象时，SQL Server 2012 将自动把该数据库对象的用户权限赋予该对象的所有者，对象的拥有者可以实现该对象的安全控制。

11.1.1 SQL Server 网络安全基础

SQL Server 2005 是第一个基于 Microsoft Trustworthy Computing initiative(可信赖计算计划)开发的 SQL Server 版本。关于 Microsoft 首创的 Trustworthy Computing(可信赖计算)技术，已经有了很多文献和讨论，它可以指导公司的所有软件开发。有关更多信息，可参阅 Trustworthy Computing 网站：(http://www.microsoft.com/mscorp/twc/default.mspx)。该首创技术的 4 个核心组件如下：

- Secure by design：作为抵御黑客及保护数据的基础，软件需要进行安全设计。
- Secure by default：系统管理员不必操心新安装的安全，默认设置即可保证。
- Secure in deployment：软件自身应能更新最新的安全补丁，并能协助维护。
- Communications：交流最佳实践和不断发展的威胁信息，以使管理员能够主动地保护系统。

这些指导准则在 SQL Server 2012 中均得到了进一步的体现，它提供了保护数据库所需的所有工具。Trustworthy Computing initiative 的宗旨之一就是 Secure by Default(默认安全)。在实现这一原则的过程中，SQL Server 2012 禁用了一些网络选项，以尽量保证 SQL

Server 环境的安全性。

SQL Server 是一款设计用于在服务器上运行，能够接受远程用户和应用程序访问的数据库管理系统。在运行 SQL Server 的本地计算机上也可以对 SQL Server 进行本地访问。但实际应用中一般不这样做。因此，正确配置 SQL Server，以使其能够接受远程计算机的安全访问是非常重要的。

为了可以远程访问 SQL Server 实例，需要一种网络协议来建立到 SQL Server 服务器的连接。为了避免系统资源的浪费，只需要激活自己需要的网络连接协议即可。

在默认安装中，SQL Server 禁用了许多功能特性，以减少数据库系统被攻击的可能性。例如，SQL Server 2012 在默认情况下并不允许远程访问(企业版除外)，所以要用"SQL Server 外围应用配置器"工具来启用远程访问。

可以通过如下操作来配置远程访问，启用远程访问连接。

(1) 从"开始"菜单中选择"所有程序"|"Microsoft SQL Server 2012"|"SQL Server Management Studio"命令，启动 SSMS，如图 11-1 所示。

图 11-1　通过开始菜单启动 SSMS

(2) 在"连接到服务器"对话框中，选择服务器名称和身份验证方式，单击"连接"按钮，如图 11-2 所示。

(3) 连接成功后，在"对象资源管理器"窗口中右击服务器节点，从弹出的快捷菜单中选择"方面"命令，如图 11-3 所示。

图 11-2　"连接到服务器"对话框

图 11-3　选择"方面"命令

(4) 在打开的"查看方面"对话框中，选择"外围应用配置器"选项，如图 11-4 所示。

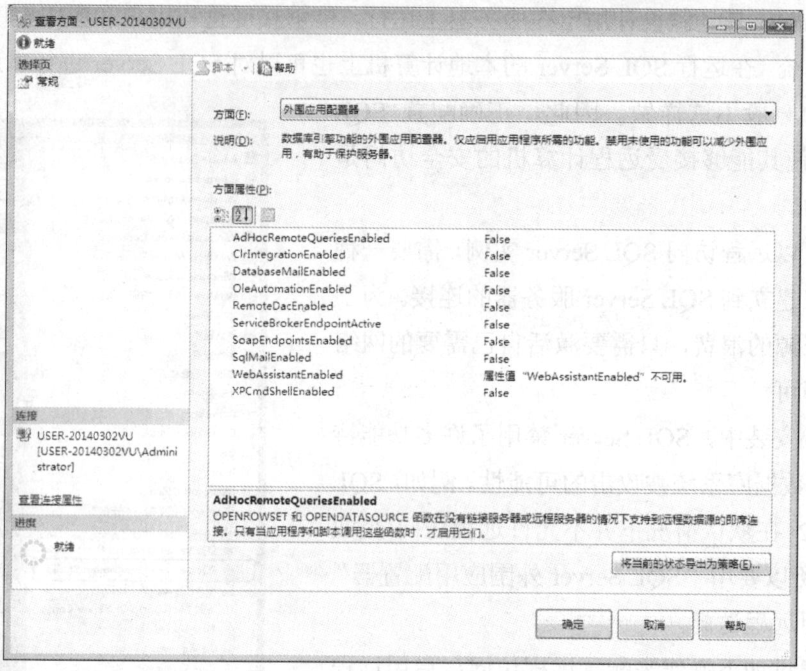

图 11-4   "查看方面"对话框

(5) 在该对话框中，可以设置"外围应用配置器"相关的选项，设置完成后，单击"确定"按钮即可。

数据库存储了重要的信息，应当对数据库服务器进行很好的网络安全保护，以防止未授权的外部访问。当需要 SQL Server 能够通过 Internet 供用户或者应用程序访问时，应该保证网络环境提供了某种安全保护机制，例如，防火墙或者 IDS(入侵检测系统)。

除了通过 SSMS 进行设置之外，还可以通过存储过程 sp_config 进行设置。

在"查询分析器"中执行：exec sp_config 'remote admin connections 1'。

将提示已经从"0"修改为"1"。即："从本地连接，修改为允许远程连接。

11.1.2 SQL Server 2012 安全性体系结构

要设计一个良好的安全模式，就必须理解模型是如何组织的，并且能够标识它的结构特征。然后可以使用这些信息来定义和实现一个安全模式，在便利性和保护性之间做出正确的平衡，这是任何灵活的安全模式的特征。SQL Server 2012 的安全性基础结构非常类似于其他 Microsoft 平台和产品使用的安全模式。

SQL Server 安全结构包括身份验证、有效性验证和权限管理。其功能结构基于如下 3 个基本实体：

(1) 主体：安全账户。

(2) 安全对象：要保护的对象。

(3) 权限：为主体访问安全对象所提供的权限。

权限两个字，一个权力，一个限制。在软件领域，通俗的解释就是哪些人可以对哪些资源做哪些操作。在 SQL Server 中，"哪些人"，"哪些资源"，"哪些操作"则分别对应 SQL Server 中的三个对象，分别为主体(Principals)，安全对象(Securables)和权限(Permissions)，而权力和限制则对应了 SQL Server 中的 GRENT 和 DENY。对于主体、安全对象和权限的初步理解，可以用一句话表示"给予<主体>对于<安全对象>的<权限>"，如图 11-5 所示。

图 11-5　简单理解主体、安全对象和权限的关系

对于图 11-5 中的描述来说，并没有主语，也就是并没有说谁给予的权限。可以理解为 SA 账户在最开始时给予了其他主体对于安全对象的权限。

主体、安全对象和权限，这三个实体提供了所有 SQL Server 身份验证和权限结构的基础。这些安全实体之间的交互提供了控制所有 SQL Server 访问的框架。本节首先讨论验证过程，然后讨论 SQL Server 管理账户和权限所使用的各种组件。

1. SQL Server 身份验证

SQL Server 使用两种机制来验证用户。SQL Server 可以使用内部机制来验证登录，或者依靠 Windows 来验证登录。每种方法都有其优缺点。

(1) SQL Server 身份验证模式

这是 SQL Server 早期版本身份验证登录的标准机制。使用这种方法，SQL Server 在其主目录中存储一个登录名和加密密码。它不考虑用户是如何验证到操作系统的，用户需要由 SQL Server 身份验证才允许访问服务器资源。

使用这种身份验证的主要好处是：SQL Server 可以验证任何登录者而不管它们是如何登录到 Windows 网络的。当没有身份验证这个选项时，如与非 Windows 客户端工作时，这种验证是较好的方法。但这种方法的安全性没有另一种方法好，因为它给予任何拥有 SQL Server 密码的用户访问权，而不考虑其 Windows 身份。

(2) Windows 身份验证模式

这种验证方法依赖 Windows 来完成所有的工作。Windows 完成验证，SQL Server 信任这个验证并且向 Windows 账户提供配置的访问。Windows 用户和组账户可以映射到 SQL Server，允许在 Windows 层管理所有的验证。这一技术也叫做集成安全性或信任安全性。

一般来说，这种方法比 SQL Server 身份验证要更安全，因为 DBA 可以将 SQL Server 配置为不识别任何未经 Windows 身份验证的映射的账户。因此，SQL Server 访问与 Windows 登录验证不是独立的。它也提供单一登录(single sign on，SSO)支持并与所有 Windows 验证模式集成，包括通过活动目录的 Kerberos 身份验证。

DBA 可以通过以下两种方式来配置验证模式：

(1) 混合安全：既可以是 SQL Server 登录，也可以是 Windows 集成身份登录。

(2) 仅 Windows：SQL Server 不允许非 Windows 身份验证。

2. 理解架构

SQL Server 架构是数据库中的逻辑名称空间。DBA 可以使用架构来组织数据库存储的大量对象和赋予这些对象的权限。架构是安全对象的集合，其本身也是一个安全对象。

当数据库开发人员创建一个对象(如表或过程)时，这个对象就关联到一个数据库架构。默认情况下，每个数据库包含一个 dbo 架构。必要时，DBA 可以创建其他架构。在数据库应用中，架构提供了三种功能。

(1) 组织

架构提供一个组织上下文，以便更容易地理解更大的对象集。例如，多个对某应用或部门提供支持的实体可以组织成一个单独的架构。将对象组织成架构并不改变对象本身的行为，但它可以提供一个需要的逻辑层来使大型服务器应用更容易理解。

(2) 分解

架构为数据库的用户账户提供上下文。每一个用户与一个默认的架构相关联。如果 DBA 没有提供其他架构，那么 SQL Server 将默认使用 dbo 架构。数据引擎使用架构来分解对象引用。

例如，假设某数据库包含两个架构：production 和 sales。假设每个架构包含一张 contracts 表。这两张表的名字相同，却代表不同的实体。表 sales.contracts 可能表示销售人员与客户的合同，而 production.contracts 可能表示与产品原材料供应商的合同。

如果用户执行 SELECT * FROM contracts 查询，那么 SQL Server 要查询哪个 contracts 表？答案取决于用户与哪个架构相关联。如果用户的默认架构是 sales，那么查询将返回 sales.contracts 表中的数据。同样，production 架构也是这样。如果用户的默认架构是 dbo，就会得到一个错误信息，提示找不到 contracts 表，因为 dbo 架构中没有 contracts 表。

因此，对象分解是分层执行的。首先，数据引擎为引用对象检查用户的默认架构，如果对象不在用户的架构中，就检查 dbo 架构。如果对象也不在 dbo 架构中，就会产生错误。当然，可以使用两部分名称来完全限定对象，这将消除潜在的歧义。例如，执行 SELECT * FROM sales.contracts 查询，数据从哪里来就没有疑问了，与用户的默认架构无关。

注意，将用户与默认架构关联并不为该用户提供任何明确的权限。例如，即使用户与 sales 架构默认关联，也必须根据需要为用户提供与对象交互的权限。关联架构只是为了分解目的，而不是为了安全目的。

(3) 权限层次

也可以使用架构来分层定义权限。例如，如果想赋予某用户从架构中查询任何表的权限，一种方法是针对每张表为用户分别赋予权限。如果架构中有 10 张表，就需要赋予 10

次权限。

如果是对整个架构为用户授权。结果是只有一条 grant 语句，而不是 10 条。另外，如果以后向架构中添加更多的表，就不需要应用其他的权限。向架构中添加的新表将自动为用户赋予权限，因为权限已经定义在架构级。

必须首先在数据库中创建架构，然后才能向这些架构分配用户或对象。可以用两种不同的方法来做这件事：通过 SSMS 和使用 Transact-SQL。要在 SSMS 中创建架构，执行下列步骤：

a) 打开 SSMS 并连接到服务器实例。

b) 打开"数据库"文件夹，然后展开要新建架构的数据库节点。

c) 展开"安全性"|"架构"节点，以显示架构列表。列表中应该有 dbo 和 sys 等架构。

d) 右击"架构"，从弹出的快捷菜单中选择"新建架构"命令。弹出的对话框会提供一个文本框，可以用这个文本框来命名架构和提供架构的所有者。

e) 单击"确定"按钮即可创建架构。

也可以使用 Transact-SQL 代码来创建架构。例如，创建一个 demo 架构，由 dbo 用户所有，可以使用下面的语句。

```
CREATE SCHEMA demo AUTHORIZATION dbo;
```

3. 主体

"主体(Principal)"是可以请求 SQL Server 资源的实体(entity)。与 SQL Server 授权模型(authorization model)的其他组件一样，主体也可以按层次结构排列。主体的影响范围取决于主体的定义范围(Windows、服务器或数据库)以及主体是否不可分或是一个集合。例如，Windows 登录名就是一个不可分主体，而 Windows 组则是一个集合主体。每个主体都具有一个安全标识符(SID)。

(1) Windows 级的主体

最高层的主体是 Windows 主体。该级别的实体是 Windows 实体而不是 SQL Server 实体，它包括：

- Windows 域登录名/组
- Windows 本地登录名/组

例如，将一个 Windows 本地组配置为一个 SQL Server 主体，这就为组里的任何 Windows 账户提供了对 SQL Server 的访问，包括 Windows 登录名、Windows 域组和其他 Windows 本地组。

(2) SQL Server 级的主体

这一级别的主体包括：

- SQL Server 登录名
- 服务器角色

它们不是 Windows 实体，而是由 SQL Server 定义和验证的 SQL Server 登录名。它们不映射任何 Windows 账户，其 Windows 用户的身份不影响用户使用 SQL Server 登录名访问服务器的能力。

SQL Server 登录名最常见的用途是，在 Windows 主体不可选择时，为非 Windows 客户端应用程序提供一个连接到 SQL Server 的选项。它们也经常用于向后兼容那些依赖 SQL Server 登录的旧系统。

(3) 数据库级的主体

实体一旦验证到服务器，就通过数据库主体获得了对数据库的访问权。这些实体存在于独立的数据库上，代表 Windows 或 SQL Server 登录账户到这些独立数据库的映射。数据库级别主体包括以下几种：

● 数据库用户

数据库用户是一个独立的 Windows 登录名或组，或一个 SQL Server 登录账户到数据库的映射。因为用户可以表示一个验证集合，如 Windows 组，所以数据库用户可以为整个集合或一个单独的登录名提供一个统一的行为。数据库用户主要用作为登录账户赋予数据库访问权的载体。

● 数据库角色

数据库角色表示数据库中要求特定权限的功能集或任务集。数据库管理员将权限聚合到角色，并将数据库用户与角色关联起来。也可以直接将权限赋予用户，不过角色为管理权限过程提供了一个更明确的方法。

● 应用程序角色

类似数据库角色，应用程序角色聚合权限。不能将用户分配给应用程序角色。应用程序调用角色，为应用程序提供一组权限。它们覆盖除管理员用户之外的所有用户权限。

(4) 特殊主体

每种主体中的一些主体都有一些独一无二的特征。有必要提一下这些特殊情况，因为在安全性设计中要涉及它们。

● sa 登录名

sa 代表 system administrator，是服务器级的主体。这种特殊的 SQL Server 主体对于服务器实例有完全的管理权限。全新安装 SQL Server 时，该登录名会被自动创建。sa 登录名仅在将服务器配置为允许 SQL Server 标准身份验证时才会用到。SQL Server 2012 允许在安装过程中重命名 sa 账户并提供密码。这就解决了 SQL Server 早期版本中的管理员账户安全问题，即黑客可能会利用这个众所周知的账户名来危害系统。

● public 数据库角色

每个数据库都有一个 public 角色。每一个数据库用户，包括来宾用户都自动地成为这个角色的成员，从而都属于 public 数据库角色。可以使用这个角色来定义一个基础级别的权限，它将应用到服务器上的所有用户。当尚未对某个用户授予或拒绝对安全对象的特定权限时，该用户将继承对该安全对象 public 角色所授予的权限。该数据库角色是固定的，并且不能删除。

- INFORMATION_SCHEMA 和 sys

每个数据库都包含这两个实体，并且这些实体都作为用户显示在目录视图中：INFORMATION_SCHEMA 和 sys。这两个实体是 SQL Server 所必需的。它们不是主体，不能修改或删除它们。

- 基于证书的 SQL Server 登录名

名称由双井号(##)括起来的服务器主体仅供内部系统使用。下列主体是在安装 SQL Server 时从证书创建的，不应删除。

- ##MS_SQLResourceSigningCertificate##
- ##MS_SQLReplicationSigningCertificate##
- ##MS_SQLAuthenticatorCertificate##
- ##MS_AgentSigningCertificate##
- ##MS_PolicyEventProcessingLogin##
- ##MS_PolicySigningCertificate##
- ##MS_PolicyTsqlExecutionLogin##
- guest 用户

每个数据库都包括一个 guest 用户。授予 guest 用户的权限由对数据库具有访问权限，但在数据库中没有用户账户的用户继承。不能删除 guest 用户，但可通过撤销该用户的 CONNECT 权限将其禁用。可以通过在 master 或 tempdb 以外的任何数据库中执行 REVOKE CONNECT FROM GUEST 来撤销 CONNECT 权限。

- 客户端和数据库服务器

根据定义，客户端和数据库服务器是安全主体，可以得到保护。在建立安全的网络连接前，这些实体之间可以互相进行身份验证。SQL Server 支持 Kerberos 身份验证协议，该协议定义了客户端与网络身份验证服务交互的方式。

4. SQL Server 安全对象

安全对象(securable)是 SQL Server 实体，它向经过验证的用户提供一些功能。安全对象存在于不同的级别，即作用范围有：服务器(server)、数据库(database)和架构(schema)。因为安全对象也组织成层次结构，所以数据库和架构作用范围本身也是安全对象。

- 服务器(server)作用范围安全对象

一些安全对象存在于服务器作用范围。这些安全对象的权限只能赋予服务器级主体。这一安全对象作用范围包含下面几个对象。

(1) 端点(Endpoint)

(2) 登录名(Login)

(3) 服务器角色(Server role)

(4) 数据库(Database)

● 数据库(database)作用范围安全对象

数据库作用范围的安全对象是应用到数据库总体安全性的对象。这一作用范围包括下面几个对象。

(1) 用户(User)

(2) 数据库角色(Database role)

(3) 应用程序角色(Application role)

(4) 程序集(Assembly)

(5) 消息类型(Message type)

(6) 路由(Route)

(7) 服务(Service)

(8) 远程服务绑定(Remote Service Binding)

(9) 全文目录(Fulltext catalog)

(10) 证书(Certificate)

(11) 非对称密钥(Asymmetric key)

(12) 对称密钥(Symmetric key)

(13) 约定(Contract)

(14) 架构(Schema)

这个作用范围内还有几个对象没有列出。它们主要处理 Service Broker 行为。

● 架构作用范围安全对象

架构作用范围安全对象表示服务器应用程序的基本构件块。架构作用范围安全对象范围包含以下几个安全对象:

(1) 类型(Type)

(2) XML 架构集合(XML schema collection)

(3) 对象(Object) – 对象类包含以下成员:聚合(Aggregate)、函数(Function)、过程(Procedure)、队列(Queue)、同义词(Synonym)、表(Table)、视图(View)。

SQL Server 安全对象的层次如图 11-6 所示。

5. 权限

权限表示主体和安全对象之间的关系。提供

图 11-6　安全对象与架构关系

可对安全对象主体分配的权限有关的信息。MSDN 关于"权限"的英文解释是:Permissions(Database Engine) provides information about the permissions that can be assigned to principals on securables，这有助于我们更好地理解权限的定义。

要为主体提供与安全对象交互的能力，主体必须要有访问安全对象的权限。有些安全对象支持多种权限，所以每一种赋予的权限表示主体经过身份验证在安全对象上能够执行的一个行为。如表 11-1 所示是架构作用范围安全对象的常用权限。随着每个 SQL Server 版本的发布，Microsoft 都添加新的安全对象和权限选项。掌握它们的最好办法是查阅 SQL Server 联机丛书。搜索"权限(数据库引擎)"，就会得到安全对象及其相关权限的一个完整列表。表 11-1 只是一个精简版的列表。

表 11-1　SQL Server 架构对象权限列表

权　　限	描　　述	应用的安全对象
SELECT	对安全对象执行 SELECT 查询	同义词、表、视图、表值函数
INSERT	对安全对象执行 INSERT 查询	同义词、表、视图
UPDATE	对安全对象执行 UPDATE 查询	同义词、表、视图
DELETE	对安全对象执行 DELETE 查询	同义词、表、视图
EXECUTE	执行程序对象	过程、标量和聚合函数、同义词
CONTROL	提供对象的所有可用权限	过程、所有函数、表、视图、同义词
TAKE OWNERSHIP	如果需要则获取所有对象的所有权	过程、所有函数、表、视图、同义词
CREATE	创建对象	过程、所有函数、表、视图、同义词
ALTER	修改对象	过程、所有函数、表、视图、同义词

6. 权限层次结构(数据库引擎)

数据库引擎管理着可以通过权限进行保护的实体的分层集合。这些实体称为"安全对象"。在安全对象中，最突出的是服务器和数据库，但可以在更细的级别上设置离散权限。SQL Server 通过验证主体是否已获得适当的权限来控制主体对安全对象执行的操作。

数据库引擎权限层次结构之间的关系，如图 11-7 所示。

11.1.3　SQL Server 2012 安全机制的总体策略

在 SQL Server 2012 中，数据的安全保护由 4 个层次构成，如图 11-8 所示。SQL Server 2012 主要对其中的 3 个层次提供安全控制。下面分别对每个层次进行介绍。

(1) 远程网络主机通过 Internet 访问 SQL Server 2012 服务器所在的网络，这一层次由网络环境提供某种保护机制。

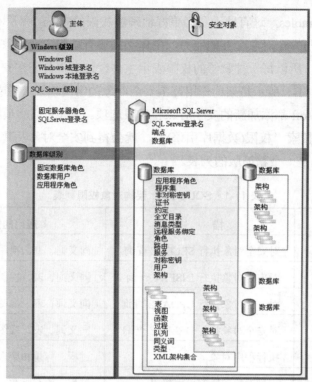

图 11-7　数据库引擎权限层次结构

(2) 网络中的主机访问 SQL Server 2012 服务器,首先要求对 SQL Server 进行正确配置,其内容将在下一节介绍;其次是要求拥有对 SQL Server 2012 实例的访问权(登录名),其内容将要在 11.2.1 小节中介绍。

(3) 访问 SQL Server 2012 数据库,这要求拥有对 SQL Server 2012 数据库的访问权(数据库用户),其内容将在 11.2.2 小节中介绍。

(4) 访问 SQL Server 2012 数据库中的表和列,这要求拥有对表和列的访问权(权限),其内容将要在 11.6 节中介绍。

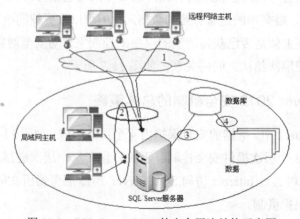

图 11-8　SQL Server 2012 的安全层次结构示意图

为了对登录和数据库用户进行管理，SQL Server 提供了角色的概念，11.3 节将介绍对固定服务器角色、数据库角色、应用程序角色的管理。

SQL Server 2012 实现了 ANSI 中有关架构的概念，一个数据库对象通过由 4 个命名部分所组成的结构来引用：<服务器>.<数据库>.<架构>.<对象>，其内容将在 11.4 节中介绍。

权限的管理不仅涉及数据库中的表和列，还涉及对 SQL Server 实例和数据库的访问、对可编程对象的访问，其内容将在 11.7 节中介绍。

11.2　管理用户

连接到 SQL Server 实例的时候，必须提供有效的认证信息。数据库引擎会执行两步有效性验证过程：第一步，数据库引擎会检查用户是否提供了有效的、具备连接到 SQL Server 实例权限的登录名；第二步，数据库引擎会检查登录名是否具备连接数据库的访问许可。

SQL Server 2012 定义了人员、组或进程作为请求访问数据库资源的实体。实体可以在操作系统、服务器和数据库级进行指定，并且实体可以是单个实体或是集合实体。例如，一个 SQL 登录名是在 SQL Server 实例级的实体，一个 Windows 组则是在 Windows 级的集合实体。

11.2.1　管理对 SQL Server 实例的访问

针对 SQL Server 实例访问，SQL Server 2012 支持两种身份验证模式：Windows 身份验证模式和混合身份验证模式。

- 在 Windows 身份验证模式下，SQL Server 依靠操作系统来认证请求 SQL Server 实例的用户。由于已经通过了 Windows 的认证，因此用户不需要在连接字符串中提供任何认证信息即可。
- 在混合身份验证模式下，用户既可以使用 Windows 身份验证模式，也可以使用 SQL Server 身份验证模式来连接 SQL Server。在后一种情况下，SQL Server 根据现有的 SQL Server 登录名来验证用户。使用 SQL Server 身份验证需要用户在连接字符串中提供连接 SQL Server 的用户名和密码。

1. 设置 SQL Server 服务器身份验证模式

可以通过如下步骤在 SQL Server Management Studio 中设置身份验证模式。

(1) 在"开始"菜单中选择"所有程序"|"Microsoft SQL Server 2012"|"SQL Server Management Studio"命令，打开"连接到服务器"对话框，如图 11-9 所示。

(2) 在"连接到服务器"对话框中，"身份验证"选择"Windows 身份验证"，单击"连接"按钮，即可连接到服务器，如图 11-10 所示。

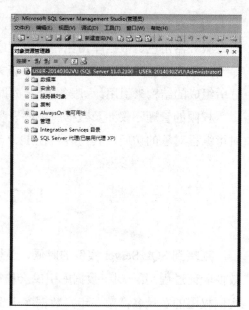

图 11-9　"连接到服务器"对话框　　　　　　　　　　图 11-10　连接到服务器

(3) 在"对象资源管理器"中,右击 SQL Server 实例名,从弹出的快捷菜单中选择"属性"命令,打开"服务器属性"对话框,如图 11-11 所示。

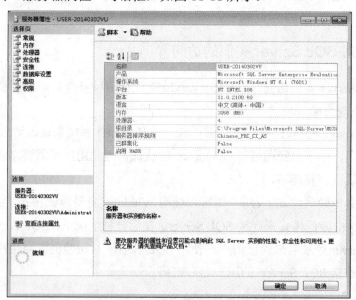

图 11-11　"服务器属性"对话框

(4) 在左边的"选择页"列表中,选择"安全性"选项,打开"安全性"选项页,如图 11-12 所示。

(5) 在"服务器身份验证"选项区域中设置身份验证模式,如图 11-12 所示。更改身份验证模式后,需要重新启动 SQL Server 实例才能使其生效。

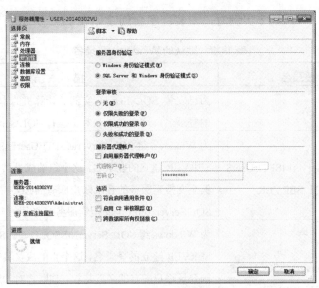

图 11-12　服务器身份验证

一般情况下，"Windows 身份验证模式"是推荐的身份验证模式。在 Windows 身份验证模式下，连接链路中没有密码信息，并且可以在集中的企业存储方案(例如 Active Directory)中管理用户账户信息，使用操作系统已有的所有安全特性。然而，Windows 身份验证模式在某些情况下并不是最好的选择。例如，在需要为不属于当前操作系统环境的用户(例如外部供应商)，或者所用操作系统与 Windows 安全体系不兼容的用户，提供访问授权的时候，则需要采用混合身份验证模式，并使用 SQL Server 登录名以便使这些用户可以连接到 SQL Server。

2. 授权 Windows 用户及组连接到 SQL Server 实例

为 Windows 用户或者 Windows 组创建登录名，以允许这些用户连接到 SQL Server。默认情况下，只有本地 Windows 系统管理员组的成员和启动 SQL 服务的账户才能访问 SQL Server。

注意：

可以删除本地系统管理员组对 SQL Server 的访问权限。

可以通过指令或者 SQL Server Management Studio 来创建登录名，以便授权用户对 SQL Server 实例的访问。下面的代码将授权 Windows 域用户 ADMINMAIN\MaryLogin 对 SQL Server 实例的访问：

```
CREATE LOGIN [ADMINMAIN\MaryLogin] FROM WINDOWS;
```

使用 SQL Server Management Studio 创建登录名时，SQL Server Management Studio 将执行与上面类似的 T-SQL 语句。

在安装 SQL Server 2012 实例时，安装程序会创建如表 11-2 所示的 Windows 登录名。

表 11-2　默认的 Windows 登录名

Windows 登录名	描　　述
BUILTIN\Administrators	为已安装 SQL Server 实例的计算机的本地系统管理员组建立的登录名，这个登录名对于运行 SQL Server 不是必须的
\<Servername>\SQL ServerMSFTEUser$\<Servername> $MSSQL SERVER	为 Windows 组 SQL ServerMSFTEUser$\<Servername> $MSSQL SERVER 建立的登录名，这个组的成员具有作为 SQL Server 实例全文搜索服务的登录账户应有的必要特权，该账户对于运行 SQL Server 2005 全文搜索服务是必须的
\<Servername>\SQL ServerMSSQLUser$\<Servername> $MSSQL SERVER	为 Windows 组 SQL ServerMSSQLUser$\<Servername> $MSSQL SERVER 建立的登录名，这个组的成员具有作为 SQL Server 实例登录账户应有的必要特权，该账户对于运行 SQL Server 2012 是必须的，因为在实例建立后，使用本地服务账户作为其服务账户时，它就是 SQL Server 的服务账户
\<Servername>\SQL ServerSQLAgentUser$ \<Servername> $MSSQL SERVER	为 Windows 组 SQL ServerSQLAgentUser$\<Servername> $MSSQL SERVER 建立的登录名，这个组的成员具有作为 SQL Server 实例的 SQL Server Agent 的登录账户应有的必要特权，该账户对于运行 SQL Server 2012 Agent 服务是必须的

注意：

可以在不通知 SQL Server 的情况下，从操作系统中删除一个映射到 Windows 登录名的 Windows 用户或组。SQL Server 2012 不检查这种情况，需要定期检查 SQL Server 实例以便检查出这种孤立的登录名。可以通过使用系统存储过程 sp_validatelogins 来执行检查。

3. 授权 SQL Server 登录名

在混合身份验证模式下，可以创建并管理 SQL Server 登录名。

创建 SQL Server 登录名时，要为登录名设置一个密码。当用户连接到 SQL Server 实例时必须提供密码。创建 SQL Server 登录名时，可以为其指定一个默认的数据库和一种默认语言。当应用程序连接到 SQL Server 但没有指定连接到哪个数据库时，SQL Server 将为这个连接使用登录名的默认属性。

SQL Server 2012 使用自签名的认证方式加密登录时的网络通信包，以避免对登录信息的非授权访问。然而，一旦登录过程结束，并且登录被确认，SQL Server 将以明文的形式发送后续的所有信息。可以通过 Secure Sockets Layer(SSL)和 Internet Pro 两种途径来实现安全而机密的网络通信。

可以通过指令或者通过 SQL Server Management Studio 来创建 SQL Server 登录名，以

便授权用户对 SQL Server 实例的访问。具体操作如下：

（1）本地用户账户的创建。启动计算机，以 "Administrator" 身份登录 Windows 系统，然后右击 "计算机"，从弹出的快捷菜单中选择 "管理" 命令，将出现 "计算机管理" 控制台，如图 11-13 所示。

图 11-13　"计算机管理" 控制台

（2）在 "计算机管理" 控制台中，打开 "本地用户和组"，并选择 "用户" 节点，将出现系统中现有的用户信息。右击 "用户" 或在右侧的用户信息窗口的空白位置右击，从弹出的快捷菜单中选择 "新用户" 命令，将弹出 "创建新用户" 对话框。

根据实际情况在该对话框中设置创建新用户的选项。

- 用户名：用户登录时使用的账户名，例如 "tom"。
- 全名：用户的全名，属于辅助性的描述信息，不影响系统的功能。
- 描述：对于所建用户账户的描述，方便管理员识别用户，不影响系统的功能。
- 密码和确认密码：用户账户登录时需要使用的密码。
- 用户下次登录时须更改密码：如果选中该复选框，用户在使用新账户首次登录时，将被提示更改密码，如果采用默认设置，则选中此复选框。如果不选中该复选框。"用户不能更改密码" 和 "密码永不过期" 这两个选项将被激活。

（3）单击 "创建" 按钮，成功创建之后又将返回创建新用户的对话框。单击 "关闭" 按钮，关闭该对话框，然后在 "计算机管理" 控制台中将能够看到新创建的用户账户，如图 11-14 所示。

图 11-14　新创建的用户账户

(4) 打开 SQL Server Managcmcnt Studio 并连接到目标服务器，在"对象资源管理器"窗口中展开"安全性"节点，右击"登录名"，从弹出的快捷菜单中选择"新建登录名"命令，如图 11-15 所示。

(5) 在"登录名－新建"对话框的"常规"选项页中，在"登录名"文本框中输入用户的名称(已在"计算机管理"中创建的用户或组)，也可以单击"搜索"按钮打开"选择用户或组"对话框。

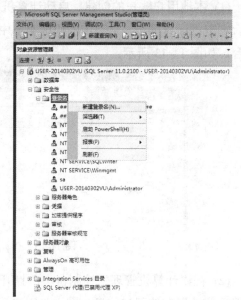

- 在"选择此对象类型"区域，单击"对象类型"按钮，打开"对象类型"对话框，并选择以下的任意或全部选项："内置安全主体"、"组"和"用户"。 默认情况下，将选中"内置安全主体"和"用户"。 完成后，单击"确定"按钮。

图 11-15 利用"对象资源管理器"创建登录名

- 在"从此位置"区域，单击"位置"按钮，打开"位置"对话框，并选择一个可用的服务器位置。完成后，单击"确定"按钮。
- 在"输入要选择的对象名称(示例)"文本框中输入要查找的用户或组名。
- 单击"高级"按钮，可以显示更多高级搜索选项。单击"立即查找"按钮，查找想要的用户或组名，找到后单击"确定"按钮，返回图 11-16。

图 11-16 "登录名"对话框

(6) 单击"确定"按钮，完成登录名的创建，如图 11-17 所示。

图 11-17　创建的"登录名"

也可以使用 Transact-SQL 语句创建 SQL Server 登录名。

● 创建 SQL Server 登录名

【例 11-1】创建一个名为 jack 的 SQL Server 登录名，并指定该登录名的默认数据库为"教学管理"。

```
CREATE LOGIN jack
WITH PASSWORD = '56wer$',
DEFAULT_DATABASE =教学管理
```

● 修改登录账号

【例 11-2】修改登录账号名称。

```
ALTER LOGIN jack
With name=jacky
```

● 删除登录账号

【例 11-3】删除 SQL Server 登录账号"jack"。

```
Drop LOGIN jack
```

SQL Server 2012 在安装过程中创建了一个 SQL Server 登录名 sa。sa 登录名始终都会创建，即使安装时选择的是 Windows 身份验证模式。虽然不能删除 sa 登录名，但可以通过改名或者禁用的方式避免用户通过该账户对 SQL Scrver 进行非授权访问。

【例 11-4】可以运行如下 T-SQL 语句以便通过 sql_logins 目录视图来获取有关 SQL Server 登录名的信息。

```
SELECT *
FROM sys.sql_logins;
```

【例 11-5】创建为登录名 Marylogin，并授予其创建和执行 SQL Server Profiler 跟踪的权限。

T-SQL 代码如下：

```
CREATE LOGIN Marylogin--创建一个名为 Marylogin 的 SQL Server 登录名
WITH PASSWORD = '674an7$52',
DEFAULT_DATABASE =教学管理;
--授予登录名 Marylogin 创建和执行 SQL Server Profiler 跟踪的权限
GRANT ALTER TRACE TO Marylogin;
```

用户可以通过 fn_my_permissions 函数来了解自己的权限。

【例 11-6】使用 fn_my_permissions 函数显示用户的权限。

代码如下：

```
SELECT * FROM fn_my_permissions(NULL, 'SERVER');
```

4. 连接到 SQL Server

(1) 通过 Windows 身份验证进行连接

当用户通过 Windows 身份验证连接时，SQL Server 使用操作系统中的 Windows 主体标记验证账户名和密码。也就是说，用户身份由 Windows 进行确认。SQL Server 不要求提供密码，也不执行身份验证。Windows 身份验证是默认的身份验证模式，并且比 SQL Server 身份验证更安全。Windows 身份验证使用 Kerberos 安全协议，提供有关强密码复杂性验证的密码策略强制，还提供账户锁定支持，并且支持密码过期。通过 Windows 身份验证完成的连接有时也称为可信连接，这是因为 SQL Server 信任由 Windows 提供的凭据。因此，建议尽可能使用 Windows 身份验证。

(2) 通过 SQL Server 身份验证进行连接

当使用 SQL Server 身份验证时，在 SQL Server 中创建的登录名并不基于 Windows 用户账户。用户名和密码均通过 SQL Server 创建并存储在 SQL Server 中。通过 SQL Server 身份验证进行连接的用户每次连接时必须提供其凭据(登录名和密码)。当使用 SQL Server 身份验证时，必须为所有 SQL Server 账户设置强密码。

可供 SQL Server 登录名选择使用的密码策略有 3 种。

- 用户在下次登录时必须更改密码

要求用户在下次连接时更改密码。更改密码的功能由 SQL Server Management Studio 提供。如果使用该选项，则第三方软件开发人员应提供此功能。

● 强制密码过期

对 SQL Server 登录名强制实施计算机的密码最长使用期限策略。

● 强制实施密码策略

对 SQL Server 登录名强制实施计算机的 Windows 密码策略。包括密码长度和密码复杂性。此功能需要通过 NetValidatePasswordPolicy API 实现，该 API 只在 Windows Server 2003 和更高版本中提供。

5. 确定本地计算机的密码策略

确定本地计算机的密码策略的操作步骤如下：

(1) 在"开始"菜单上，单击"运行"命令。

(2) 在"运行"对话框中，输入 secpol.msc，然后单击"确定"按钮。

(3) 在打开的"本地安全策略"应用程序中，依次展开"安全设置"|"账户策略"，然后单击"密码策略"。

(4) 在此，可以设置密码策略，如图 11-18 所示。

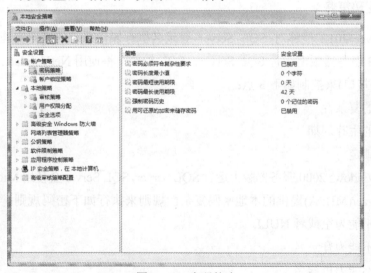

图 11-18　密码策略

6. SQL Server 身份验证模式的优缺点

(1) SQL Server 身份验证的缺点

● 如果用户是具有 Windows 登录名和密码的 Windows 域用户，则还必须提供另一个用于连接的(SQL Server)登录名和密码。用户不得不记住多个登录名和密码。每次连接到数据库时都必须提供 SQL Server 凭据也十分烦人。

● SQL Server 身份验证无法使用 Kerberos 安全协议。

- SQL Server 登录名不能使用 Windows 提供的其他密码策略。

(2) SQL Server 身份验证的优点

- 允许 SQL Server 支持那些需要进行 SQL Server 身份验证的旧版应用程序和由第三方提供的应用程序。
- 允许 SQL Server 支持具有混合操作系统的环境，在这种环境中，并不是所有用户都由 Windows 域进行验证。
- 允许用户从未知的或不可信的域进行连接。例如，既定客户使用指定的 SQL Server 登录名进行连接以接收其订单状态的应用程序。
- 允许 SQL Server 支持基于 Web 的应用程序，在这些应用程序中，用户可以创建自己的标识。
- 允许软件开发人员使用基于已知的预设 SQL Server 登录名的复杂权限层次结构来分发应用程序。

注意:

使用 SQL Server 身份验证不会限制安装 SQL Server 的计算机上的本地管理员权限。

7. 实施密码策略

SQL Server 2012 能够对 SQL Server 登录名执行操作系统的密码实施策略。如果在 Windows 2003 服务器版上运行 SQL Server，SQL Server 将使用 NetValidatePasswordPolicy API(应用程序接口)来控制如下 3 点:

- 密码的复杂性
- 密码的生存周期
- 账户锁定

如果在 Windows 2000 服务器版上运行 SQL Server，SQL Server 会使用 Microsoft Baseline Security Analyzer(MBSA)提供的本地密码复杂性规则来执行如下密码规则:

- 密码不能为空或者 NULL
- 密码不能为登录名
- 密码不能为机器名
- 密码不能为 Password、Admin 或者 Administrator

【例 11-7】可以使用如下 Transact-SQL 语句打开密码实施策略。

```
CREATE LOGIN Marylogin
WITH PASSWORD = '674an7$52' MUST_CHANGE,
CHECK_EXPIRATION = ON,
CHECK_POLICY = ON;
```

8. 拒绝用户访问

在某些情况下，例如，某用户离开了组织，此时，可能需要拒绝一个特定的登录名对数据库的访问。如果这个拒绝是临时的，可以通过禁用该登录名来完成。并不需要将该登录名从实例中删除。通过禁用访问，为数据库用户保留了登录名属性及其与数据库用户之间的映射关系。重新启用登录名时，可以像以前一样使用同样的登录名属性。

【例 11-8】执行如下 ALTER 语句可以启用或禁用登录名 Marylogin。

```
-- Disable the login
ALTER LOGIN Marylogin DISABLE;
-- Enable the login
ALTER LOGIN Marylogin ENABLE;
```

可以通过查询 sql_logins 目录视图来检查被禁用的登录名，T-SQL 语句如下：

```
-- Query the system catalog view
SELECT * FROM sys.sql_logins
WHERE is_disabled=1;
```

在 SQL Server Management Studio 中，禁用的登录名有一个红色的箭头作为标记。该箭头显示在登录名的图标中。用户可以在"对象资源管理器"窗口中的"安全性"|"登录名"中看到。

如果需要从实例中删除一个登录名，可以使用 DROP LOGIN 语句。

【例 11-9】如下语句将删除登录名 Marylogin。

```
DROP LOGIN Marylogin;
```

注意：删除登录名时，SQL Server 2012 不会删除与其映射的数据库用户。另外，删除与 Windows 用户或组映射的登录名并不能保证该用户或者该组的成员不能访问 SQL Server，该用户可能仍然属于有合法登录名的其他 Windows 组。

11.2.2　管理对 SQL Server 数据库的访问

对于需要进行数据访问的应用程序来说，仅仅授权其访问 SQL Server 实例是不够的。在授权访问 SQL Server 实例之后，还需要对特定的数据库进行访问授权。

可以通过创建数据库用户，并且将数据库登录名与数据库用户映射来授权对数据库的访问。为了访问数据库，除了服务器角色 sysadmin 的成员，所有数据库登录名都要在自己要访问的数据库中与一个数据库用户建立映射。sysadmin 角色的成员与所有服务器数据库上的 dbo 用户建立有映射。

1. 创建数据库用户

使用 CREATE USER 语句创建数据库用户。

【例 11-10】使用 Transact-SQL 创建一个名为 JohnLogin 的登录名，并将它与"教学管理"中的 JohnUser 用户进行映射。

T-SQL 代码如下：

```
-- Create the login JohnLogin
CREATE LOGIN JohnLogin WITH PASSWORD='234$7hf8';-- 创建一个名为 JohnLogin 的登录名
-- Change the connection context to the database  教学管理.
USE  教学管理;
GO
-- Create the database user JohnUser,
-- mapped to the login JohnLogin in the database  教学管理.
CREATE USER JohnUser FOR LOGIN JohnLogin;-- 创建映射到登录名 JohnLogin  的用户
JohnUser
```

2. 管理数据库用户

可以通过如下语句来检查当前的登录名是否可以登录到指定的数据库：

```
SELECT HAS_DBACCESS('教学管理');
```

可以通过查询目录视图 sys.database_principals 来获取数据库用户的信息。

如果要临时禁用某个数据库用户对数据库的访问，可以通过取消该用户的 CONNECT 授权来实现。

【例 11-11】撤销用户 JohnUser 的 CONNECT 授权。

T-SQL 代码如下：

```
-- Change the connection context to the database  教学管理.
USE  教学管理;
GO
-- Revoke connect permission from JohnUser
-- on the database  教学管理.
REVOKE CONNECT TO JohnUser;-- 撤销用户 JohnUser 的 CONNECT 授权
```

可以使用 DROP USER 语句来删除一个数据库用户。

注意：

SQL Server 2012 不允许删除一个拥有数据库架构的用户。本章稍后将详细介绍架构的知识。

【例 11-12】为数据库用户 JohnUser 授予 BACKUP DATABASE(备份数据库)的权限。

T-SQL 代码如下：

```
-- Change the connection context to the database  教学管理.
```

```
USE 教学管理;
GO
-- Grant permissions to the database user JohnUser to backup the database 教学管理.
GRANT BACKUP DATABASE TO JohnUser;
```

3. 管理孤立用户

孤立用户是指当前 SQL Server 实例中没有映射到登录名的数据库用户。在 SQL Server 2012 中，用户所映射的登录名被删除后，它就变成了孤立用户。

【例 11-13】为了获取孤立用户的信息，可以执行如下语句。

```
-- Change the connection context to the database 教学管理.
USE 教学管理;
GO
-- Report all orphaned database users
EXECUTE sp_change_users_login @Action='Report';
```

SQL Server 2012 允许用户使用 WITHOUT LOGIN 子句来创建一个没有映射到登录名的用户。用 WITHOUT LOGIN 子句创建的用户不会被当作孤立用户，这一特性在需要改变一个模块的执行上下文时非常有用。本章后面将详细介绍执行上下文。

【例 11-14】创建一个没有映射到登录名的用户 JohnUser。

T-SQL 代码如下：

```
-- Change the connection context to the database 教学管理.
USE 教学管理;
GO
-- Creates the database user JohnUser in the 教学管理 database
-- without mapping it to any login in this SQL Server instance
CREATE USER JohnUser WITHOUT LOGIN;
```

4. 启用 Guest 用户

当一个没有映射到用户的登录名试图登录到数据库时，SQL Server 将尝试使用 Guest 用户进行连接。Guest 用户是一个默认创建的没有任何权限的用户。

【例 11-15】可以通过为 Guest 用户授予 CONNECT 权限以启用 Guest 用户。

T-SQL 代码如下：

```
-- Change the connection context to the database 教学管理.
USE 教学管理;
GO
-- Grant Guest access to the 教学管理 database.
GRANT CONNECT TO Guest;
```

在启用 Guest 用户时一定要谨慎，因为这会给数据库系统的安全带来隐患。

11.3　角色管理

角色是 SQL Server 方便对主体进行管理的一种方式。SQL Server 中的角色和 Windows 中的用户组是一个概念，角色就是主体组。属于某个角色的用户或登录名拥有相应的权限，这就好比你在公司当经理，你就可以报销多少钱的手机费用。而比你低一个层级的开发人员则没有这个待遇。用户或登录名可以属于多个角色，这就好比你在公司中可以是项目经理，也同时兼任高级工程师一样。

当几个用户需要在某个特定的数据库中执行类似的动作时(这里没有相应的 Windows 用户组)，就可以向该数据库中添加一个角色(role)。数据库管理员将操作数据库的权限赋予该角色。然后，再将角色赋予数据库用户或者登录账户，从而使数据库用户或者登录账户拥有了相应的权限。

角色在 SQL Server 中被分为三类，分别是：服务器级角色、数据库级角色和应用程序角色。

11.3.1　服务器级角色

为了帮助用户管理服务器上的权限，SQL Server 提供了若干角色。这些角色是用于对其他主体进行分组的安全主体。服务器级角色的权限作用域为服务器范围。("角色"类似于 Windows 操作系统中的"组"。)

提供固定服务器角色是为了方便使用和向后兼容。应尽可能分配更具体的权限。

SQL Server 提供了 9 种固定服务器角色。无法更改授予固定服务器角色的权限。从 SQL Server 2012 开始，可以创建用户定义的服务器角色，并将服务器级权限添加到用户定义的服务器角色。

用户可以将服务器级主体(SQL Server 登录名、Windows 账户和 Windows 组)添加到服务器级角色。固定服务器角色的每个成员都可以将其他登录名添加到该角色。用户定义的服务器角色的成员则无法将其他服务器主体添加到本角色。

如表 11-3 所示为服务器级的固定角色及其权限。

表 11-3　服务器级的固定角色及其权限

服务器级的固定角色	说明
sysadmin	Sysadmin(系统管理员)固定服务器角色的成员拥有操作 SQL Server 的所有权限，可以在服务器中执行任何操作

（续表）

服务器级的固定角色	说明
serveradmin	Serveradmin(服务器管理员)固定服务器角色的成员可以更改服务器范围内的配置选项并关闭服务器。已授予的权限包括：ALTER ANY ENDPOINT、ALTER RESOURCES、ALTER SERVER STATE、ALTER SETTINGS、SHUTDOWN、VIEW SERVER STATE
securityadmin	Securityadmin(安全管理员)固定服务器角色的成员可以管理登录名及其属性。他们可以 GRANT、DENY 和 REVOKE 服务器级权限。还可以 GRANT、DENY 和 REVOKE 数据库级权限(如果他们具有数据库的访问权限)。此外，他们还可以重置 SQLServer 登录名的密码，即拥有 ALTER ANY LOGIN 权限 安全说明：能够授予数据库引擎的访问权限和配置用户权限的能力使得安全管理员可以分配大多数服务器权限。securityadmin 角色应视为与 sysadmin 角色等效
processadmin	Processadmin(进程管理员)固定服务器角色的成员拥有管理服务器连接和状态的权限，即拥有 ALTER ANY CONNECTION、ALTER SERVER STATE 权限，可以终止在 SQL Server 实例中运行的进程
setupadmin	Setupadmin(安装程序管理员)固定服务器角色的成员可以添加和删除链接服务器，即拥有 ALTER ANY LINKED SERVER 权限
bulkadmin	Bulkadmin(块数据操作管理员)固定服务器角色的成员可以运行 BULK INSERT 语句
diskadmin	Diskadmin(磁盘管理员)固定服务器角色用于管理磁盘文件，即拥有 ALTER RESOURCE 权限
dbcreator	Dbcreator(数据库创建者)固定服务器角色的成员可以创建、更改、删除和还原任何数据库
Public (公共角色)	每个 SQL Server 登录名均属于 public 服务器角色。如果未向某个服务器主体授予或拒绝对某个安全对象的特定权限，该用户将继承授予该对象的 public 角色的权限。当您希望该对象对所有用户可用时，只需对任何对象分配 public 权限即可。无法更改 public 中的成员关系。public 的实现方式与其他角色不同。但是，可以从 public 授予、拒绝或撤销权限

　　通过为用户分配固定服务器角色，可以使用户具有执行管理任务的角色权限。固定服务器角色的维护比单个权限维护更容易，但是固定服务器角色不能修改。

　　在 SQL Server Management Studio 中，可以按以下步骤为用户分配固定服务器角色，从而使该用户获得相应的权限。

　　(1) 在"对象资源管理器"中，展开服务器节点。然后展开"安全性"节点。在此节点下面可以看到固定服务器角色，如图 11-19 所示，在要给用户添加的目标角色上单击鼠标右键，从弹出的快捷菜单中选择"属性"命令。

图 11-19 利用"对象资源管理器"为用户分配固定服务器角色

(2) 在"服务器角色属性"对话框中单击"添加"按钮，如图 11-20 所示。

图 11-20 "服务器角色属性"对话框

(3) 弹出"选择登录名"对话框，如图 11-21 所示，单击"浏览"按钮。

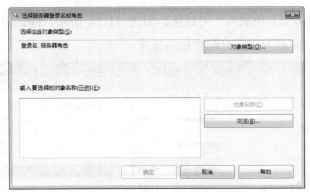

图 11-21　　"选择登录名"对话框

(4) 弹出"查找对象"对话框，选择目标用户前的复选框，即选中该用户，如图 11-22
所示，最后单击"确定"按钮。

图 11-22　　"查找对象"对话框

(5) 返回"选择登录名"对话框，可以看到选中的目标用户已包含在对话框中，如图
11-23 所示，确认无误后单击"确定"按钮。

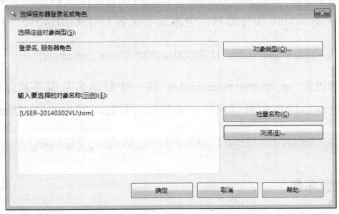

图 11-23　　"选择登录名"对话框

(6) 返回到"服务器角色属性"对话框，如图 11-24 所示。确认添加的用户无误后，单击"确定"按钮，完成为用户分配角色的操作。

图 11-24　"服务器角色属性"对话框

通过查询系统函数 IS_SRVROLEMEMBER，可以查看当前用户是否属于一个服务器角色。如果实际登录名属于 sysadmin 服务器角色，那么如下 Transact-SQL 语句将返回 1，否则返回 0：

SELECT IS_SRVROLEMEMBER('sysadmin');

可以使用系统存储过程 sp_addsrvrolemember 为现有的服务器角色添加一个登录名。如下 T-SQL 语句将在 sysadmin 服务器角色中添加登录名 USER-20140302VU\tom：

EXECUTE sp_addsrvrolemember ' USER-20140302VU\tom', 'sysadmin';

可以使用存储过程 sp_dropsrvrolemember 将一个登录名从服务器角色中删除。如下 T-SQL 语句将删除 sysadmin 服务器角色中的登录名 USER-20140302VU\tom：

EXECUTE sp_dropsrvrolemember ' USER-20140302VU\tom', 'sysadmin';

11.3.2　数据库级角色

为了便于管理数据库中的权限，SQL Server 提供了若干"角色"，数据库级角色的权限作用域为数据库范围。

SQL Server 中有两种类型的数据库级角色：数据库中预定义的"固定数据库角色"和用户创建的"灵活数据库角色"。

固定数据库角色是在数据库级别定义的，并且存在于每个数据库中。db_owner 和db_securityadmin 数据库角色的成员可以管理固定数据库角色成员身份。但是，只有db_owner 数据库角色的成员能够向 db_owner 固定数据库角色中添加成员。msdb 数据库中还有一些特殊用途的固定数据库角色。

用户可以向数据库级角色中添加任何数据库账户和其他 SQL Server 角色。固定数据库角色的每个成员都可以向同一个角色添加其他登录名。用户不能增加、修改和删除固定数据库角色。

注意，请不要将灵活数据库角色添加为固定数据库角色的成员，这会导致意外的权限升级。如表 11-4 所示列出显示了固定数据库级角色及其能够执行的操作。所有数据库中都有这些角色。

表 11-4　固定数据库级角色

数据库级的角色 名称	说明
db_owner	db_owner 固定数据库角色的成员可以执行数据库的所有配置和维护活动，还可以删除数据库
db_securityadmin	db_securityadmin 固定数据库角色的成员可以修改角色成员身份和管理权限。向此角色中添加主体可能会导致意外的权限升级
db_accessadmin	db_accessadmin 固定数据库角色的成员可以为 Windows 登录名、Windows 组和 SQL Server 登录名添加或删除数据库访问权限
db_backupoperator	db_backupoperator 固定数据库角色的成员可以备份数据库
db_ddladmin	db_ddladmin 固定数据库角色的成员可以在数据库中运行任何数据定义语言(DDL)命令
db_datawriter	db_datawriter 固定数据库角色的成员可以在所有用户表中添加、删除或更改数据
db_datareader	db_datareader 固定数据库角色的成员可以从所有用户表中读取所有数据
db_denydatawriter	db_denydatawriter 固定数据库角色的成员不能添加、修改或删除数据库内用户表中的任何数据
db_denydatareader	db_denydatareader 固定数据库角色的成员不能读取数据库内用户表中的任何数据

msdb 数据库中还包含如表 11-5 所示的特殊用途的角色。

表 11-5　　msdb 数据库级角色

msdb 角色名称	说明
db_ssisadmin db_ssisoperator db_ssisltduser	这些数据库角色的成员可以管理和使用 SSIS。从早期版本升级的 SQL Server 实例可能包含使用 Data Transformation Services(DTS)(而不是 SSIS)命名的旧版本角色
dc_admin dc_operator dc_proxy	这些数据库角色的成员可以管理和使用数据收集器
PolicyAdministratorRole	db_PolicyAdministratorRole 数据库角色的成员可以对基于策略的管理策略和条件执行所有配置和维护活动
ServerGroupAdministratorRole ServerGroupReaderRole	这些数据库角色的成员可以管理和使用注册的服务器组
dbm_monitor	在数据库镜像监视器中注册第一个数据库时,在 msdb 数据库中创建。在系统管理员为 dbm_monitor 角色分配用户之前,该角色没有任何成员

　　需要注意的是,db_ssisadmin 角色和 dc_admin 角色的成员可以将其特权提升为 sysadmin。由于这些角色可以修改 Integration Services 包,而 SQL Server 使用 SQL Server 代理的 sysadmin 安全上下文可以执行 Integration Services 包,因此,可以实现特权提升。如果要防止在运行维护计划、数据收集组和其他 Integration Services 包时提升特权,需要将运行包的 SQL Server 代理作业配置为具有有限特权的代理账户,或仅将 sysadmin 成员添加到 db_ssisadmin 和 dc_admin 角色。

　　如表 11-6 所示列出了用于数据库级角色的命令、视图和函数。

表 11-6　　使用数据库级角色

功能	类型	说明
sp_helpdbfixedrole(Transact-SQL)	元数据	返回固定数据库角色的列表
sp_dbfixedrolepermission(Transact-SQL)	元数据	显示固定数据库角色的权限
sp_helprole(Transact-SQL)	元数据	返回当前数据库中有关角色的信息
sp_helprolemember(Transact-SQL)	元数据	返回有关当前数据库中某个角色的成员信息
sys.database_role_members(Transact-SQL)	元数据	为每个数据库角色的每个成员返回一行
IS_MEMBER(Transact-SQL)	元数据	指示当前用户是否为指定 Microsoft Windows 组或 Microsoft SQL Server 数据库角色的成员
CREATE ROLE(Transact-SQL)	命令	在当前数据库中创建新的数据库角色
ALTER ROLE(Transact-SQL)	命令	更改数据库角色的名称
DROP ROLE(Transact-SQL)	命令	从数据库中删除角色
sp_addrole(Transact-SQL)	命令	在当前数据库中创建新的数据库角色

(续表)

功能	类型	说明
sp_droprole(Transact-SQL)	命令	从当前数据库中删除数据库角色
sp_addrolemember(Transact-SQL)	命令	为当前数据库中的数据库角色添加数据库用户、数据库角色、Windows 登录名或 Windows 组
sp_droprolemember(Transact-SQL)	命令	从当前数据库的 SQL Server 角色中删除安全账户

public 数据库角色：每个数据库用户都属于 public 数据库角色。如果未向某个用户授予或拒绝对安全对象的特定权限时，该用户将继承授予该对象的 public 角色的权限。

1. 创建数据库角色

数据库角色是数据库级的主体，可以使用数据库角色来为一组数据库用户指定数据库权限。可以根据特定的权限需求在数据库中添加角色来对数据库用户进行分组。

【例 11-16】使用 Transact-SQL 语句创建名称为 Auditorsrole 的数据库角色，并在这个新角色中添加数据库用户 JohnUser。

T-SQL 代码如下：

```
-- Change the connection context to the database  教学管理.
USE  教学管理;
GO
-- Create the role Auditorsrole in the database  教学管理.
CREATE ROLE Auditorsrole;
GO
-- Add the user JohnUser to the role Auditorsrole
EXECUTE sp_addrolemember 'Auditorsrole', 'JohnUser';
```

2. 管理数据库角色

可以通过查询系统函数 IS_MEMBER 来判断当前数据库用户是否属于某个数据库角色。

【例 11-17】判断当前用户是否属于 db_owner 角色。

T-SQL 代码如下：

```
-- Change the connection context to the database  教学管理.
USE  教学管理;
GO
-- Checking if the current user belogs to the db_owner role
SELECT IS_MEMBER('db_owner');
```

也可以使用 IS_MEMBER 函数来判断当前数据库用户是否属于某个特定的 Windows 组。

【例 11-18】使用 IS_MEMBER 函数来判断当前数据库用户是否属于某个特定的 Windows 组。

```
-- Change the connection context to the database  教学管理。
USE  教学管理;
GO
-- Checking if the current user belogs to the Managers group in the ADVWORKS domain
SELECT IS_MEMBER('[ADMINMAIN\MaryLogin]');
```

使用系统存储过程 sp_droprolemember 可以从一个数据库角色中删除某个数据库用户。如果要删除一个数据库角色，可以使用 DROP ROLE 语句。

【例 11-19】从数据库角色 Auditorsrole 中删除数据库用户 JohnUser，然后删除 Auditorsrole 角色。

```
-- Change the connection context to the database  教学管理。
USE  教学管理;
GO
-- Drop the user JohnUser from the Auditorsrole
-- 从数据库角色 Auditorsrole 中移除数据库用户 JohnUser
EXECUTE sp_droprolemember 'Auditorsrole', 'JohnUser';
-- Drop the Auditorsrole from the current database
DROP ROLE Auditorsrole; --删除了 Auditorsrole 角色
```

注意：

SQL Server 2012 不允许删除含有成员的角色。在删除一个数据库角色之前，必须先删除该角色下的所有用户。

11.3.3 自定义数据库角色

如果固定数据库角色不能满足用户特定的需要，还可以创建一个自定义的数据库角色。

创建数据库角色时，需要先给该角色指派权限，然后将用户指派给该角色，用户将继承该角色指派的任何权限。

SQL Server 2012 创建自定义数据库角色的方法有两种：第一种是在 SQL Server Management studio 中创建；第二种是使用 Transact_SQL 语句创建。

【例11-20】使用 Transact_SQL 语句在"教学管理"数据库中创建名为"teacher"的角色。T-SQL 代码如下：

```
Use  教学管理
Go
Create role teacher
```

11.3.4　应用程序角色

　　应用程序角色是一个数据库主体，它使应用程序能够用其自身的、类似用户的特权来运行。使用应用程序角色可以只允许通过特定应用程序连接的用户访问特定的数据。与数据库角色不同的是，应用程序角色默认情况下不包含任何成员，而且是非活动的。

　　应用程序角色使用两种身份验证模式。可以使用 sp_setapprole 启用应用程序角色，该过程需要密码。因为应用程序角色是数据库级主体，所以它们只能通过其他数据库中为 guest 授予的权限来访问这些数据库。因此，其他数据库中的应用程序角色将无法访问任何已禁用 guest 的数据库。

　　在 SQL Server 中，应用程序角色无法访问服务器级元数据，因为它们不与服务器级主体关联。若要禁用此限制，从而允许应用程序角色访问服务器级元数据，需要设置全局跟踪标志 4616。全局跟踪标志 4616 使应用程序角色可以看到服务器级元数据。在 SQL Server 中，应用程序角色无法访问自身数据库以外的元数据，因为应用程序角色与服务器级别主体不相关联。这是对早期版本的 SQL Server 行为的更改。设置此全局标志将禁用新的限制，并允许应用程序角色访问服务器级元数据。以下示例将以全局方式打开跟踪标记 4616。

　　Transact-SQL 代码如下：

```
DBCC TRACEON(4616, -1);
GO
```

　　连接应用程序角色时，应用程序角色切换安全上下文的过程包括如下步骤：

　　(1) 用户执行客户端应用程序。

　　(2) 客户端应用程序作为用户连接到 SQL Server。

　　(3) 应用程序用一个只有它才知道的密码执行 sp_setapprole 存储过程。

　　(4) 如果应用程序角色名称和密码都有效，则启用应用程序角色。

　　(5) 此时，连接将失去用户权限，而获得应用程序角色权限。

　　通过应用程序角色获得的权限在连接期间始终有效。

　　在 SQL Server 的早期版本中，用户若想在启动应用程序角色后重新获取其原始安全上下文，唯一的方法就是断开 SQL Server 连接，然后再重新连接。从 SQL Server 2005 开始，sp_setapprole 有了一个可创建 cookie 的选项。Cookie 包含启用应用程序角色之前的上下文信息。sp_unsetapprole 可以使用此 Cookie 将会话恢复到其原始上下文。

1. 创建应用程序角色

● 使用 SQL Server Management Studio 创建应用程序角色

　　(1) 在"对象资源管理器"中，展开要创建应用程序角色的数据库。

　　(2) 展开"安全性"|"角色"节点。

　　(3) 右键单击"应用程序角色"文件夹，从弹出的快捷菜单中选择"新建应用程序角色"命令。

(4) 打开"应用程序角色－新建"对话框，在"常规"选项页的"角色名称"文本框中输入新的应用程序角色名称"arole"。

(5) 在"默认架构"文本框中，通过输入对象名称指定将拥有此角色创建的对象的架构。或者单击省略号(…)按钮打开"定位架构"对话框。

(6) 在"密码"文本框中，输入新角色的密码'2z3w4'。在"确认密码"文本框中再次输入该密码。

(7) 在"此角色拥有的架构"中选择或查看此角色将拥有的架构。架构只能由一个架构或角色拥有。

(8) 单击"确定"按钮，完成创建。

● 使用 Transact-SQL 语句创建应用程序角色

使用下列方法可以创建应用程序角色：

CREATE APPLICATION ROLE 语句

【例 11-21】在"教学管理"数据库中创建一个应用程序角色 Arole。

具体如下：

(1) 在"对象资源管理器"中，连接到数据库引擎实例。

(2) 单击工具栏中的"新建查询"按钮。

(3) 将以下示例复制并粘贴到查询窗口中，然后单击"执行"按钮。

```
-- Change the connection context to the database 教学管理.
USE 教学管理
GO
--Creates an application role called "arole" that has the password "2z3w4"
-- and "Sales" as its default schema.
CREATE APPLICATION ROLE arole--在当前数据库中创建一个应用程序角色 arole
    WITH PASSWORD ='2z3w4'
    , DEFAULT_SCHEMA = Sales;
GO
```

2. 激活应用程序角色

应用程序角色在使用之前必须先激活。当启动连接以后，必须执行 sp_setapprole 系统过程来激活与应用程序角色有关的权限。该过程的语法格式如下：

```
sp_setapprole[@rolename =] 'role', [@password =] 'password'
[,[@encrypt =] 'encrypt_style']
```

其中，role 是在当前数据库中定义的应用程序角色的名称；password 为相应的口令，而 encrypt_style 则定义了口令的加密样式。

【例 11-22】激活"arole"应用程序角色。

```
exec sp_setapprole 'arole','2z3w4'
```

当应用程序角色使用密码被应用程序的会话激活以后，会话就失去了适用于登录、用户账户或所有数据库中的角色的权限，转变为应用程序角色的权限。

3. 使用应用程序角色

在连接关闭或执行系统存储过程 sp_unsetapprole 之前，被激活的应用程序角色将一直保持激活状态。应用程序角色旨在由客户的应用程序使用，但同样可以在 Transact-SQL 批处理中使用它们。

【例 11-23】调用存储过程激活应用程序角色 Arole，然后再解除该操作。

T-SQL 代码如下：

```
-- Change the connection context to the database 教学管理.
USE 教学管理;
GO
-- Declare a variable to hold the connection context.
-- We will use the connection context later
-- so that when the application role is deactivated
-- the connection recovers its original context.
DECLARE @context varbinary(8000);
-- Activate the application role and store the current connection context
EXECUTE sp_setapprole 'Arole',
'09$9ik985',
@fCreateCookie = true,
@cookie = @context OUTPUT;
-- Verify that the user's context has been replaced by the application role context.
SELECT CURRENT_USER;
-- Deactivate the application role,
-- recovering the previous connection context.
EXECUTE sp_unsetapprole @context;
GO
-- Verify that the user's original connection context has been recovered.
SELECT CURRENT_USER;
GO
```

4. 删除应用程序角色

删除应用程序角色，可以使用 DROP APPLICATION ROLE 语句。

【例 11-24】删除应用程序角色 arole。

T-SQL 代码如下：

```
-- Change the connection context to the database  教学管理.
USE  教学管理;
GO
-- Drop the application role Arole from the current database
DROP APPLICATION ROLE arole ;--删除应用程序角色 Arole
```

11.4　管理架构

SQL Server 2012 实现了 ANSI 中有关架构的概念。架构是一种允许用户对数据库对象进行分组的容器对象。架构对如何引用数据库对象有很大的影响。在 SQL Server 2012 中，一个数据库对象可以通过 4 个命名部分所组成的结构来引用，如下所示：

```
<服务器>.<数据库>.<架构>.<对象>
```

使用架构的一个好处是，它可以将数据库对象与数据库用户分离，可以快速地从数据库中删除数据库用户。在 SQL Server 2012 中，所有的数据库对象都隶属于架构，在对数据库对象或者对其存在于数据库应用程序中的相应引用没有任何影响的情况下，可以更改并删除数据库用户。这种抽象的方法允许用户创建一个由数据库角色拥有的架构，以使多个数据库用户拥有相同的对象。

11.4.1　认识架构

可以使用 CREATE SCHEMA 语句来创建数据库架构。在创建数据库架构时，可以在调用 CREATE SCHEMA 语句的事务中创建数据库对象并指定权限。

【例 11-25】创建一个名称为 Adminschema 的架构，并将数据库用户 JohnUser 指定为该架构的所有者。然后在这个架构下创建了一个名为 Student 的表。同时为数据库角色 public 授予 select 权限。

T-SQL 代码如下：

```
-- Change the connection context to the database  教学管理.
USE 教学管理;
GO
-- Create the schema Adminschema with JohnUser as owner.
CREATE SCHEMA Adminschema AUTHORIZATION JohnUser;
GO
-- Create the table Student in the Adminschema.
```

```
CREATE TABLE Adminschema.Student(
StudentID int,
StudentDate smalldatetime,
ClientID int);
GO
-- Grant SELECT permission on the new table to the public role.
GRANT SELECT ON Adminschema.Student TO public;
GO
```

可以使用 DROP SCHEMA 语句来删除一个架构。SQL Server 2012 不允许删除其中仍含有对象的架构。可以通过目录视图 sys.schemas 来获取架构的信息。

【例 11-26】查询 sys.schemas 目录视图以获取架构信息。

T-SQL 代码如下：

```
SELECT *
FROM sys.schemas;
```

【例 11-27】查询现有架构所拥有的数据库对象，删除数据库对象，然后删除架构。

T-SQL 代码如下：

```
-- Change the connection context to the database  教学管理.
USE  教学管理
GO
-- Retieve informatiomn about the Adminschema.
SELECT s.name AS 'Schema',
o.name AS 'Object'
FROM sys.schemas s
INNER JOIN sys.objects o
ON s.schema_id=o.schema_id
WHERE s.name='Adminschema';
GO
-- Drop the table Student from the Adminschema.
DROP TABLE Adminschema.Student;
GO
-- Drop the Adminschema.
DROP SCHEMA Adminschema;
```

11.4.2 使用默认架构

当一个应用程序引用一个没有限定架构的数据库对象时，SQL Server 将尝试在用户的默认架构中找到该对象。如果对象没有在默认架构中，SQL Server 将尝试在 dbo 架构中查找这个对象。

【例 11-28】创建一个架构并将其指定为某个数据库用户的默认架构。

T-SQL 代码如下：

```
-- Create a SQL Server login in this SQL Server instance.
CREATE LOGIN Marylogin WITH PASSWORD=' 674an7$52 ';--创建登录名 Marylogin
GO
-- Change the connection context to the database 教学管理.
USE 教学管理;
GO
-- Create the user JohnUser in the 教学管理 database and map the user to the login Marylogin
CREATE USER JohnUser FOR LOGIN Marylogin; --创建映射到登录名 Marylogin 的用户
JohnUser
GO
-- Create the schema Adminschema, owned by JohnUser.
CREATE SCHEMA Adminschema
AUTHORIZATION JohnUser;
GO
-- Create the table Student in the newly created schema.
CREATE TABLE Adminschema.Student(
StudentID int,
StudentDate smalldatetime,
ClientID int);
GO
-- Grant SELECT permission to JohnUser on the new table.
GRANT SELECT ON Adminschema.Student TO JohnUser;
GO
-- Declare the Adminschema as the default schema for JohnUser
ALTER USER JohnUser WITH DEFAULT_SCHEMA= Adminschema;
-- 指定架构 Adminschema 为数据库用户 JohnUser 的默认架构
```

11.5　权限管理

为了防止数据的泄漏与破坏，SQL Server 2012 进一步使用权限认证来控制用户对数据库的操作。权限分为 3 种状态：授予、拒绝、撤销。

11.5.1　授予权限

授予权限：执行相关的操作。通过角色，所有该角色的成员继承此权限。

语法格式如下：

```
Grant {ALL [privileges]}
[permission [(column [,....n])][ ,....n]
[on [class::] securable] to principal [,......n]
[with grant option ] [as principal]
```

使用 ALL 参数相当于授予以下权限：

(1)　如果安全对象为数据库，则 ALL 表示 backup database、backup log、create database、create default、create function、create procedure、create rule、create table 和 create view。

(2)　如果安全对象为标量函数，则 ALL 表示 execute 和 references。

(3)　如果安全对象为表值函数，则 ALL 表示 select 、insert、update、delete、references。

(4)　如果安全对象为存储过程，则 ALL 表示 execute。

(5)　如果安全对象为表，则 ALL 表示 select 、insert、update、delete、references。

(6)　如果安全对象为视图，则 ALL 表示 select 、insert、update、delete、references。

其他参数的含义解释如下：

- Privileges：包含该参数是为了符合 ISO 标准。
- Permission：权限的名称。
- Column：指定表中将授予权限的列名称。
- Class：指定将授予权限的安全对象的类。
- Securable：指定将授予权限的安全对象。
- To principal：主体名称，可为其授予安全对象权限的主体，随安全对象而异。
- Grant option：指示被授权者在获得指定权限的同时还可以将指定权限授予其他主体。
- As principal：指定一个主体，执行该查询的主体从该主体获得授予该权限的权利。

【例 11-29】授予角色"teacher"对"教学管理"数据库中"学生"表的 select、insert、update 和 delete 权限。

```
Ues  教学管理
Go
Grant select,insert,update,delete
On  学生
To teacher
```

11.5.2　撤销权限

撤销权限(revoke)：撤销授予的权限，但不会显示阻止用户或角色执行操作。用户或角色仍然能继承其他角色的 grant 权限。

基本语法格式如下：

```
Revokc [grant option for]
 {
  [ALL [privileges]]
  [permission [(column [,....n])][ ,....n]
 }
 [on [class::] securable]
 {to | from} principal [,.....n]
 [cascade] [as principal ]
```

Cascade 表示当前正在撤销的权限也将从其他被该主体授权的主体中撤销。使用 cascade 参数时，还必须同时指定 grant option for 参数。Revoke 语句与 grant 语句中的其他参数相同。

【例 11-30】撤销 teacher 角色对"教学管理"数据库中"学生"表的 delete 权限。

```
Use  教学管理
Go
Revoke delete
On  学生
From teacher
```

11.5.3　拒绝权限

拒绝权限(deny)：显示拒绝执行操作的权限，并阻止用户或角色继承权限，该语句优先于其他授予的权限。

基本语法格式如下：

```
Deny { ALL [privileges]}
 [permission [(column [,....n])][ ,....n]
 [on [class::] securable] to principal [,.....n]
 [cascade] [as principal ]
```

各参数与 Revoke 语句和 grant 语句中的参数含义相同。

【例 11-31】拒绝 tom 用户(teacher 角色成员)对"教学管理"数据库中"学生"表的 insert 权限。

```
Use  教学管理
Go
Deny insert
On  学生
To tom
go
```

11.6　管理对表和列的访问

1. 更改对表的访问

用户对表所拥有的有效权限控制着用户对表的访问行为。可以通过管理表的权限来控制数据库用户对表的访问。如表 11-7 所示是可以管理的表的权限。可以对数据库用户或角色指定这些权限。

表 11-7　表的权限

权限	描述
ALTER	可以更改表属性
CONTROL	提供所有权之类的权限
DELETE	可以从表中删除行
INSERT	可以向表中插入行
REFERENCES	可以通过外键引用其他表
SELECT	可以在表中选择行
TAKE OWNERSHIP	可以取得表的所有权
UPDATE	可以在表中更新行
VIEW DEFINITION	可以访问表的元数据

可以使用 GRANT 语句授权数据库用户或者角色对表的访问。

【例 11-32】授予用户 JohnUser 对表 Adminschema.Student 的 SELECT、INSERT 和 UPDATE 权限。

T-SQL 代码如下：

```
-- Change the connection context to the database  教学管理.
USE  教学管理;
GO
-- Grant some permissions to JohnUser on the Adminschema.Student table.
GRANT SELECT,INSERT,UPDATE
    ON Adminschema.Student
    TO JohnUser;
```

限制对表的访问，有两种不同的情况。如果已经为用户授予了表的这种权限，则应该使用 REVOKE 语句清除之前授予的权限。

【例 11-33】使用 REVOKE 语句清除之前授予的权限。

T-SQL 代码如下：

```
-- Change the connection context to the database 教学管理.
USE 教学管理;
GO
-- Revoke SELECT permissions from JohnUser on the Adminschema.Student table
REVOKE SELECT
ON Adminschema.Student
TO JohnUser;
```

然而，如果用户隶属于某个具备此权限的角色，则用户可能依然具备通过 REVOKE 语句取消的权限。在这种情况下，需要使用 DENY 语句来拒绝该用户的访问。

【例 11-34】使用 DENY 语句拒绝用户的访问。

T-SQL 代码如下：

```
-- Change the connection context to the database 教学管理.
USE 教学管理;
GO
-- Deny DELETE permission to JohnUser on the Adminschema.Student table,
-- regardless of what permissions this user might inherit from roles.
DENY DELETE
ON Adminschema.Student
TO JohnUser;
```

2. 提供对列的单独访问

SQL Server 2012 提供了授予或拒绝访问单独列的权限，这个特性提供了灵活的拒绝访问机制，从而可以保护某些列上的机密数据。如表 11-8 所示是可以管理的列权限。

表 11-8　列权限

权限	描述
SELECT	可以选择列
UPDATE	可以更新列
REFERENCE	可以通过外键引用列

授权对列的访问，也使用 GRANT 语句。

【例 11-35】为 JohnUser 用户授予在表 Adminschema.Student 的 StudentDate 和 ClientID 列上 SELECT 和 UPDATE 的权限。

T-SQL 代码如下：

```
-- Change the connection context to the database 教学管理.
USE 教学管理;
GO
```

```
-- Grant SELECT and UPDATE permissions to JohnUser
-- on some specific columns of the Adminschema.Student table
GRANT SELECT,UPDATE(
StudentDate,
ClientID)
ON Adminschema.Student
TO JohnUser;
```

取消对列的访问授权，与取消对表的访问授权类似，可以使用 REVOKE 语句来实现，但如果要阻止一个用户获得某种权限，则需要使用 DENY 语句。

【例 11-36】使用 DENY 语句阻止一个用户获得某种权限。

T-SQL 代码如下：

```
-- Change the connection context to the database  教学管理.
USE  教学管理;
GO
-- Revoke previosly granted or denied permissions
-- from JohnUser on the StudentDate column.
REVOKE UPDATE(StudentDate)
ON Adminschema.Student
TO JohnUser;
```

11.7　管理对可编程对象的访问

可编程对象，如存储过程或用户定义的函数，具有自己的安全上下文。数据库用户需要获得授权才能执行存储过程、函数和程序集。一旦数据库引擎检查了执行可编程对象的权限，就会在可编程对象内部对其所执行的操作进行权限检查。当数据库对象按顺序相互访问时，该访问顺序将形成一个所有权链。

1. 管理存储过程的安全性

在各种数据库对象中，存储过程是数据库开发人员最常使用的数据库对象。与其他数据库对象一样，存储过程也是需要保护的对象。用户需要具备执行操作的权限，就像创建一个存储过程一样，用户需要具备相应的权限才能执行一个存储过程。如表 11-9 所示是可以为存储过程授予的权限。

表 11-9　存储过程权限

权限	描述
ALTER	可以更改存储过程属性

(续表)

权限	描述
CONTROL	可以提供所有权之类的权限
EXECUTE	可以执行存储过程
TAKE OWNERSHIP	可以取得存储过程的所有权
VIEW DEFINITION	可以查看存储过程的元数据

在执行一个存储过程时，SQL Server 会检查当前数据库用户是否具有该存储过程的 EXECUTE 权限。

【例 11-37】为数据库用户 JohnUser 授予存储过程 dbo.uspQueryOfStudent 的 EXECUTE 权限。

(1) 在查询编辑器中使用 Transact-SQL 创建存储过程。

将以下代码复制并粘贴到查询窗口中，然后单击"执行"按钮。

```
USE 教学管理;
GO
CREATE PROCEDURE uspQueryOfStudent
-- Add the parameters for the stored procedure here
    @StudentNo nvarchar(50),
    @Name nvarchar(50)
AS
BEGIN
 -- SET NOCOUNT ON added to prevent extra result sets from interfering with SELECT statements.
--当 SET NOCOUNT 为 ON 时，不返回计数(表示受 Transact-SQL 语句影响的行数)。
--当 SET NOCOUNT 为 OFF 时，返回计数。
 SET NOCOUNT ON;
 -- Insert statements for procedure here
    SELECT  学号,姓名,性别
    FROM  学生
    WHERE  学号 = @StudentNo AND  姓名 = @Name;
END
GO
```

(2) 为数据库用户 JohnUser 授予存储过程 dbo.uspQueryOfStudent 的 EXECUTE 权限，T-SQL 代码如下：

```
-- Change the connection context to the database 教学管理.
USE 教学管理;
GO
-- Grant EXECUTE permission to JohnUser on a stored procedure.
GRANT EXECUTE On dbo.uspQueryOfStudent
TO JohnUser;
```

同样地，如果要阻止一个用户执行某个存储过程，可以取消或者拒绝该用户的 EXECUTE 权限。

2. 管理用户定义函数的安全性

用户定义函数和存储过程一样，也是可编程对象。主要存在两种类型的用户定义函数：只返回单一值的标量函数和返回一个表数据类型值的表值函数。根据用户定义函数类型的不同，可以对函数授予 EXECUTE 或 SELECT 权限，如表 11-10 所示。

表 11-10　用户定义函数权限

权限	描述
ALTER	可以更改函数属性
CONTROL	可以提供所有权之类的权限
TAKE OWNERSHIP	可以取得函数的所有权
VIEW DEFINITION	可以查看函数的元数据
SELECT	可以选择表值函数所返回的数据(只对表值函数有效)
EXECUTE	可以执行用户定义函数(只对标量函数有效)

对于执行表值函数，SQL Server 将检查用户是否拥有此函数所返回的表的 SELECT 权限。可以采用与为表授予 SELECT 权限相同的方式来为表值函数授予 SELECT 权限。

【例 11-38】授予数据库用户 JohnUser 对用户定义函数 dbo.ufn_StudentInfo 的 SELECT 权限。

(1) 创建了一个表值函数。此函数的输入参数为学号，返回姓名、性别信息。

单击工具栏中的"新建查询"按钮。将以下代码复制并粘贴到查询窗口中，然后单击"执行"按钮。

```
USE  教学管理;
GO
IF OBJECT_ID (N'Ufn_StudentInfo', N'IF') IS NOT NULL
    DROP FUNCTION Ufn_StudentInfo;
GO
CREATE FUNCTION Ufn_StudentInfo (@studentNo int)
RETURNS TABLE
AS
RETURN
(
    SELECT s.姓名, s.性别
    FROM  学生  AS s
    WHERE s.学号  = @studentNo
);
GO
```

(2) 授予数据库用户 JohnUser 对用户定义函数 dbo.ufn_StudentInfo 的 SELECT 权限。

```
-- Change the connection context to the database 教学管理.
USE 教学管理;
GO
-- Grant permission to JohnUser to execute a user defined function.
GRANT SELECT ON dbo.ufn_StudentInfo
TO JohnUser;
```

(3) 调用此函数并指定学号为 2008056101。

```
-- 以 JohnUser 登录用户身份执行。登录名 JohnLogin 映射到用户 JohnUser。
EXECUTE AS LOGIN = JohnLogin;

SELECT * FROM Ufn_StudentInfo(2008056101);

-- 退出 JohnLogin
REVERT
GO
```

表值函数还有另外一种类型,叫做内联函数。内联函数在功能上等同于视图,但是它支持参数。从安全角度来讲,这种类型的函数等同于视图。

对于执行标量函数,数据库用户需要在函数上具备 EXECUTE 权限。可以采用与为存储过程授予 EXECUTE 权限相同的方式来为标量函数授予 EXECUTE 权限。

【例 11-39】授予数据库用户 JohnUser 对用户定义函数 dbo. ufnGetStock 的 EXECUTE 权限。

(1) 先创建用户定义函数 dbo. ufnGetStock。

将以下代码复制并粘贴到查询窗口中,然后单击"执行"按钮。

```
USE 教学管理;
GO
IF OBJECT_ID (N'dbo.ufnGetStudentCount', N'FN') IS NOT NULL
    DROP FUNCTION ufnGetStudentCount;
GO
CREATE FUNCTION dbo.ufnGetStudentCount(@Sex nvarchar(1))
RETURNS int
AS
-- 返回学生人数.
BEGIN
    DECLARE @ret int;
    SELECT @ret = COUNT(s.学号)
    FROM 学生 s
    WHERE s.性别 = @Sex ;
```

```
        IF (@ret IS NULL)
            SET @ret = 0;
        RETURN @ret;
    END;
    GO
```

(2) 授予数据库用户 JohnUser 对用户定义函数 dbo. ufnGetStock 的 EXECUTE 权限。

```
-- Change the connection context to the database 教学管理.
USE 教学管理;
GO
-- Grant JohnUser permission to execute a user defined function.
GRANT EXECUTE ON dbo.ufnGetStock
TO JohnUser;
```

(3) 使用 ufnGetStudentCount 函数返回性别是"女"的学生数量。

```
-- 以 JohnUser 登录用户身份执行。登录名 JohnLogin 映射到用户 JohnUser。
EXECUTE AS LOGIN = JohnLogin;
GO
USE 教学管理;
GO
SELECT dbo.ufnGetStudentCount(N'女') AS 学生数量
FROM 学生;
GO
-- 退出 JohnLogin
REVERT
GO
```

3. 管理程序集的安全性

SQL Server 2012 提供了在数据库引擎内部包含.NET 程序集(引用.dll 文件的对象),并在存储过程及函数中调用这些程序集的能力。可以为程序集分配与存储过程一样的权限,这些权限如表 11-9 所示。

(1) 权限集

创建程序集时,需要指定一个权限集。权限集指定了程序集在 SQL Server 中被授予的一个代码访问权限的集合。权限集有如下 3 种不同的类型。

- **SAFE** 类型:程序集执行的代码不能访问外部系统资源。SAFE 类型是最受限制的权限集合,并且是默认的类型。
- **EXTERNAL_ACCESS** 类型:程序集可以访问外部系统资源。
- **UNSAFE** 类型:程序集可以执行非托管代码。

对于不需要访问外部资源的程序集,推荐使用 SAFE 类型的权限集。

(2) 执行一个程序集

当一个应用程序尝试访问程序集中的对象时，数据库引擎会检查当前用户是否具有该程序集的 EXECUTE 权限。

【例 11-40】授予数据库用户 JohnUser 对程序集的 EXECUTE 权限。

```
-- Change the connection context to the database 教学管理.
USE 教学管理;
GO
-- Grant JohnUser permission to execute an assembly.
GRANT EXECUTE ON <AssemblyName>
TO JohnUser;
```

通过为一个程序集授予 EXECUTE 权限，可以为数据库用户授予对该程序集中所有对象的 EXECUTE 权限。

4. 管理所有权链

所有权链是数据对象互相访问的顺序。例如，在一个存储过程中，向一个表中插入一行数据，存储过程称为调用对象，表称为被调用对象。SQL Server 遍历这个链中的链接时，与单独访问数据库对象时的方式不同，数据库引擎会以另一种方式评估对对象的访问权限。

在一个链中访问对象时，SQL Server 首先会比较对象的所有者与调用对象的所有者。如果两个对象的所有者相同，则不评估被引用对象的权限。这一特性对管理对象权限非常有用。例如，假设数据库用户 JohnUser 创建了一个名称为 Person.SupplierContacts 的表，并在一个名称为 Person.InsertSupplierContacts 的存储过程中向 Person.SupplierContacts 表中插入了行。由于这两个数据对象具有同样的所有者 JohnUser，因此，只需授予其他用户对存储过程 Person.InsertSupplierContacts 的 EXECUTE 权限，就能允许其他用户在访问表 Person.SupplierContacts 时，依然具有 EXECUTE 权限。

注意，所有权链提供了一种强大的封装算法。一个数据可以被设计成只通过充分文档化的公共接口(例如存储过程和用户定义函数)来对外提供数据访问，这些存储过程和用户定义函数隐藏了数据设计实现的复杂性。数据库开发人员可以充分利用所有权链，在拒绝所有用户对数据库中所有表的访问的同时，仍然可以允许其访问数据。

5. 管理执行上下文

执行上下文由连接到相应会话的用户、登录名或者由执行(调用)相应模块的用户或登录名确定。在 SQL Server 2012 进行对象权限检查时，登录名和用户令牌为其提供了所需的信息。在 SQL Server 2012 中，可以使用 EXECUTE AS 语句来更改执行上下文。这一操作称为切换执行上下文。

(1) 运行 EXECUTE AS

EXECUTE AS 语句允许显式地定义当前连接的执行上下文。可以使用 EXECUTE AS 更改当前连接的登录名或者数据库用户。上下文的变化在另一个上下文变更发生前、连接关闭前或者一个 REVERT 语句执行前始终是有效的。

【例 11-41】使用 EXECUTE AS 语句为数据库用户 JohnUser 更改执行上下文。

```
-- Change the connection context to the database  教学管理.
USE  教学管理;
GO
-- Change the execution context to the user JohnUser.
EXECUTE AS USER=' JohnUser ';
-- The following statement will be executed under JohnUser 's credentials.
TRUNCATE TABLE dbo.ErrorLog;
```

由于用户 JohnUser 没有 truncate 表的权限，因此，上述代码将产生一个错误。而如下 truncate 表的语句则能成功执行：

```
-- Change the execution context back to the original state
REVERT;
-- Now the following statement will be executed under
-- the original execution context.
TRUNCATE TABLE dbo.ErrorLog;
```

(2) 管理上下文切换

除了控制批处理(批处理是包含一个或多个 Transact-SQL 语句的组，这个组从应用程序一次性地发送到 SQL Server 执行，就像前面的 TRUNCATE TABLE 示例一样)的执行上下文，还可以控制存储过程和用户定义函数的执行上下文。在这些模块中切换上下文时，可以控制在这些存储过程或者函数中使用哪个用户账户来访问它所引用的数据库对象。因此，只需要对 EXECUTE AS 语句进行如下改动即可。

- CALLER：存储过程或者用户定义函数内的语句都在模块调用者的上下文中执行。
- SELF：所有语句在创建或者更改存储过程和用户定义函数的用户的上下文中执行。
- OWNER：所有语句在存储过程或用户定义函数的当前所有者的上下文中执行。
- <User>：所有语句在指定数据库用户或者登录名的上下文中执行。

【例 11-42】切换上下文到数据库用户 dbo 的上下文中，以便创建一个存储过程。然后，为数据库用户 JohnUser 授予这个新建存储过程的 EXECUTE 权限，并更改上下文以测试存储过程的执行。

```
-- Create a stored procedure to execute statements
-- as dbo.
CREATE PROCEDURE dbo.usp_TruncateErrorLog
```

```
          WITH EXECUTE AS 'dbo'
          AS
          TRUNCATE TABLE dbo.ErrorLog;
GO
-- Grant permissions to execute this procedure to JohnUser.
GRANT EXECUTE ON dbo.usp_TruncateErrorLog TO JohnUser
-- Change the execution context of this batch to JohnUser.
EXECUTE AS [USER=]'JohnUser'
-- Execute the stored procedure.
EXECUTE dbo.usp_TruncateErrorLog
```

由此可见，在不能通过授权来使用户执行某些操作时，尤其适合使用上下文切换。

11.8　疑难解惑

1. 假如用户已经在 SQL Server 服务器内为 Windows 组创建了登录账户，为便于组内成员能够访问某数据库下的某些对象，用户还需要做什么？

2. 如何使应用程序角色有效？

11.9　经典习题

1. 假如 jack 晋升为本部门的主管，想要授予 jack 查询"商品销售"数据库的 sales 表的权限，如何完成？

2. 假如 jack 调离本岗位，想要回收 jack 对 sales 表的查询权限，如何完成？

3. 假如 jack 晋升为本公司的总经理，如何使数据库用户 jack 拥有该数据库的全部操作权限？

第12章　数据库的备份与恢复

SQL Server 备份与还原组件为保护存储在 SQL Server 数据库中的关键数据提供了基本安全保障。为了最大限度地降低灾难性数据丢失的风险，需要定期备份数据库以保留对数据所做的修改。规划良好的备份和还原策略有助于防止数据库因各种故障而造成数据丢失。通过还原一组备份，然后恢复数据库可以测试备份策略，以便为有效地应对灾难做好准备。

本章主要介绍备份 SQL Server 数据库的优点、基本的备份与还原术语，还介绍了 SQL Server 的备份和还原策略以及 SQL Server 备份和还原的安全注意事项。

本章学习目标
- 数据库数据的备份与恢复
- 备份前的准备工作和备份特点
- 执行备份操作
- 备份方法和备份策略
- 还原前的准备工作和还原特点
- 执行还原操作

12.1　备份与恢复

备份是指数据库管理员定期或不定期地将数据库部分或全部内容复制到磁带或磁盘上进行保存的过程。当遇到介质故障、用户错误(例如，误删除了某个表)、硬件故障(例如，磁盘驱动器损坏或服务器报废)、自然灾难等造成灾难性数据丢失时，可以利用备份进行数据库的恢复。数据库的备份与恢复是数据库文件管理中最常见的操作，也是最简单的数据恢复方式。备份数据库是可靠地保护 SQL Server 数据的唯一方法。

数据库备份可以在线环境中运行，所以根本不需要数据库离线。使用数据库备份能够将数据恢复到备份时的那一时刻，但是对备份以后的更改，在数据库文件和日志损坏的情况下将无法找回，这是数据库备份的主要缺点。

SQL Server 2012 提供了 4 种备份类型：完整备份、差异备份、事务日志备份、文件和文件组备份。

12.1.1　备份类型

1. 完整备份

完整数据库备份是指备份数据库中的所有数据，包括事务日志。与差异备份和事务日志备份相比，完整数据库备份占用的存储空间多，备份时间长。所以完整数据库备份的创建频率通常比差异备份或事务日志备份低。完整备份适用于备份容量较小或数据库中数据的修改较小的数据库。完整备份是差异备份和事务日志备份的基准。

2. 差异备份

差异备份是完整备份的补充，只备份上次完整备份之后更改的数据。相对于完整备份来说，差异备份的数据量比完整数据备份小，备份的速度也比完整备份要快。因此，差异备份通常作为常用的备份方式。差异备份适合于修改频繁的数据库。在还原数据时，要先还原前一次做的完整备份，然后还原最后一次所做的差异备份，这样才能让数据库中的数据恢复到与最后一次差异备份时的内容相同。

3. 事务日志备份

事务日志备份只备份事务日志里的内容。事务日志记录了上一次完整备份、差异备份或事务日志备份后数据库的所有变动过程。每个事务日志备份都包括创建备份时处于活动状态的部分事务日志，以有先前事务日志备份中未备份的所有日志记录。可以使用事务日志备份将数据库恢复到特定的即时点或恢复到故障。与差异备份类似，事务日志备份生成的文件较小、占用时间较短，创建频率较频繁。

4. 文件和文件组备份

如果在创建数据库时，为数据库创建了多个数据库文件或文件组，可以使用该备份方式。使用文件和文件组备份方式可以只备份数据库中的某些文件，该备份方式在数据库文件非常庞大时十分有效，由于每次只备份一个或几个文件或文件组，所以可以分多次来备份数据库，避免大型数据库备份的时间过长。另外，由于文件和文件组备份只备份其中一个或多个数据文件，当数据库里的某个或某些文件损坏时，只需还原损坏的文件或文件组备份即可。

12.1.2　恢复模式

恢复模式是数据库属性中的选项，用于控制数据库备份和还原的基本行为。备份和还原都是在"恢复模式"下进行的。恢复模式不仅简化了恢复计划，而且还简化了备份和还原的过程，同时明确了系统要求之间的平衡，也明确了可用性和恢复要求之间的平衡。

SQL Server 2012 数据库恢复模式分为三种：完整恢复模式、大容量日志恢复模式、简单恢复模式。

1. 简单恢复模式

简单恢复模式，数据库会自动把不活动的日志删除，因此减少事务日志的管理开销，在此模式下不能进行事务日志备份，因此，使用简单恢复模式只能将数据库恢复到最后一次备份时的状态，不能恢复到故障点或特定的即时点。通常，此模式只用于对数据库数据安全要求不太高的数据库，并且在该模式下，数据库只能做完整和差异备份。

2. 完整恢复模式

完整恢复模式默认的恢复模式。它会完整记录下操作数据库的每一个步骤。使用完整恢复模式可以将整个数据库恢复到一个特定的时间点，这个时间点可以是最近一次可用的备份、一个特定的日期和时间或者是标记的事务。

3. 大容量日志恢复模式

简单地说就是要对大容量操作进行最小日志记录，以节省日志文件的空间(如导入数据、批量更新、SELECT INTO 等操作时)。例如，一次在数据库中插入数十万条记录时，在完整恢复模式下每一个插入记录的动作都会记录在日志中，使日志文件变得非常大，而在大容量日志恢复模式下，只记录必要的操作，不记录所有日志，这样一来，可以大大提高数据库的性能，但是由于日志不完整，一旦出现问题，数据将可能无法恢复。因此，一般只有在需要进行大量数据操作时才将恢复模式设置为大容量日志恢复模式，数据处理完毕之后，马上将恢复模式改回完整恢复模式。

12.1.3　设置恢复模式

操作步骤如下：

打开 SQL Server Management Studio 图形化管理界面，右击将要准备备份的数据库，从弹出的快捷菜单中选择"属性"命令，打开"数据库属性"对话框。在选择页中选择"选项"，在"恢复模式"中选择所需的设置，如图 12-1 所示。

图 12-1　"数据库属性"对话框

12.2　备份设备

　　备份设备是指备份或还原数据时的存储介质。通常是指磁带机或磁盘驱动器或逻辑备份设备。

　　磁盘备份设备是指硬盘或其他磁盘存储介质上的文件，与常规操作系统文件一样。引用磁盘备份设备与引用任何其他操作系统文件一样。可以在服务器的本地磁盘上或共享网络资源的远程磁盘上定义磁盘备份设备。备份磁盘设备的最大大小由磁盘设备上的可用空间决定。

　　SQL Server 数据库引擎使用物理设备名称或逻辑设备名称来标识备份设备：物理备份设备主要提供操作系统对备份设备的引用与管理，如 E:\Backups\test\Full.bak；逻辑备份设备是物理备份设备的别名。逻辑设备名称永久性地存储在 SQL Server 内的系统表中。

　　使用逻辑备份设备的优点是引用时比引用物理设备名称简单；当改变备份位置时，不需要修改备份脚本语句，只需要修改逻辑备份设备的定义即可。

12.2.1　创建备份设备

　　创建备份设备可以有两种方法：使用 SQL Server 图形化管理界面或执行系统存储过程 sp_addumpdevice。

1. 使用 SQL Server 图形化管理界面创建备份设备

　　具体操作步骤如下：

　　(1) 在 SQL Server 管理平台中，选择需要创建备份设备的服务器，展开"服务器对象"节点，在"备份设备"图标上单击鼠标右键，从弹出的快捷菜单中选择"新建备份设备"命令，如图 12-2 所示。

　　(2) 打开"备份设备"对话框，如图 12-3 所示。在"设备名称"文本框中输入备份设备的逻辑名称。单击"确定"按钮即可创建备份设备。

图 12-2　使用 SQL Server 管理平台创建备份设备

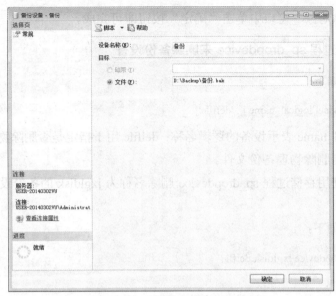

图 12-3　"备份设备"对话框

2. 使用系统存储过程创建备份设备

在 SQL Server 中，可以使用存储过程 sp_addumpdevice 创建备份设备，其语法格式如下：

```
sp_addumpdevice {'device_type'}
[,'logical_name'][,'physical_name'][,{{controller_type|'device_status'}}]
```

其中，device_type 表示设备类型，其值可以是 disk 或 tape；logical_name 表示设备的逻辑名称；physical_name 表示设备的实际名称；controller_type 和 device_status 可以不必输入。

【例 12-1】创建一个名称为 jxgldisk 的磁盘备份设备，其物理名称为 "e:\jxgltdisk"。
T-SQL 代码如下：

```
Exec sp_addumpdevice 'disk','jxgldisk',' e:\jxgldisk.bak'
```

12.2.2　删除备份设备

如果不再需要使用备份设备，可以将其删除。删除备份设备之后，设备上的数据将全部丢失。删除备份设备有两种方式：一种是使用 SQL Server Management Studio 图形化工具；另一种是使用系统存储过程 sp_dropdevice。

1. 使用 SQL Server Management Studio 图形化工具删除备份设备

操作步骤如下：

(1) 在"对象资源管理器"中，单击服务器名称以展开服务器树。

(2) 展开"服务器对象" | "备份设备"节点，右击要删除的备份设备，从弹出的快捷菜单中选择"删除"命令，打开"删除对象"窗口。

(3) 在"删除对象"窗口中单击"确定"按钮即可完成。

2. 使用存储过程 sp_dropdevice 来删除备份设备

其语法格式如下：

```
sp_dropdevice['logical_name'][, 'delfile']
```

其中，logical_name 表示设备的逻辑名称；delfile 用于指定是否删除物理备份文件。如果指定 delfile，则删除物理备份文件。

【例 12-2】使用存储过程 sp_dropdevice 删除名称为 jxgldisk 的备份设备，同时删除物理文件。

T-SQL 代码如下：

```
exec sp_dropdevice jxgldisk,delfile
```

12.3　备份数据库

备份数据库的方法也有两种：可以在 SQL Server Management Studio 工具中进行，也可以使用 BACKUP DATABASE 语句来进行备份。

12.3.1　完整备份

1. 使用 Management Studio 工具执行备份操作

(1) 在"对象资源管理器"窗口中，展开服务器名称，找到"数据库"节点并点击展开，然后，选中要备份的数据库，如图 12-4 所示。

(2) 右击选中的备份数据库，从弹出的快捷菜单中选择"任务"|"备份"命令，将弹出"备份数据库"对话框，如图 12-5 所示。

(3) 在"备份类型"下拉列表框中，选择"完整"。创建完整数据库备份之后，可以创建差异数据库备份。如果要创建差异备份，则类型选择为"差异"。对于"备份组件"，选择"数据库"，也可以根据需要选择"文件和文件组"。在"目标"

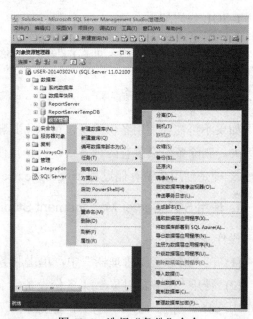

图 12-4　选择"备份"命令

部分，可以选择添加或删除其他备份设备。最后单击"确定"按钮即可。

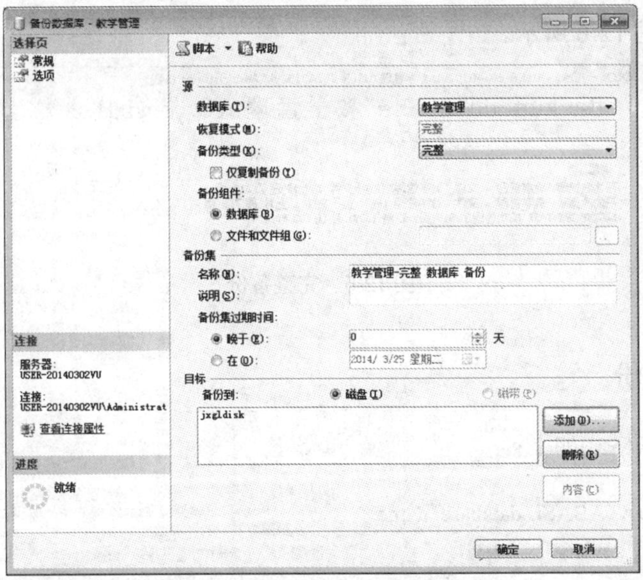

图 12-5　"备份数据库"对话框

2. T-SQL 语句创建完整备份

基本语法格式如下：

```
BACKUP DATABASE database_name
TO <backup_device>[    n]
WITH
  [[,] NAME=backup_set_name]
[[,] DESCRIPITION='TEXT']
[[,]{INIT|NOINIT}]
[[,]{COMPRESSION|NO_COMRESSION}
]
```

为参数的含义说明如下：

- database_name：指定要备份的数据库名。
- backup_device：备份的目标设备。
- with：指定备份选项。如果省略则为完整备份。
- name：指定备份名称。
- DESCRIPITION：指定备份的描述。
- INIT|NOINIT: 表示覆盖|追加方式。
- COMPRESSION|NO_COMRESSION：表示启用/不启用备份压缩功能。

【例 12-3】把"教学管理"数据库完整备份到 jxgldisk 设备上。

T-SQL 代码如下：

```
Backup    databasc 教学管理    to    jxgldisk
```

执行结果如图 12-6 所示。

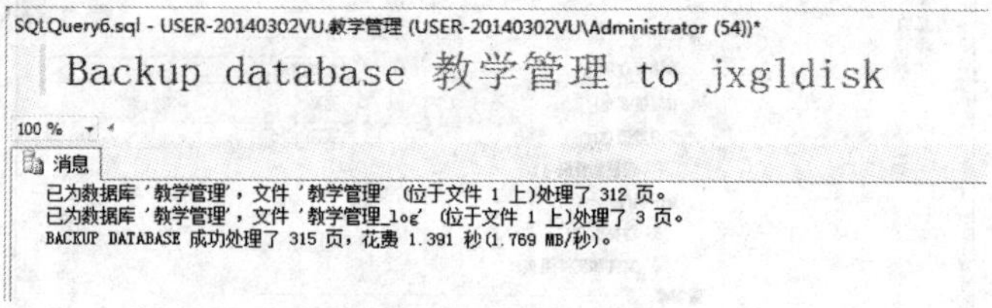

图 12-6　完整备份

12.3.2　差异备份

差异备份语法格式如下：

```
BACKUP DATABASE database_name
TO <backup_device>[    n]
WITH
DIFFERENTIAL
[[,] NAME=backup_set_name]
[[,] DESCRIPITION='TEXT']
[[,]{INIT|NOINIT}]
[[,]{COMPRESSION|NO_COMRESSION}
]
```

其中，WITH DIFFERENTIAL 子句指定是差异备份。其他参数与完整备份参数一样，在这里不重复介绍。

【例 12-4】把"教学管理"数据库的差异备份到 jxgldisk 设备上。

T-SQL 代码如下：

```
Backup    database 教学管理    to    jxgldisk
With differential
```

执行结果如图 12-7 所示。

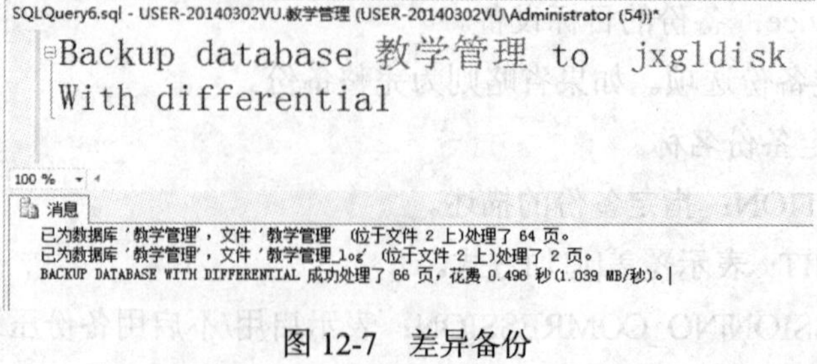

图 12-7　差异备份

12.3.3　事务日志备份

备份事务日志的语法格式如下：

```
BACKUP LOG database_name
TO <backup_device>[    n]
WITH
[[,] NAME=backup_set_name]
[[,] DESCRIPITION='TEXT']
[[,]{INIT|NOINIT}]
[[,]{COMPRESSION|NO_COMRESSION}
]
```

LOG 指定仅仅备份事务日期。必须创建完整备份，才能创建第一个事务日志备份。其他其中，各参数与完整备份语法中的参数完全相似，这里不再重复。

【例 12-5】备份"教学管理"数据库的日志到备份设备 jxgldisk。

T-SQL 代码如下：

```
Backup   log   教学管理   to   jxgldisk
```

执行结果如图 12-8 所示。

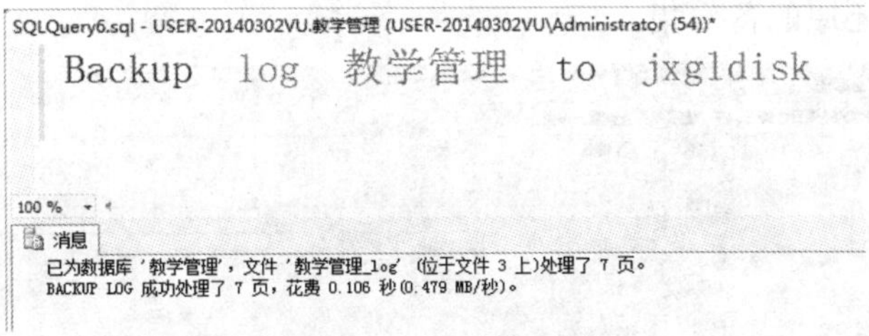

图 12-8　事务日志备份

12.4　在 SQL Server Management Studio 中还原数据库

还原是备份的逆向操作。可以通过 SQL Server Management Studio 工具和使用 T-SQL 语句两种方法来进行还原。此处仅介绍使用工具还原数据库。

具体操作步骤如下：

(1) 在"对象资源管理器"窗口中，单击服务器名称以展开服务器，展开"数据库"节点，然后选中要还原的数据库。

(2) 右击选中的还原数据库，从弹出的快捷菜单中选择"任务"|"还原"|"数据库"命令，如图 12-9 所示，将弹出"还原数据库"对话框，如图 12-10 所示。

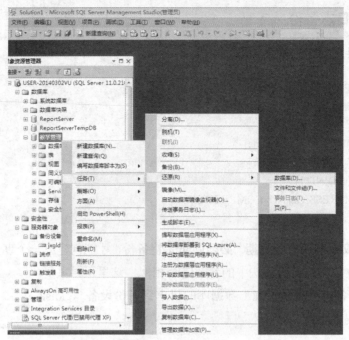

图 12-9 选择命令

(3) 在"目标"区域的"数据库"下拉列表框中选择要还原的数据库的名称。在"还原计划"中选中要还原的备份集。

图 12-10 "还原数据库"对话框

(4) 选择"文件"选项页,可以将数据库文件重新定位,也可以还原到原位置,如图

12-11 所示。

图 12-11 "文件"选项页

(5) 选择"选项"选项页，如图 12-12 所示。

图 12-12 "选项"选项页

(6) 如果还原数据库时想覆盖现有数据库，则选中"覆盖现有数据库"复选框。

(7) 如果要修改恢复状态，可以选择相应的选项。

(8) 设置完成后，单击"确定"按钮。

12.5　用 T-SQL 语言还原数据库

12.5.1　完整备份还原

语法格式如下：

```
RESTOE DATABASE database_name
[FROM <backup_device> [,.....n]]
[WITH
[FILE=file_number]
,[[, ] MOVE 'logical_file_name' TO
'operating_system_file_name' ]
  [,....n]
[[, ] {RECOVERY |NORECOVERY |STANDBY =
{standby_file_name}}]
[[, ] REPLACE]
]
```

其中：

```
<backup_device> ::=
{
  {logical_backup_device_name}
|
  {DISK|TYPE}={'physical_backup_device_name'}
}
```

12.5.2　差异备份还原

差异备份还原与完整备份还原的语法基本一样，必须先还原完整备份，才能进行差异
备份还原。

12.5.3　事务日志还原

语法格式如下：

```
RESTOE LOG database_name
[FROM <backup_device> [,.....n]]
```

```
[WITH
[FILE=file_number]
,[[, ] MOVE 'logical_file_name' TO
'operating_system_file_name' ]
 [,....n]
[[, ] {RECOVERY |NORECOVERY |STANDBY =
{standby_file_name}}]
[[, ] REPLACE]
]
```

其中：

```
<backup_device> ::=
{
    {logical_backup_device_name}
 |
    {DISK|TYPE}={'physical_backup_device_name'} }
<file_or_filegroup>: :=
{FILE =logical_file_name |FILEGROUP = logical_filegroup_name}
```

【例 12-6】对"教学管理"数据库进行完整、差异、事务日志还原。

T-SQL 代码如下：

```
Restore database  教学管理  from jxgldisk
With file=1,norecovery
Restore database  教学管理  from jxgldisk
With file=2,norecovery
Restore log 教学管理  from jxgldisk
With file=3,recovery
```

12.6　建立自动备份的维护计划

创建数据库维护计划可以让 SQL Server 自动而有效地维护数据库，从而为系统管理员节省大量时间，也可以防止延误数据库的维护工作。在 SQL Server 数据库引擎中，维护计划可以创建一个作业，以按预定间隔自动执行这些维护任务。

维护计划向导可以用于设置核心维护任务，从而确保数据库执行良好，做到定期备份数据库以防止系统出现故障，对数据库实施不一致性检查。维护计划向导可以创建一个或多个 SQL Server 代理作业，代理作业将按计划间隔自动执行这些维护计划。

SQL Server 2012 和 SQL Server 2008 一样，都可以做维护计划，来对数据库进行自动的备份。

假设我们现在有一个学生管理系统的数据库需要进行备份，由于数据库中的数据很多，数据文件很大，如果每次都进行完整备份那么硬盘占用了很大空间，而且备份时间很长，维护起来也很麻烦。因此，我们可以采用完整备份和差异备份的方式，每周日进行一次完整备份，每天晚上进行一次差异备份。使用差异备份可以减小备份文件的大小，同时还可以提高备份的速度，但其缺点是必须使用上一次完整备份的文件和差异备份的文件才能还原差异备份时刻的数据库，单独只有差异备份文件是没有意义的。

下面介绍如何通过维护计划来实现完整备份和差异备份：

(1) 在做计划之前，需要先启用 SQL Server 代理，并将启动模式设为自动。

(2) 接下来，打开"SQL Server Management Studio"，展开服务器下面的"管理"节点，右击"维护计划"，从弹出的快捷菜单中选择"维护计划向导"命令，如图 12-13 所示，启动"维护计划向导"，如图 12-14 所示。

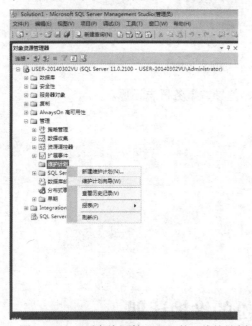
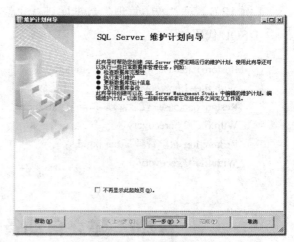

图 12-13　"对象资源管理器"的"维护计划"　　　　图 12-14　　维护计划向导

这里向导已经告诉我们维护计划到底能够干什么了，其中最后一项"执行数据库备份"正是我们所需要的。

(3) 单击"下一步"按钮，进入"选择计划属性"窗口，输入计划的名称，由于我们的计划包括两部分：完整备份和差异备份，这两部分的执行计划是不一样的，一个是一周执行一次，另一个是一天执行一次，所以要选择"每项任务单独计划"单选按钮，如图 12-15 所示。

(4) 单击"下一步"按钮，选择维护任务，这里就是可以在维护计划中执行的任务，如果要执行的任务在这里没有，那就不能用维护计划来做，需要自己写 SSIS 包或者 SQL

语句。本例我们要执行的任务都在这里，选中这两个任务，如图 12-16 所示。

图 12-15　选择计划属性　　　　　　　　　　图 12-16　选择计划执行的任务

(5) 单击"下一步"按钮，进入"选择维护任务顺序"界面，这里可以看到我们选中的任务出现在列表中，但是我们并不能调整其顺序，这是因为在步骤 2 中我们选择的是"每项任务单独计划"，所以这 2 个任务是独立的，没有先后顺序可言。如果当时选择的是另一个选项，那么这里就可以调整顺序了，如图 12-17 所示。

(6) 选中"备份数据库(完整)"选项，然后单击"下一步"按钮，系统将转到"定义完整备份任务"界面，如图 12-18 所示。

图 12-17　选择维护任务顺序

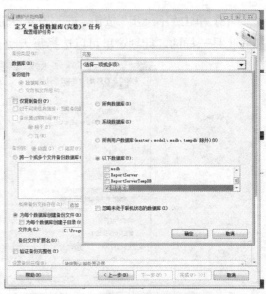

图 12-18　定义完整备份数据库任务

(7) 这个界面实在太长了，把任务栏隐藏了都显示不完，出现了滚动条，这里我们选择要进行备份的数据库，选择为每个数据库创建备份文件，文件保存在 D 盘 Backup 目录下，扩展名为 bak，出于安全起见，可以选中"验证备份完整性"复选框，当然也可以不选。在 SQL Server 2012 中提供了压缩备份的新特性，使得备份文件更小，备份速度更快，这里我们就是选择压缩备份。最后是选择执行计划，单击"更改"按钮，打开"新建作业计划"对话框，如图 12-19 所示，这里选的是每周日晚上 0 点的时候执行。

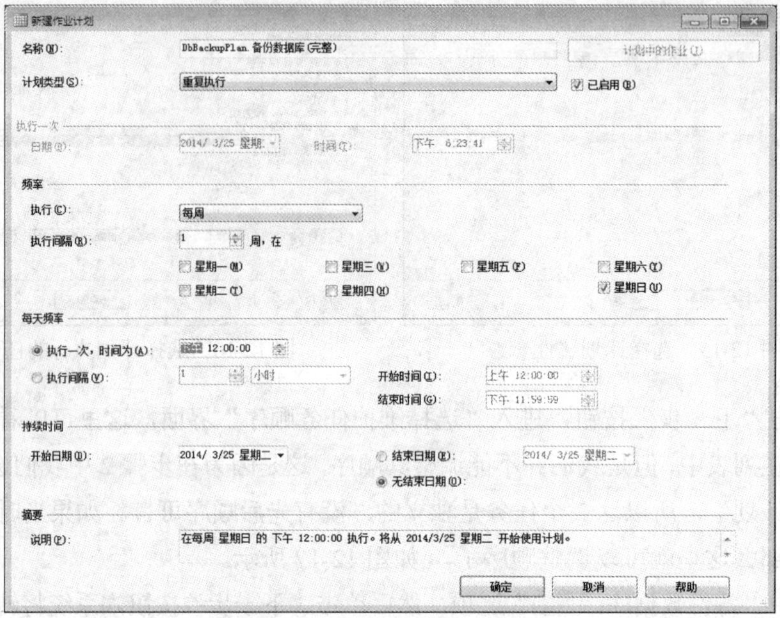

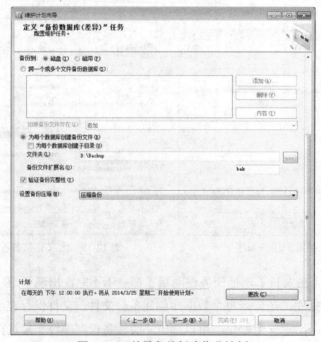

图 12-19   "新建作业计划"对话框

(8) 单击"下一步"按钮，进入差异备份任务的设置界面，和上一步的界面是一样的，操作也是一样的，计划这里可以选择每天晚上 0 点进行差异备份，如图 12-20 所示。

图 12-20   差异备份新建作业计划

(9) 单击"下一步"按钮，进入"选择报告选项"界面，这里可以将这个维护计划的执行报告写入文本文件中，也可将讲报告通过电子邮件发送给管理员，如图 12-21 所示。如果要发送邮件，那么需要配置 SQL Server 的数据库邮件，另外还要设置 SQL Server 代理中的操作员，关于邮件通知操作员的配置这里就不详述了。

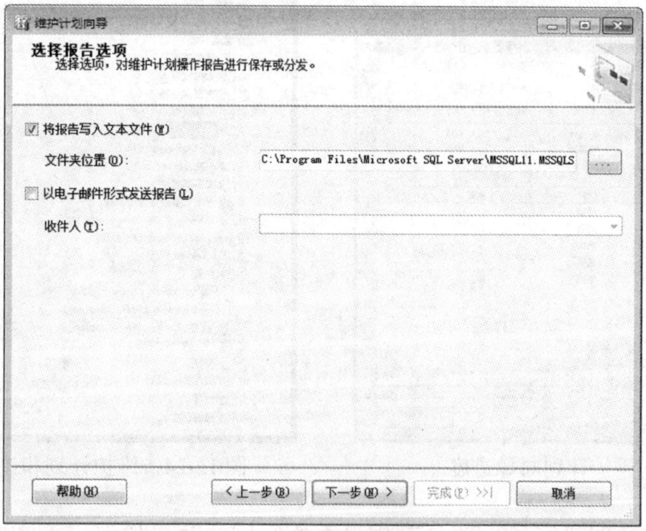

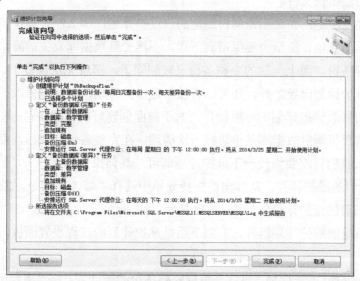

图 12-21　"选择报告选项"界面

(10) 单击"下一步"按钮，进入"完成该向导"界面，系统列出了向导要完成的工作，如图 12-22 所示。

图 12-22　向导要完成的工作

(11) 单击"完成"按钮，向导将创建对应的 SSIS 包和 SQL 作业，如图 12 -23 所示。

(12) 完成后，刷新"对象资源管理器"窗口，可以看到对应的维护计划和该计划对应的作业，如图 12 -24 所示。

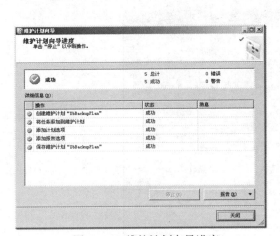

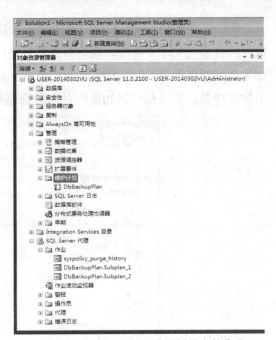

图 12-23　维护计划向导进度　　　　　　图 12-24　维护计划和该计划对应的作业

现在维护计划是创建好了，要急着想看看执行后的效果如何，不需要等到晚上 12 点，在"作业"下面，右击 DbBackupPlan.Subplan_1，从弹出的快捷菜单中选择"作业开始步骤"命令，系统便立即执行该作业，系统运行完成后，可以在 D:\Backup 文件夹下看到我们做的完整备份的备份文件。

这里需要注意的是：如果不是周日制定的该维护计划，那么制定该维护计划前一定要做个完整备份，而且该备份至少要保留到下周，不然一旦数据库发生故障，发现只有这几个工作日的差异备份，而上一次的完整备份又被删除了，那就无法恢复了。

除了使用维护计划向导之外，还可以直接新建维护计划，也可以修改已经创建的维护计划。下面介绍修改维护计划的一般操作。对于前面创建好的完整备份+差异备份维护计划，现在我们需要每周对数据库备份进行一次清理，在完整备份完成后，要将 1 个月前的备份删除。那么我们只需要修改一下维护计划即可，具体操作如下：

(1) 右击我们的维护计划，从弹出的快捷菜单中选择"修改"命令，系统将新建一个选项卡来显示当前的维护计划，如图 12-25 所示。

左下角是可用的维护计划组件，右侧下面是维护计划的流程设置面板，上面是该计划的子计划列表。

(2) 选中 Subplan_1 子计划，也就是每周完整备份的子计划，将"清除历史记录"任务从工具箱中拖曳到计划面板中，然后在面板中单击"备份数据库(完整)"组件，系统将显示一个绿色的箭头，将绿色箭头拖曳到"清除历史记录"组件上，如图 12-26 所示。

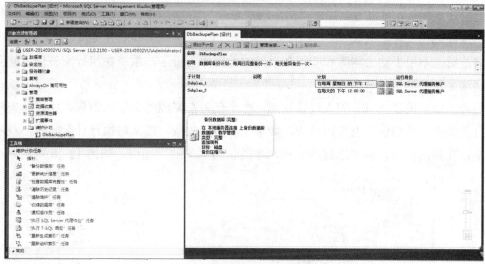

图 12-25　当前的维护计划

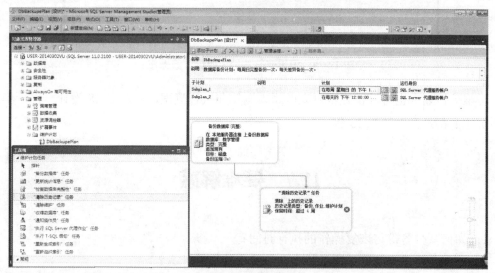

图 12-26　添加"清除历史记录"任务

也就是说，在成功完整备份了数据库之后，才执行清除历史记录任务。

（3）右击"清除历史记录"任务，从弹出的快捷菜单中选择"编辑"命令，系统将弹出清除历史记录任务设置窗口，如图 12-27 所示。

这里既可以清除历史记录日志，也可以删除硬盘上的历史数据。这里我们要删除 4 周前的历史备份数据，单击"确定"

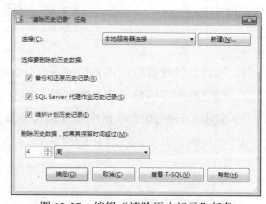

图 12-27　编辑"清除历史记录"任务

按钮返回计划面板，可以看到原本"清除历史记录"任务上的小红叉不见了。单击"保存"按钮，该计划便保存起来。

　　修改后就不用手动去删除那些很久以前的数据库备份了，系统在执行完备份后就会删除那些满足条件的备份数据。

　　另外，如果用过 SSIS 的人应该知道，一个任务在完成时是绿色箭头，如果是失败，则为红色箭头，我们这里也可以设置，如果上一步骤失败，那么将执行什么操作，双击绿色箭头，在弹出的对话框中选择约束选项中的值为"失败"即可，如图 12-28 所示。

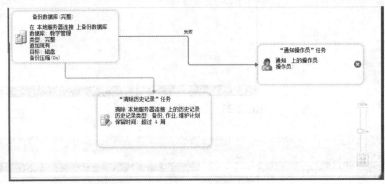

图 12-28　编辑完整备份失败执行的操作

　　在维护计划中也可以设置很复杂的逻辑运算和执行流程，就和 SSIS 设计一样，毕竟本质上他们都是在设计 SSIS 包。

12.7　疑难解惑

1．如何减少备份与恢复操作的执行时间？
2．差异备份作为备份策略的一部分，其优缺点是什么？

12.8　经典习题

1．物理备份设备与逻辑备份设备有什么区别？
2．简述数据库备份与还原的过程。
3．SQL Server 2012 数据库恢复模式分为几种？
4．如何制定备份与恢复计划？

第13章 分区管理及系统数据库
的备份和还原

对于大型数据库而言，采用分区技术可以使我们能够把一个表或索引的某部分子集，分开存储到各个文件组上，有效地对数据库中的数据进行合理的管理。同时，分区还能使我们更容易地管理归档例程和数据装载操作。当 master 数据库不可用时，SQL Server 引擎将不能启动。本节重点讨论分区技术和 master 数据库的还原方法。

本章学习目标：

- 掌握分区技术的理论和使用方法
- 掌握 master 数据库的还原方法
- 掌握系统数据库的备份与还原方法

13.1 工作场景导入

对于大型数据库而言，如果将一个表中的所有数据全部存储在一个文件组上，势必会造成数据库响应性能的下降，并且会造成管理的困难。如何将一个表中的数据以及索引分散存储到各个文件组上，实现有效地对数据库中的数据进行合理的管理。这就要用到 SQL Server 的分区技术。

当 master 不可用时怎么办？如何恢复 master 数据库？

13.2 创建分区

SQL Server 支持表和索引的分区。分区表(partitioned table)和分区索引(partitioned index)是 SQL Server 2005 Enterprise Edition 开始引入的新功能，在 SQL Server 2012 Enterprise Edition 中得到了更加广泛地运用。对于大型数据库而言，使用分区可以把一个表或索引的不同子集(数据行)分散存储到不同物理磁盘上的各个文件组上，提高这些磁盘的并行处理性能以优化数据的查询、归档和装载操作等性能。但是，数据库分区也会产生开销，在数据量不大的情况下，采用分区技术是不明智的。使用分区技术，必须要从实际情况出发，做好规划再操作。

本节主要介绍分区的概念、如何创建分区函数、分区方案和分区表、如何管理分区。

13.2.1　SQL Server 数据库表分区

分区表在逻辑上是一个表，而物理上是多个表。这意味着从用户的角度来看，分区表和普通表是一样的，如图 13-1 所示。

SQL Server 数据库表分区由如下 3 个步骤来完成:

(1) 创建分区函数

(2) 创建分区方案

(3) 对表进行分区

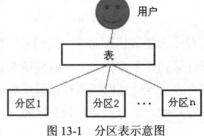

图 13-1　分区表示意图

13.2.2　分区技术的分类和优点

1. 分区技术的分类

(1) 硬件分区

在机器上增加冗余的硬件设备，将数据存储和查询任务分配到不同的硬件设备上，可以构建高效的硬件体系结构。

(2) 垂直分区

将表垂直分成多个独立的小表，保证每个表包含的行数相同，只是将原表的结果集以"列"为单位进行分割。对于包含列数很多的大型表来讲，如果每次只需访问表中常用的几列数据，就可以选择这种分区方式，从而减少表中数据的读取量，提高该表的查询效率。

(3) 水平分区

这种分区方式同样是把表分成多个更小的表格。每个表包含的列数相同，只是将原表的结果集以"行"为单位进行分割。对于包含行数很多的大型表来讲，这种分区方式能够快速查找出所需要的数据。例如: 在售卖记录表中，如果按时间进行分区，那么不同年份(或月份)的售卖记录保存到不同的售卖记录小表中。当按年份进行统计售卖记录时，会快速找出所需数据，从而提高查询效率。

2. 分区技术的优点

通过对大型表或索引进行分区(partioning)，可以具有以下可管理性和性能优点。

● 可以快速、高效地传输或访问数据的子集，同时又能维护数据收集的完整性。例如，将数据从 OLTP 加载到 OLAP 系统之类的操作仅需几秒钟即可完成，而如果不对数据进行分区，执行此操作可能需要几分钟或几小时。

- 可以更快地对一个或多个分区执行维护操作。这些操作的效率更高，因为它们仅针对这些数据子集，而非整个表。例如，可以选择在一个或多个分区中压缩数据，或者重新生成索引的一个或多个分区。
- 可以根据经常执行的查询类型和硬件配置，提高查询性能。例如，在两个或更多的已分区表中的分区列相同时，查询优化器可以更快地处理这些表之间的同等联接查询，因为可以联接这些分区本身。

当 SQL Server 针对 I/O 操作执行数据排序时，它会首先按分区对数据进行排序。SQL Server 每次访问一个驱动器，这样可能会降低性能。为了提高数据排序性能，可以通过设置 RAID 将多个磁盘中的分区数据文件条带化。这样一来，尽管 SQL Server 仍按分区对数据进行排序，但它可以同时访问每个分区的所有驱动器。

此外，还可以通过对在分区级别而不是整个表启用锁升级来提高性能。这可以减少表上的锁争用。

13.2.3　创建分区函数

分区函数是数据库中的一个独立对象。定义数据分区的边界点，创建分区函数是对一个表、索引或索引视图进行分区的第一步。因为分区是对数据库中可存储数据的对象进行的分区，所以表、索引的分区的第一步就是创建分区函数。分区函数可以将数据映射到一组分区上。

分区函数指定用于分区数据的键的数据类型、分区数量、分区依据列以及每个分区的边界值。分区函数定义的分区数总比该函数定义的边界值大 1。

例如，定义 datetime 分区键以及边界值"01/01/2011"、"01/01/2012"和"01/01/2013"的分区函数，4 个分区如下：一个用于第一个边界值之前的任何值；一个用于第一个和第二个边界值之间的值；一个用于第二个和第三个边界值之间的值；还有一个用于边界值之外的任何值，如图 13-2 所示。

图 13-2　分区函数分区

边界值放置位置：根据用户希望与边界值匹配的数据所处的位置，可以将分区函数配置为 LEFT 或者 RIGHT。在 LEFT 分区函数中，与边界值完全匹配的值属于左边分区；同理，RIGHT 分区函数，与边界值完全匹配的值属于右边分区。

使用 CREATE PARTITION FUNCTION 语句可以创建分区函数。该命令的基本语法格式如下：

```
CREATE PARTITION FUNCTION partition_function_name (input_parameter_type)
```

> AS RANGE [LEFT/RIGHT]
> FOR VALUES ([boundary_value[,…n]])[;]

各参数的含义说明如下:

(1) partition_function_name: 是分区函数的名称。分区函数名称在数据库内必须唯一,并且符合标识符的规则。

(2) input_parameter_type: 是用于分区的列的数据类型。当用作分区列时,除 text、ntext、image、xml、timestamp、varchar(max)、nvarchar(max)、varbinary(max)、别名数据类型或 CLR 用户定义数据类型之外,所有数据类型均有效。实际列(也称为分区列)是在 CREATE TABLE 或 CREATE INDEX 语句中指定的。

(3) boundary_value: 为使用 partition_function_name 的已分区表或索引的每个分区指定边界值。如果 boundary_value 为空,则分区函数使用 partition_function_name 将整个表或索引映射到单个分区。只能使用 CREATE TABLE 或 CREATE INDEX 语句中指定的一个分区列。boundary_value 是可以引用变量的常量表达式,这包括用户定义类型变量,或函数以及用户定义函数。它不能引用 Transact-SQL 表达式。boundary_value 必须与 input_parameter_type 中提供的数据类型相匹配或者可隐式转换为该数据类型,如果该值的大小和小数位数与 input_parameter_type 中相应的值的大小和小数位数不匹配,则在隐式转换过程中该值不能被截断。

注意:

如果 boundary_value 包含 datetime 或 smalldatetime 文字值,则为这些文字值在计算时假设 us_english 是会话语言。不推荐使用此行为。要确保分区函数定义对于所有会话语言都具有预期的行为,建议使用对于所有语言设置都以相同方式进行解释的常量,例如 yyyymmdd 格式;或者将文字值显式转换为特定样式。可以使用 Select@@LANGUAGE 确定服务器的语言会话。

(4) …n: 指定 boundary_value 提供的值的数目,不能超过 14,999。创建的分区数等于 n+1。不必按顺序列出各值。如果值未按顺序列出,则数据库引擎将对它们进行排序、创建函数并返回一个警告,说明未按顺序提供值。如果 n 包括重复的值,则数据库引擎将返回错误。

(5) LEFT|RIGHT: 指定当间隔值由数据库引擎按升序从左到右排序时,boundary_value[,…n]属于每个边界值间隔的哪一侧(左侧还是右侧)。如果未指定,则默认值为 LEFT。

注意:

- 分区函数的作用域被限制为在其中创建该分区函数的数据库。在该数据库内,分区函数驻留在与其他函数的命名空间不同的一个单独命名空间内。

- 分区列为空值的所有行都放在最左侧分区中，除非将 NULL 指定为边界值并指定了 RIGHT。在这种情况下，最左侧分区为空分区，NULL 值被放置在后面的分区中。

可以使用下列任何一种权限执行 CREATE PARTITION FUNCTION：

- ALTER ANY DATASPACE 权限。默认情况下，此权限授予 sysadmin 固定服务器角色和 db_owner 及 db_ddladmin 固定数据库角色的成员。
- 在其中创建分区函数的数据库的 CONTROL 或 ALTER 权限。
- 在其中创建分区函数的数据库所在服务器的 CONTROL SERVER 或 ALTER ANY DATABASE 权限。

【例 13-1】创建名为 pfOrderDate 的部分分区函数，并设置其边界值放置位置为右，指定分区为：2011 年 1 月之前，2011 年 1 月～12 月底，2012 年 1 月～12 月底，2013 年 1 月之后。

```
CREATE PARTITION FUNCTION pfOrderDate (datetime)
AS RANGE RIGHT
FOR VALUES ('01/01/2011', '01/01/2012', 01/01/2013')
```

【例 13-2】对 char 列创建分区函数。

以下创建的分区函数将表或索引分为 4 个分区。Transact-SQL 脚本如下：

```
CREATE PARTITION FUNCTION myRangePF3 (char(20))
AS RANGE RIGHT FOR VALUES ('EX', 'RXE', 'XR');
```

如表 13-1 所示显示了对分区依据列 col1 使用此分区函数的表如何进行分区。

表 13-1　【例 13-2】的分区范围

分区	1	2	3	4
值	col1<EX	col1>=EX AND col1<RXE	col1>=RXE AND col1<XR	col1>=XR

【例 13-3】创建 15,000 个分区。

以下创建的分区函数将表或索引分为 15,000 个分区。Transact-SQL 脚本如下：

```
--Create integer partition function for 15,000 partitions.
DECLARE @IntegerPartitionFunction nvarchar(max) = N'CREATE PARTITION FUNCTION
IntegerPartitionFunction (int) AS RANGE RIGHT FOR VALUES (';
DECLARE @i int = 1;
WHILE @i < 14999
BEGIN
 SET @IntegerPartitionFunction += CAST(@i as nvarchar(10)) + N', ';
 SET @i += 1;
```

```
END
SET @IntegerPartitionFunction += CAST((@i as nvarchar(10)) + N')';
EXEC sp_executesql @IntegerPartitionFunction;
GO
```

【例 13-4】 为多个年度创建分区。

以下创建的分区函数将表或索引在 datetime2 列上分为 50 个分区。对于 2007 年 1 月～2011 年 1 月之间的每个月，都有一个分区。

Transact-SQL 脚本如下：

```
--Create date partition function with increment by month.
DECLARE @DatePartitionFunction nvarchar(max) = N'CREATE PARTITION FUNCTION
DatePartitionFunction (datetime2) AS RANGE RIGHT FOR VALUES (';
DECLARE @i datetime2 = '20070101';
WHILE @i < '20110101'
BEGIN
 SET @DatePartitionFunction += '''' + CAST((@i as nvarchar(10)) + '''' + N', ';
 SET @i = DATEADD(MM, 1, @i);
END
SET @DatePartitionFunction += '''' + CAST((@i as nvarchar(10))+ '''' + N')';
EXEC sp_executesql @DatePartitionFunction;
GO
```

13.2.4 创建分区方案

创建分区函数以后，必须将其与指定的分区方案相关联。换言之，对一个表、索引或索引视图进行分区的第二步就是创建一个分区方案。分区方案将在分区函数中定义的分区映射到物理存储这些分区的文件组。可以将所有的分区映射到同一个文件组，也可以将部分或全部分区映射到不同的文件组。

创建分区方案时，可以设置一个可选项，用于指定当分区函数中添加了一个分区时可以使用的文件组，称为"下一个"文件组。

使用 CREATE PARTITION SCHEME 语句创建分区方案。该命令的基本语法格式如下：

```
CREATE PARTITION SCHEME partition_scheme_name
AS PARTITION partition_function_name
TO ({file_group_name/[PRIMARY]}[,...n]))[;]
```

根据对象标识符的命名规则命名分区方案，使用 PARTITION 子句指定将被映射到该分区方案的分区函数的名称。该命令中的 TO 子句指定了文件组的列表，它为所有使用该分区方案的数据定义磁盘上的存储空间。该子句中指定的所有文件组，必须已经添加到数据库中，必须至少把一个文件分配给它们，且没有标记为只读。

在分区方案下，将数据从 OLTP 加载到 OLAP 系统中，这样的操作只需几秒钟，而不是像早期版本中那样需要几分钟或几个小时。对数据子集执行的维护操作也将更有效，因为它们的目标只是所需的数据，而不是整个表。

【例 13-5】创建名为 psOrderDate 的分区方案，将 pfOrderDate 分区函数中定义的分区分别分配给 fileGroup1、fileGroup2、fileGroup3 和 fileGroup4 文件组，fileGroup5 指定为要使用的下一个文件组。

```
CREATE  PARTITION  SCHEME  psOrderDate
AS PARTITION pfOrderDate
TO (fileGroup1, fileGroup2, fileGroup3, fileGroup4, fileGroup5)
```

13.2.5　创建分区表

如果一个表中包含了大量的、以多种不同方式使用的数据，且通常情况下的查询不能按照预期的情况完成，这时就可以考虑使用分区表。分区表是将数据水平划分为多个单元的表，这些单元可以分布到数据库中的多个不同的文件组中。对数据进行查询或更新时，这些分区表将视为独立的逻辑单元。在维护整个集合的完整性时，使用分区可以快速而有效地访问或管理数据子集，从而使大型表或索引更易于管理。

如果表很大，或者有可能变得很大，而且还属于以下任意一种情况，那么分区表就会具有意义：表中包含或可能包含以不同方式使用的许多数据；对表的查询或更新没有按照预期的方式执行，或者维护开销超出了预定义的维护期。

分区表支持所有与设计和查询标准表关联的属性和功能，包括约束、默认值、标识和时间戳值、触发器和索引。因此，如果要实现一台服务器本地的分区视图，应该改为实现分区表。

创建分区表的主要步骤如下：首先，创建分区函数，指定如何分区；其次，创建分区方案，指定分区函数的分区在文件组上的位置；最后创建使用分区表。创建分区表需要在 CREATE TABLE 语句中使用 ON 关键字指定分区方案名称和分区列。

【例 13-6】创建一个已分区的 SalesOrder 表，其中 OrderDate 列是分区列。表的各列分别为 OrderID INT、Orderquantity INT、OrderDate DATETIME。

```
CREATE TABLE SalesOrder
(OrderID   INT,
Orderquantity   INT,
OrderDate   DATETIME)
ON   psOrderDate(OrderDate)
```

注意：
已分区表中分区列在数据类型、长度、精度方面与分区方案所引用的分区函数中使用的数据类型、长度、精度要相一致。

13.2.6　管理分区

在对一个表或索引等进行分区后，数据修改将使 SQL Server 把数据行放入合适的分区中，从而放入磁盘的一个特定文件组中。分区过程不是静态的，可以对分区表执行 3 个主要操作：切换分区、合并分区和拆分分区。可以用 SPLIT、MERGE 和 SWITCH 这 3 个运算符来管理分区。

切换分区(SWITCH)：将已填充的表或分区与空的表或分区进行交换；

合并分区(MERGE)：把两个临近的分区合并为一个分区；

拆分分区(SPLIT)：在已有的分区中插入一个边界，创建一个新的分区，如图 13-3 所示。

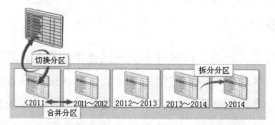

图 13-3　管理分区

1. 切换分区

使用 ALTER TABLE 语句的 SWITCH 子句可以将已填充的表或分区与空的表或分区进行交换。

【例 13-7】修改 dbo.partitionedTransactions 表，将已填充的分区与空的分区 dbo.TransactionArchive 进行交换。

```
ALTER TABLE dbo. partitionedTransactions
SWITCH PARTITION 1
TO dbo.TransactionArchive
```

2. 合并分区

使用 ALTER PARTITION FUNCTION 语句可以合并分区。执行合并操作时，在该语句中，指定了边界值的分区将被删除，并且将该数据合并到相邻的分区中。

【例 13-8】修改分区函数 pf_orderDate()，删除 "01/01/2011" 作为边界值的分区，以合并分区。

```
ALTER PARTITION FUNCTION pf_orderDate()
MERGE RANGE('01/01/2011')
```

3. 拆分分区

拆分分区也使用 ALTER PARTITION FUNCTION 语句。拆分分区将创建新分区，并重新分配相应的数据。新的分区创建在基于分区函数的每一个分区方案中，指定为"下一个"文件组的文件组中。

【例 13-9】修改 pf_orderDate()分区函数，在基于分区函数的每个分区方案中指定为下一个文件组的文件组中，创建新分区，边界值为"01/01/2011"。

```
ALTER PARTITION FUNCTION pf_orderDate()
SPLIT RANGE('01/01/2011')
```

13.2.7 使用向导创建分区表

在使用分区技术的数据库中，DBA 的主要任务是合理规划和创建分区表。在 SQL Server 2005 中，我们通过使用 CREATE PARTITION FUNCTION 命令和 CREATE PARTITION SCHEME 命令来创建分区函数和分区方案，将管理员的操作保存在脚本中记录下来。DBA 有时还要对分区中的数据进行合并、拆分和切换，工作量非常大。而在 SQL Server 2012 中，引入了创建分区向导，用户可以根据向导一步步完成对数据表的分区，从而简化了创建分区的难度。

(1) 在"对象资源管理器"中，展开"数据库"节点，右击要在其中创建分区的表，从弹出的快捷菜单中选择"存储"|"创建分区"命令，打开创建分区向导，如图 13-4 所示。

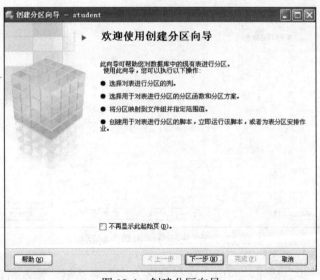

图 13-4 创建分区向导

(2) 如果"创建分区"命令不可用，则所选表可能已经进行了分区。这时，可以在"存储"子菜单中选择"管理分区"命令，使用管理分区向导修改现有分区。在"创建分区向导"对话框中单击"下一步"按钮，弹出"选择分区列"对话框，如图 13-5 所示。

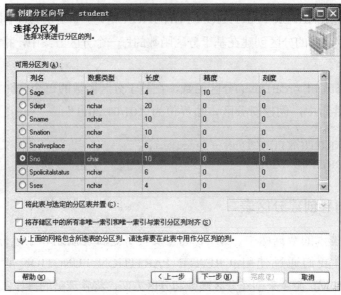

图 13-5 "选择分区列"对话框

  (3) 单击"下一步"按钮，弹出"选择分区函数"对话框，输入新建的分区函数，如图 13-6 所示。

图 13-6 "选择分区函数"对话框

  (4) 单击"下一步"按钮，弹出"选择分区方案"对话框，输入新建的分区方案，如图 13-7 所示。

  (5) 单击"下一步"按钮，弹出"映射分区"对话框。在映射分区中指定映射范围：左边界或右边界，并选择相应的文件组存放数据和设定边界值，如图 13-8 所示。

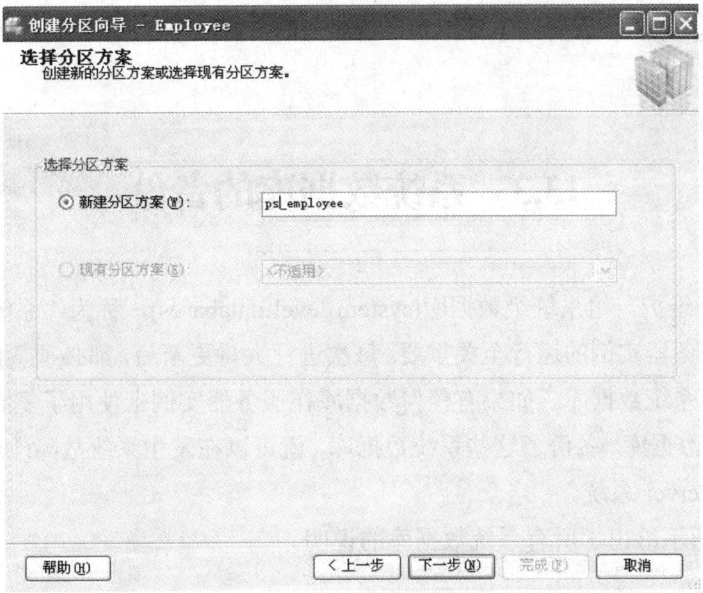

图 13-7　"选择分区方案"对话框

图 13-8　"映射分区"对话框

(6) 在"映射分区"对话框中，单击"设置边界"按钮，会弹出"设置边界值"对话框，如图 13-9 所示。在其中选择"开始日期"、"结束日期"和"日期范围"后，单击"确定"按钮。

(7) 返回到"映射分区"对话框中，单击"下一步"按钮，进入"选择输出选项"对话框，选

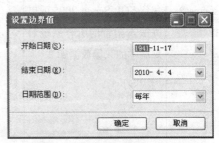

图 13-9　"设置边界值"对话框

中"创建脚木"复选框,并将脚本保存到"新建查询"窗口中。单击"下一步"按钮,完成全部设置。

13.3　系统数据库的备份

SQL Server 维护一组系统级数据库(system-level databases),称为"系统数据库"。这些数据库对于服务器实例的运行至关重要。每次进行大量更新后,都必须备份 msdb、master 和 model 这 3 个系统数据库。如果有任何数据库在服务器实例上使用了复制,则必须备份 distribution 系统数据库。备份了这些系统数据库,就可以在发生系统故障(如硬盘丢失)时还原和恢复 SQL Server 系统。

如表 13-2 所示给出了所有系统数据库的说明。

表 13-2　系统数据库列表

系统数据库	说明	需要备份	恢复模式	注释
master	记录 SQL Server 系统的所有系统级信息的数据库	是	简单	必须经常备份 master,以便根据业务需要充分保护数据。建议使用定期备份计划,这样在大量更新之后可以补充更多的备份
model	在 SQL Server 实例上为创建所有数据库的模板	是	用户可配置	仅在业务需要时备份 model,例如自定义其数据库选项后立即备份 最佳方法:建议仅根据需要创建 model 的完整数据库备份。由于 model 较小而且很少更改,因此无需备份日志
msdb	SQL Server 代理用来安排警报和作业以及记录操作员信息的数据库。msdb 还包含历史记录表,例如备份和还原历史记录表	是	简单(默认值)	更新时备份 msdb
Resource(RDB)	包含 SQL Server 2005 或更高版本附带的所有系统对象副本的只读数据库	否		Resource 数据库位于 mssqlsystemresource.mdf 文件中,该文件仅包含代码。因此,SQL Server 不能备份 Resource 数据库 注意:通过将 mssqlsystemresource.mdf 文件作为二进制(.exe)文件而不是作为数据库文件处理,可以对该文件执行基于文件的备份或基于磁盘的备份。但是不能使用 SQL Server 还原这

(续表)

系统数据库	说明	需要备份	恢复模式	注释
				些备份。只能手动还原 mssqlsystemresource.mdf 的备份副本，并且必须谨慎，不要使用过时版本或可能不安全的版本覆盖当前的 Resource 数据库
tempdb	用于保存临时或中间结果集的工作空间。每次启动 SQL Server 实例时都会重新创建此数据库。服务器实例关闭时，将永久删除 tempdb 中的所有数据	否	简单	无法备份 tempdb 系统数据库
distribution	只有将服务器配置为复制分发服务器时才存在此数据库。此数据库存储元数据、各种复制的历史记录数据以及用于事务复制的事务	是	简单	有关何时备份 distribution 数据库的内容，请读者参阅其他资料，本节不做介绍

13.3.1　查看或更改数据库的恢复模式

"恢复模式"是一种数据库属性，它控制如何记录事务，事务日志是否需要(以及允许)备份，以及可以使用哪些类型的还原操作。有 3 种恢复模式：简单恢复模式、完整恢复模式和大容量日志恢复模式。通常，数据库使用完整恢复模式或简单恢复模式。数据库可以随时切换为其他恢复模式。model 数据库将设置新数据库的默认恢复模式。

下面介绍如何使用 SQL Server Management Studio 或 Transact-SQL 在 SQL Server 2012 中查看或更改数据库的恢复模式。

1. 更改数据库的恢复模式之前的建议

(1) 在从完整恢复模式或大容量日志恢复模式切换前，请备份事务日志。

(2) 时点恢复在大容量日志模式下不可能进行。因此，如果在可能需要事务日志还原的大容量日志恢复模式下运行事务，这些事务可能会丢失数据。若要在灾难恢复方案中最大程度地恢复数据，建议仅在符合以下条件下切换到大容量日志恢复模式：

● 数据库中当前不允许存在用户。

● 在大容量处理过程中进行的所有修改均不依靠日志备份就可恢复；例如，通过重新运行大容量处理。

如果满足这两个条件，那么在大容量日志恢复模式下还原备份的事务日志时将不会丢失任何数据。

注意：如果在大容量操作过程中切换到完整恢复模式，则大容量操作的日志记录将从最小日志记录更改为最大日志记录，反之亦然。

2. 更改数据库的恢复模式的安全性考虑

需要对数据库具有 ALTER 权限。

3. 使用 SQL Server Management Studio 查看或更改恢复模式

使用 SQL Server Management Studio 查看或更改恢复模式的具体步骤如下：

(1) 连接到相应的 SQL Server 数据库引擎实例之后，在"对象资源管理器"中，单击服务器名称以展开服务器树。

(2) 展开"数据库"节点，然后根据数据库的不同，选择用户数据库，或展开"系统数据库"，再选择系统数据库。

(3) 右键单击该数据库，从弹出的快捷菜单中选择"属性"命令，打开"数据库属性"对话框。

(4) 在"选择页"窗格中，单击"选项"，如图 13-10 所示。

图 13-10　"数据库属性"对话框

（5）当前恢复模式显示在"恢复模式"列表框中。

（6）也可以从列表中选择其他的模式来更改恢复模式。可以选择"完整"、"大容量日志"或"简单"。

在"选项"选项页中，单击"脚本"右侧的下拉按钮，选择"将操作脚本保存到"新建查询"窗口"选项，如图 13-11 所示，此时可看到新建查询窗口中自动生成了相应的脚本，如图 13-12 所示。

图 13-11　自动生成脚本命令选项

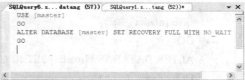

图 13-12　自动生成脚本示例

（7）单击"数据库属性"对话框中的"确定"按钮，完成更改数据库的恢复模式。

4. 使用 Transact-SQL 查看恢复模式

使用 Transact-SQL 查看 model 数据库的恢复模式的操作步骤如下：

（1）连接到数据库引擎。

（2）单击工具栏中的"新建查询"按钮。

（3）将【例 13-10】的代码复制并粘贴到查询窗口中，然后单击"执行"按钮。此例说明如何对 sys.databases 目录视图执行查询以了解 model 数据库的恢复模式。

【例 13-10】使用 Transact-SQL 查看 model 数据库的恢复模式。

Transact-SQL 语句如下：

```
SELECT name, recovery_model_desc
    FROM sys.databases
        WHERE name = 'model' ;
GO
```

结果如图 13-13 所示。

图 13-13　【例 13-10】执行结果

5. 使用 Transact-SQL 更改恢复模式

（1）连接到数据库引擎。

(2) 单击工具栏中的"新建查询"按钮。

(3) 将以下示例复制并粘贴到查询窗口中，然后单击"执行"按钮。此示例说明如何使用 ALTER DATABASE 语句的 SET RECOVERY 选项将 model 数据库中的恢复模式更改为 FULL。

【例 13-11】使用 Transact-SQL 更改 model 数据库的恢复模式。

Transact-SQL 语句如下：

```
USE [master]
GO
ALTER DATABASE [model] SET RECOVERY FULL WITH NO_WAIT
GO
SELECT name, recovery_model_desc
    FROM sys.databases
        WHERE name = 'model' ;
GO;
```

执行结果如图 13-14 所示。

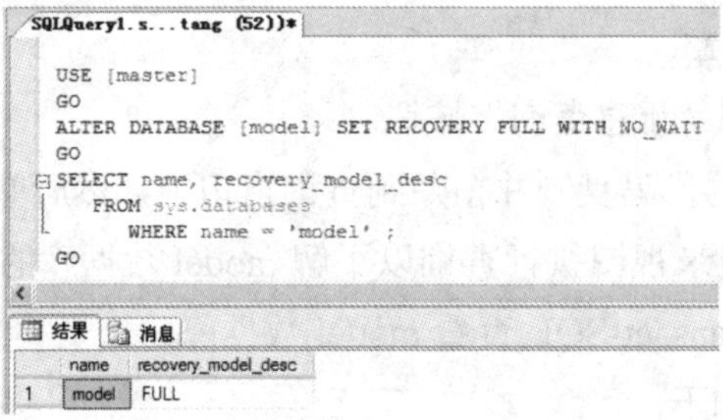

图 13-14　　【例 13-11】执行结果

6. 更改恢复模式之后的操作建议

(1) 在完整恢复模式和大容量日志恢复模式之间切换后

● 完成大容量操作之后，立即切换回完整恢复模式。

● 在从大容量日志恢复模式切换回完整恢复模式后，备份日志。

注意，备份策略保持不变：继续执行定期数据库备份、日志备份和差异备份。

(2) 从简单恢复模式切换之后

● 切换到完整恢复模式或大容量日志恢复模式之后，立即进行完整数据库备份或差异数据库备份以启动日志链。注意，从简单恢复模式到完整恢复模式或大容量日志恢复模式的切换仅在第一个数据备份之后才生效。

● 计划安排定期日志备份并相应地更新还原计划。重要提示：如果不经常备份日志，则事务日志可能会展开直到占满磁盘空间。

（3）切换到简单恢复模式之后

● 中断用于备份事务日志的所有计划作业。

● 确保定期执行数据库备份。备份数据库对于保护数据和截断事务日志的不活动部
　　分是基本操作。

7. 对还原系统数据库的限制

（1）只能从在服务器实例当前运行的 SQL Server 版本上创建的备份中还原系统数据
库。例如，若要还原在 SQL Server 2005 SP1 上运行的服务器实例上的系统数据库，则必须
使用在服务器实例为 SQL Server 2005 SP1 版本上创建的数据库备份。

（2）若要还原数据库，必须运行 SQL Server 实例。只有在 master 数据库可供访问且至
少部分可用时，才能启动 SQL Server 实例。如果 master 数据库不可用，则可以通过下列两
种方式将该数据库返回到可用状态：

● 从当前数据库备份还原 master。如果可以启动服务器实例，则应该能够从完整数据
　　库备份还原 master。

● 完全重新生成 master。

如果由于 master 严重损坏而无法启动 SQL Server，则必须重新生成 master。有关详细
信息，请看下一节的还原 master 数据库。

13.3.2　系统数据库的备份

系统数据库的备份可以通过 SQL Server Management Studio 来完成。具体操作步骤
如下：

（1）在"对象资源管理器"窗口中，展开"数据库"|"系统数据库"节点，右击 master，
如图 13-15 所示，从弹出的快捷菜单中选择"任务"|"备份"命令，打开如图 13-16 所示
的"备份数据库-master"对话框。

图 13-15　"任务"|"备份"菜单项

（2）在"备份数据库-master"对话框中，单击"脚本"右侧的下拉按钮，选择"将操
作脚本保存到"新建查询"窗口"选项，即可看到"新建查询"窗口中自动生成了相应的
脚本，如图 13-17 所示。

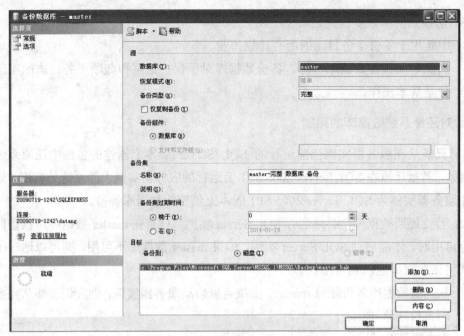

图 13-16　备份数据库-master 对话框

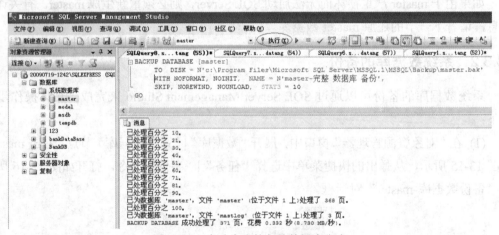

图 13-17　自动生成的备份数据库脚本

(3) 单击"确定"按钮，即可完成 master 数据库的备份。

系统数据库的备份也可以通过 Transact-SQL 语句完成。具体步骤如下：

打开"新建查询"窗口，单击"SQL 编辑器"工具栏中的"执行"按钮，执行如下所示的脚本，即可完成 master 的备份。

```
BACKUP DATABASE [master]
  TO   DISK = N'c:\Program Files\Microsoft SQL Server\MSSQL.1\MSSQL\Backup\master.bak'
  WITH NOFORMAT, NOINIT,   NAME = N'master-完整数据库备份',
  SKIP, NOREWIND, NOUNLOAD,   STATS = 10
GO
```

13.3.3　备份和还原 model 数据库

备份和还原 model 数据库的具体步骤如下：

(1) 先备份 model 数据库。

(2) 在"对象资源管理器"窗口中，展开"数据库"|"系统数据库"节点，右击 master，如图 13-18 所示，从弹出的快捷菜单中选择"任务"|"还原"|"数据库"命令，打开如图 13-19 所示的"还原数据库-model"对话框。

图 13-18　还原 model 数据库的菜单选项

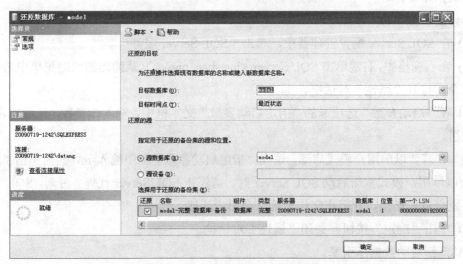

图 13-19　"还原数据库"对话框

(3) 也可以单击"脚本"右侧的下拉按钮，选择"将操作脚本保存到"新建查询"窗口"选项，即可看到"新建查询"窗口中自动生成了相应的脚本，如下所示。

```
RESTORE DATABASE [model]
 FROM    DISK = N'c:\Program Files\Microsoft SQL Server\MSSQL.1\MSSQL\Backup\model.bak'
 WITH    FILE = 1,   NOUNLOAD,   STATS = 10
 GO
```

(4) 单击"确定"按钮，完成 model 数据库的还原。

13.4　还原 master 数据库

当 master 数据库不可用时怎么办？

如果 master 数据库不可用，则可以通过下列两种方式将该数据库返回到可用状态：

(1) 从当前数据库备份还原 master。

(2) 完全重新生成 master。

13.4.1　从当前数据库备份还原 master

如果可以启动服务器实例，则应该能够从完整数据库备份还原(Restore)master。

下面的示例将在默认服务器实例上还原 master 数据库。

【例 13-12】该示例假定服务器实例是在单用户模式下运行。来例启动 sqlcmd 并执行 RESTORE DATABASE 语句，以便从磁盘设备 Z:\SQLServerBackups\master.bak 还原 master 的完整数据库备份。

具体步骤如下：

(1) 在 SQL Server 配置管理器中，单击"SQL Server 服务"。

(2) 在右窗格中，右键单击 SQL Server(<instance_name>)，从弹出的快捷菜单中选择"属性"命令，打开"属性"对话框。

(3) 在"启动参数"选项卡的"指定启动参数"文本框中，输入该参数，然后单击"添加"按钮。

例如，若要以单用户模式启动，请在"指定启动参数"框中输入-m，然后单击"添加"按钮。(以单用户模式重新启动 SQL Server 时，请停止 SQL Server 代理。否则，SQL Server 代理可能会首先连接，并阻止您作为第二个用户连接。)

(4) 单击"确定"按钮，关闭"属性"对话框。

(5) 重新启动数据库引擎。

注意，结束单用户模式的使用之后，在"启动参数"列表框中选择"现有参数"框中的-m 参数，然后单击"删除"按钮。重新启动数据库引擎，将 SQL Server 还原为典型的多用户模式。

(6) 在命令窗口输入如下还原 master 数据库的命令。

```
C:\> sqlcmd
1> RESTORE DATABASE master FROM DISK = 'Z:\SQLServerBackups\master.bak' WITH
REPLACE;
2> GO
```

注意:

对于命名实例,sqlcmd 命令必须指定-S<ComputerName>\<InstanceName>选项。

13.4.2 完全重新生成 master

如果 master 严重损坏而无法启动 SQL Server,则必须重新生成 master 数据库。

必须重新生成系统数据库才能修复 master、model、msdb 或 resource 系统数据库中的损坏问题或者修改默认的服务器级排序规则。

本节将介绍如何在 SQL Server 2012 中重新生成系统数据库。

1. 重新生成系统数据库的局限性

重新生成 master、model、msdb 和 tempdb 系统数据库时,将删除这些数据库,然后在其原位置重新创建。如果在重新生成语句中指定了新排序规则,则将使用该排序规则设置创建系统数据库。用户对这些数据库所做的所有修改都会丢失。例如,在 master 数据库中的用户定义对象、在 msdb 中的预定作业或在 model 数据库中对默认数据库设置的更改都会丢失。

2. 重新生成系统数据库的必备条件

在重新生成系统数据库之前执行下列任务,以确保可以将系统数据库还原至它们的当前设置。

(1) 记录所有服务器范围的配置值。

```
SELECT * FROM sys.configurations;
```

(2) 记录所有应用到 SQL Server 实例和当前排序规则的 Service Pack 和修补程序。重新生成系统数据库后必须重新应用这些更新。

```
SELECT
SERVERPROPERTY('ProductVersion ') AS ProductVersion,
SERVERPROPERTY('ProductLevel') AS ProductLevel,
SERVERPROPERTY('ResourceVersion') AS ResourceVersion,
SERVERPROPERTY('ResourceLastUpdateDateTime') AS ResourceLastUpdateDateTime,
SERVERPROPERTY('Collation') AS Collation;
```

(3) 记录系统数据库的所有数据文件和日志文件的当前位置。重新生成系统数据库会将所有系统数据库安装到其原位置。如果已将系统数据库的数据文件或日志文件移动到其他位置,则必须再次移动这些文件。

```
SELECT name, physical_name AS current_file_location
FROM sys.master_files
```

```
WHERE database_id IN (DB_ID('master'), DB_ID('model'), DB_ID('msdb'), DB_ID('tempdb'));
```

(4) 找到 master、model 和 msdb 数据库的当前备份。

(5) 如果将 SQL Server 的实例配置为复制分发服务器，则要找到该分发数据库的当前备份。

(6) 确保具有重新生成系统数据库的相应权限。必须是 sysadmin 固定服务器角色的成员才能执行此操作。

(7) 验证本地服务器上是否有 master、model、msdb 数据模板文件和日志模板文件的副本。模板文件的默认位置为 C:\Program Files\Microsoft SQL Server\MSSQL11.MSSQLSERVER\MSSQL\Binn\Templates。在重新生成过程中要用到这些文件，如果缺少这些文件，则需要运行安装程序的"修复"功能或者手动从安装介质中复制这些文件。在安装介质的平台目录(x86 或 x64)，然后导航到 setup\sql_engine_core_inst_msi\Pfiles\SqlServr\MSSQL.X\MSSQL\Binn\Templates 即可找到这些文件。

3. 重新生成系统数据库

下面的操作过程将重新生成 master、model、msdb 和 tempdb 系统数据库，无法指定要重新生成哪些系统数据库。对于群集实例，必须在主动节点上执行此过程，并且在执行此过程之前，必须先使相应群集应用程序组中的 SQL Server 资源脱机。

此过程不重新生成 resource 数据库。本节后面会介绍"重新生成资源数据库"。

重新生成 SQL Server 实例的系统数据库的步骤如下：

(1) 将 SQL Server 2012 安装介质插入到磁盘驱动器中，或者在本地服务器上，从命令提示符处将目录切换至 setup.exe 文件的位置。在服务器上的默认位置为 C:\Program Files\Microsoft SQL Server\110\Setup Bootstrap\Release。

(2) 在命令提示符窗口中，输入如下命令。方括号用来指示可选参数，输入时不要输入括号。在使用 Windows Vista 操作系统且启用了用户账户控制(UAC)时，必须以管理员身份运行命令提示符。

```
Setup /QUIET /ACTION=REBUILDDATABASE /INSTANCENAME=InstanceName
/SQLSYSADMINACCOUNTS=accounts[/SAPWD=StrongPassword]
[ /SQLCOLLATION=CollationName]
```

Setup 命令参数的含义如表 13-3 所示。

表 13-3　Setup 命令参数含义列表

参数名称	说明
/QUIET 或/Q	指定在没有任何用户界面的情况下运行安装程序
/ACTION=REBUILDDATABASE	指定安装程序将重新创建系统数据库

（续表）

参数名称	说明
/INSTANCENAME=InstanceName	SQL Server 实例的名称。对于默认实例，请输入 MSSQLSERVER
/SQLSYSADMINACCOUNTS=accounts	指定要添加到 sysadmin 固定服务器角色中的 Windows 组或单个账户。指定多个账户时，请用空格将账户隔开。例如，请输入 BUILTIN\AdministratorsMyDomain\MyUser。当账户名称内指定包含空格的账户时，用双引号将该账户引起来。例如，输入 NT AUTHORITY\SYSTEM
[/SAPWD=StrongPassword]	指定 SQL Server sa 账户的密码。如果实例使用混合身份验证 (SQL Server 和 Windows 身份验证)模式，则此参数是必需的。 安全说明：sa 账户是一个广为人知的 SQL Server 账户，并且经常成为恶意用户的攻击目标。因此，为 sa 登录名使用强密码非常重要。 不要为 Windows 身份验证模式指定此参数
[/SQLCOLLATION=CollationName]	指定新服务器级排序规则。此参数可选。如果没有指定，则使用服务器的当前排序规则。 重要提示：更改服务器级排序规则不会更改现有用户数据库的排序规则。默认情况下，所有新创建的用户数据库都将使用新排序规则。 有关详细信息，请参阅 msdn 的设置或更改服务器排序规则

（3）在安装程序完成系统数据库重新生成后，它将返回到命令提示符，而且不显示任何消息。请检查 Summary.txt 日志文件以验证重新生成过程是否成功完成。此文件位于 C:\Program Files\Microsoft SQL Server\110\Setup Bootstrap\Logs 目录。

4．重新生成后的任务

重新生成数据库后，可能需要执行以下额外任务：

（1）还原 master、model 和 msdb 数据库的最新完整备份。

如果更改了服务器排序规则，则不要还原系统数据库。否则，将使新排序规则替换为以前的排序规则设置。

如果没有备份或者还原的备份不是最新的，则重新创建所有缺失的条目。例如，重新创建用户数据库、备份设备、SQL Server 登录名、端点等缺少的所有条目。重新创建这些条目的最佳方法是运行创建它们的原始脚本。

安全说明：建议保护好脚本，以防未经授权的人员更改脚本。

（2）如果将 SQL Server 实例配置为复制分发服务器，则必须还原分发数据库。有关详细信息，请参阅备份和还原复制的数据库。

(3) 将系统数据库移到以前记录的位置。

(4) 验证服务器范围的配置值是否与以前记录的值相符。

5. 重新生成资源数据库

以下过程将重新生成 resource 系统数据库。重新生成 resource 数据库时，所有的 Service Pack 和修补程序都将丢失，因此必须重新应用。

重新生成 resource 系统数据库的具体步骤如下：

(1) 从分发介质中启动 SQL Server 2012 安装程序(setup.exe)。

(2) 在左侧导航区域中单击"维护"按钮，然后单击"修复"按钮。

(3) 安装程序支持规则和文件例程将运行，以确保当前系统上安装了必备组件，并且计算机能够通过安装程序验证规则。单击"确定"或"安装"按钮以继续操作。

(4) 在"选择实例"页上，选择要修复的实例，然后单击"下一步"按钮。

(5) 运行修复规则以验证修复操作。单击"下一步"按钮继续。

(6) 在"准备修复"页上，单击"修复"按钮。"完成"页指示修复操作已完成。

6. 创建新的 msdb 数据库

如果 msdb 数据库损坏并且没有 msdb 数据库的备份，则可以通过使用 instmsdb 脚本创建新的 msdb。

注意：

使用 instmsdb 脚本重新生成 msdb 数据库将会删除在 msdb 中存储的所有信息，如作业、警报、运算符、维护计划、备份历史记录、基于策略的管理设置、数据库邮件、性能数据仓库等。

(1) 停止与数据库引擎连接的所有服务，包括 SQL Server 代理、SSRS、SSIS 以及将 SQL Server 用作数据存储区的所有应用程序。

(2) 使用如下命令从命令行启动 SQL Server：

```
NET START MSSQLSERVER /T3608
```

(3) 在另一个命令行窗口中，通过执行如下命令(并且用 SQL Server 的实例替换 <servername>)来断开 msdb 数据库的连接：

```
SQLCMD -E -S<servername> -dmaster -Q"EXEC sp_detach_db msdb"
```

(4) 使用 Windows 资源管理器，重命名 msdb 数据库文件。默认情况下，这些文件位于 SQL Server 实例的 DATA 子文件夹中。

(5) 使用 SQL Server 配置管理器，先停止然后正常启动数据库引擎服务。

(6) 在命令行窗口中，连接到 SQL Server 并且执行如下命令：

```
SQLCMD -E -S<servername>
-i"C:\Program Files\Microsoft SQL Server\MSSQL11.MSSQLSERVER\MSSQL\Install\instmsdb.sql"
-o" C:\Program Files\Microsoft SQL
Server\MSSQL11.MSSQLSERVER\MSSQL\Install\instmsdb.out"
```

使用数据库引擎的实例替换<servername>。使用 SQL Server 实例的文件系统路径。

(7) 使用 Windows 记事本，打开 instmsdb.out 文件，然后检查输出中是否存在错误。

(8) 重新应用在该实例上安装的任何 service pack 或修补程序。

(9) 重新创建在 msdb 数据库中存储的用户内容，例如作业、警报等。

(10) 备份 msdb 数据库。

7. 解决重新生成错误

语法和其他运行时错误会显示在命令提示符窗口中。检查 Setup 语句中是否存在以下语法错误：

(1) 每个参数名称前面缺少斜杠标记(/)。

(2) 参数名称和参数值之间缺少等号(=)。

(3) 参数名称和等号之间存在空格。

(4) 存在逗号(,)或语法中未指定的其他字符。

重新生成操作完成后，检查一下 SQL Server 日志中是否存在错误。默认的日志位置在 C:\Program Files\Microsoft SQL Server\110\Setup Bootstrap\Logs 目录。若要查找包含重新生成过程的结果的日志文件，可以从命令提示符处将目录更改到"Logs"文件夹，然后运行 findstr /s RebuildDatabase summary*.*。此搜索将找到包含系统数据库重新生成结果的所有日志文件。打开日志文件，检查其中有无相关错误消息。

13.4.3　数据库选项

如表 13-4 所示列出了 master 数据库中每个数据库选项的默认值以及该选项是否可以修改。若要查看这些选项的当前设置，可以使用sys.databases目录视图。

表 13-4　master 数据库中每个数据库选项的默认值

数据库选项	默认值	是否可修改
ALLOW_SNAPSHOT_ISOLATION	ON	否
ANSI_NULL_DEFAULT	OFF	是
ANSI_NULLS	OFF	是
ANSI_PADDING	OFF	是
ANSI_WARNINGS	OFF	是

(续表)

数据库选项	默认值	是否可修改
ARITHABORT	OFF	是
AUTO_CLOSE	OFF	否
AUTO_CREATE_STATISTICS	ON	是
AUTO_SHRINK	OFF	否
AUTO_UPDATE_STATISTICS	ON	是
AUTO_UPDATE_STATISTICS_ASYNC	OFF	是
CHANGE_TRACKING	OFF	否
CONCAT_NULL_YIELDS_NULL	OFF	是
CURSOR_CLOSE_ON_COMMIT	OFF	是
CURSOR_DEFAULT	GLOBAL	是
Database Availability Options(数据库可用性选项)	ONLINE	否
	MULTI_USER	否
	READ_WRITE	否
DATE_CORRELATION_OPTIMIZATION	OFF	是
DB_CHAINING	ON	否
ENCRYPTION	OFF	否
NUMERIC_ROUNDABORT	OFF	是
PAGE_VERIFY	CHECKSUM	是
PARAMETERIZATION	SIMPLE	是
QUOTED_IDENTIFIER	OFF	是
READ_COMMITTED_SNAPSHOT	OFF	否
RECOVERY	SIMPLE	是
RECURSIVE_TRIGGERS	OFF	是
ServiceBroker 选项	DISABLE_BROKER	否
TRUSTWORTHY	OFF	是

有关这些数据库选项的说明，请参阅 msdn 的 ALTER DATABASE(Transact-SQL)。

13.4.4 使用 master 数据库的限制

不能在 master 数据库中执行如下操作：

- 添加文件或文件组。
- 更改排序规则。默认排序规则为服务器排序规则。
- 更改数据库所有者。master 由 dbo 拥有。

- 创建全文目录或全文索引。
- 在数据库的系统表上创建触发器。
- 删除数据库。
- 从数据库中删除 guest 用户。
- 启用变更数据捕获。
- 参与数据库镜像。
- 删除主文件组、主数据文件或日志文件。
- 重命名数据库或主文件组。
- 将数据库设置为 OFFLINE。
- 将数据库或主文件组设置为 READ_ONLY。

13.4.5　使用 master 数据库的建议

使用 master 数据库时，请考虑下列建议：

(1) 始终有一个 master 数据库的当前备份可用。

(2) 执行下列操作后，尽快备份 master 数据库：

- 创建、修改或删除任意数据库
- 更改服务器或数据库的配置值
- 修改或添加登录账户

(3) 不要在 master 中创建用户对象。否则，必须更频繁地备份 master。

(4) 不要针对 master 数据库将 TRUSTWORTHY 选项设置为 ON。

13.5　经典习题

1. 简述数据库表分区的概念和分区技术的优点。
2. 执行哪些操作后，要尽快备份 master 数据库。

13.6　实验

实验题目：表的分区。

实验目的：掌握表的分区技术，理解分区工作的原理。

实验导入和实验步骤：

1. 使用多个文件组的好处

使用多个文件组分布数据到多个硬盘中可以极大地提高 IO 性能，放在一个磁盘中基本没有效果。

2. 场景描述

应用程序发来大量的并发语句，要修改同一张表格里的记录，而表格架构设计以及用户业务逻辑使得这些修改都集中在同一个页面，或者数量不多的几个页面上。这些页面被称为 Hot Page。这样的瓶颈通常只会发生在并发用户比较多的、典型的 OLTP(联机事务处理)系统上。这种瓶颈是无法通过提高硬件配置来解决的，只有通过修改表格设计或者业务逻辑，让并发访问的数据分散到尽可能多的页面上，才能提高并发性能。

在现实环境里，可以试想下面的情景。一个股票交易系统，每一笔交易都会有一个流水号，是递增且不可重复的。而客户发过来的交易请求，都要存储在同一张交易表中。每一个新的交易，都要插入一条新记录。如果设计者选择在流水号上建聚集索引(这也是很自然的)，就容易遇到 Hot Page 的 PAGELATCH 资源瓶颈。在同一时间，只能有一个用户插入一笔交易。

怎样才能解决或者缓解这种瓶颈呢？

(1) 最简单的方法，是换一个数据列建聚集索引，而不是建在 Identity 的字段上。这样，表格里的数据就按照其他方式排序，同一时间的插入就有机会分散在不同的页面上。

(2) 如果一定要在 Identity 的字段上建聚集索引，建议根据其他某个数据列在表格上建立若干个分区(Partition)。把一个表格分成若干个分区，可以使得接受新数据的页面数目增加。

还以上面那个股票交易系统为例。不同的股票属于不同的行业。开发者可以根据股票的行业属性，将一张交易表分成若干个分区。在 SQL Server 中，已分区表(Partitioned Table)的每个分区都是一个独立的存储单位。分属不同分区的数据行是严格分开存储的。所以同一个时间发生的交易记录，因其行业不同，也会被分别保存在不同的分区里。这样，在同一个时间点，就可以插入不同行业的交易记录。每个分区上的 Hot Page(接受新数据插入的 page)就不那么 hot 了。

在下面的步骤中，假设有一张 SalesOrderDetail 表，其数据量很大，我们希望按照 UnitPrice 这个字段将表进行分区。

3. 实验的具体步骤

(1) 创建数据库及其 filegroup
下面的代码中首先创建数据库，然后添加 4 个 filegroup。

```
--创建数据库
create database partionTableTestDB
```

```
USE MASTER
GO
--100,000 万行分成 6 个文件组，PRIMARY 加下面 5 个文件组，
ALTER DATABASE partionTableTestDB ADD FILEGROUP FG_partionTableTestDB1;
ALTER DATABASE partionTableTestDB ADD FILEGROUP FG_partionTableTestDB2;
ALTER DATABASE partionTableTestDB ADD FILEGROUP FG_partionTableTestDBe3;
ALTER DATABASE partionTableTestDB ADD FILEGROUP FG_partionTableTestDB4;
ALTER DATABASE partionTableTestDB ADD FILEGROUP FG_partionTableTestDB5;
GO
```

执行完以后，我们可以在 partionTableTestDB 数据库的"属性"窗口中看到我们添加的 5 个 filegroup，如图 13-20 所示。

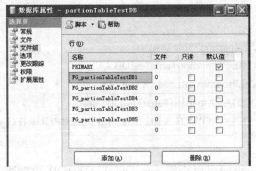

图 13-20　数据库属性-partionTableTestDB 对话框

(2) 为 filegroup 添加数据文件

在创建完 filegroup 以后，接下来为每一个 filegroup 创建一个次要数据文件，因为每一个数据库只能有一个 primary datafile(.mdf 文件)，但是可以有多个次要数据文件(.ndf 文件)。

为 filegroup 创建 ndf 数据文件的 Transact-SQL 语句如下：

```
USE partionTableTestDB
GO
--给每个文件组加个次数据文件(.ndf 文件)
--USE [master]
--GO
ALTER DATABASE [partionTableTestDB]
    ADD FILE ( NAME = N'partionTableTestDB1',
    FILENAME=N'c:\Program Files\Microsoft SQL
Server\MSSQL.1\MSSQL\DATA\partionTableTestDB1.ndf',
    SIZE = 3072KB , FILEGROWTH = 1024KB ) TO FILEGROUP [FG_partionTableTestDB1]
GO
ALTER DATABASE [partionTableTestDB]
    ADD FILE ( NAME = N'partionTableTestDB2',
    FILENAME = N'c:\Program Files\Microsoft SQL
Server\MSSQL.1\MSSQL\DATA\partionTableTestDB2.ndf' ,
```

```
            SIZE = 3072KB , FILEGROWTH = 1024KB ) TO FILEGROUP [FG_partionTableTestDB2]
        GO
        ALTER DATABASE [partionTableTestDB]
          ADD FILE ( NAME = N'partionTableTestDB3',
            FILENAME = N'c:\Program Files\Microsoft SQL
Server\MSSQL.1\MSSQL\DATA\partionTableTestDB3.ndf' ,
            SIZE = 3072KB , FILEGROWTH = 1024KB ) TO FILEGROUP [FG_partionTableTestDB3]
        GO
        ALTER DATABASE [partionTableTestDB]
          ADD FILE ( NAME = N'partionTableTestDB4',
            FILENAME = N'c:\Program Files\Microsoft SQL
Server\MSSQL.1\MSSQL\DATA\partionTableTestDB4.ndf' ,
            SIZE = 3072KB , FILEGROWTH = 1024KB ) TO FILEGROUP [FG_partionTableTestDB4]
        GO
        ALTER DATABASE [partionTableTestDB]
          ADD FILE ( NAME = N'partionTableTestDB5',
            FILENAME = N'c:\Program Files\Microsoft SQL
Server\MSSQL.1\MSSQL\DATA\partionTableTestDB5.ndf' ,
            SIZE = 3072KB , FILEGROWTH = 1024KB ) TO FILEGROUP [FG_partionTableTestDB5]
        GO
```

执行完上述语句后，我们可以查看 partionTableTestDB 数据库的文件属性，如图 13-21 所示。

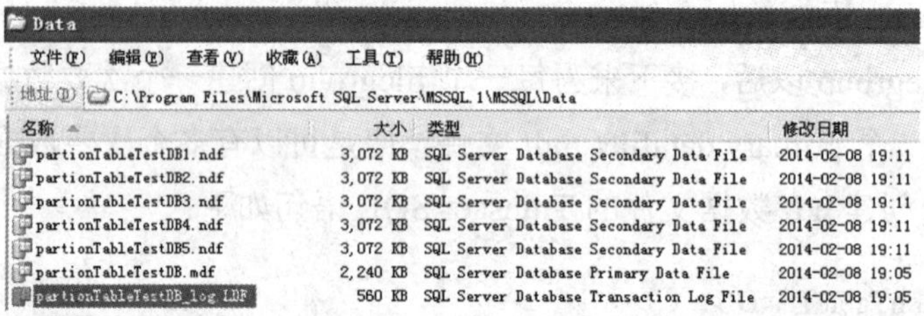

图 13-21　数据库属性-partionTableTestDB 对话框

我们可以看到 5 个文件的大小都是 3MB。

(3) 创建分区函数

在当前数据库中创建一个函数，该函数可以根据指定列的值将表或索引的各行映射到分区。使用 CREATE PARTITION FUNCTION 是创建已分区表或索引的第一步。在 SQL Server 2012 中，一张表或一个索引最多可以有 15,000 个分区。

注意，只能在 SQL Server Enterprise Edition 中创建分区函数。只有 SQL Server Enterprise Edition 支持分区。

a) 对 money 列创建 RANGE RIGHT 分区函数 fn_Partition

对 money 列创建一个将表或索引划分为 6 个分区的 RANGE RIGHT 分区函数 fn_Partition。T-SQL 代码如下：

```
-- $PARTITION 用于确定将表示 fn_Partition 的分区列的值 100 置于表的第 1 分区。
CREATE PARTITION FUNCTION fn_Partition(money)
AS RANGE RIGHT FOR VALUES(100,200,300,400,500);
SELECT $PARTITION.fn_Partition (100) ;
GO
```

其中，RANGE LEFT|RIGHT 表示当间隔值由数据库引擎按升序从左到右排序时，boundary_value[,...n]属于每个边界值间隔的哪一侧(左侧还是右侧，就是等于号在哪一边)。本例中指定的间隔是(100,200,300,400,500)，并且是 RANGE RIGHT，此处的范围如表 13-5 所示。

表 13-5　分区函数的分区范围

分区	值的范围
1	<100
2	>=100 and <200
3	>=200 and <300
4	>=300 and <400
5	>=400 and <500
6	>=500

b) 对 money 列创建 RANGE LEFT 分区函数

对 money 列创建一个将表或索引划分为 6 个分区的 RANGE LEFT 分区函数 fn_PartitionLeft。

以下分区函数与上面使用相同的 boundary_value[,...n]值，但它指定 RANGE LEFT。

```
CREATE PARTITION FUNCTION fn_ PartitionLeft (money)
AS RANGE RIGHT FOR VALUES(100,200,300,400,500);
```

如表 13-6 所示的是对分区依据列使用此分区函数的表如何进行分区。

表 13-6　分区函数的分区范围

分区	值的范围
1	<=100
2	>100 and <=200
3	>200 and <=300
4	>300 and <=400
5	>400 and <=500
6	>500

(4) 创建分区方案

创建分区方案的 Transact-SQL 语句如下：

```
CREATE PARTITION SCHEME Sch_partionTableTestDB
AS PARTITION fn_Partition_partionTableTestDB
TO
([PRIMARY],[FG_partionTableTestDB1],[FG_partionTableTestDB2],[FG_partionTableTestDB3],[FG_partionTableTestDB4],[FG_partionTableTestDB5]);
GO
```

从上述 Transact-SQL 中可以发现，在创建分区方案的时候关联了分区函数以及具体的 6 个 filegroup。

注意：这里并不一定要求每个分区都有一个 filegroup，我们可以填写相同的 filegroup，但是需要填写 6 次 filegroup，因为有 6 个分区。

文件组、分区和分区边界值范围之间的关系如表 13-7 所示。

表 13-7　文件组、分区和分区边界值范围之间的关系

文件组	分区	取值范围
PRIMARY	1	<100
FG_partionTableTestDB1	2	>=100 and <200
FG_partionTableTestDB2	3	>=200 and <300
FG_partionTableTestDB3	4	>=300 and <400
FG_partionTableTestDB4	5	>=400 and <500
FG_partionTableTestDB5	6	>=500

(5) 创建分区表(Partitioned Table)并填充数据

下面使用 create table 语句来创建表结构：

```
--创建表结构
CREATE TABLE [SalesOrderDetail](
    [SalesOrderDetailID] [int] IDENTITY(1,1) NOT NULL,
    [CarrierTrackingNumber] [nvarchar](25) NULL,
    [OrderQty] [smallint]   NULL,
    [ProductID] [int]   NULL,
    [SpecialOfferID] [int]   NULL,
    [UnitPrice] [money] NOT NULL,
    [UnitPriceDiscount] [money]   NULL,
    [LineTotal]   AS (isnull((([UnitPrice]*((1.0)-[UnitPriceDiscount]))*[OrderQty],(0.0)))),
    [rowguid] [uniqueidentifier] ROWGUIDCOL   NOT NULL,
    [ModifiedDate] [datetime] NOT NULL,
```

```
        CONSTRAINT [PK_SalesOrderDetail_SalesOrderDetailID] PRIMARY KEY
NONCLUSTERED([SalesOrderDetailID] ASC)--主键非聚集索引
    )
    --在分区列上创建聚集索引，并且引入分区方案
    -- Find an existing index named IXC_SalesOrderDetail_UnitPrice and delete it if found.
    IF EXISTS (SELECT name FROM sys.indexes
                WHERE name = N'IXC_SalesOrderDetail_UnitPrice')
        DROP INDEX IXC_SalesOrderDetail_UnitPrice ON dbo.SalesOrderDetail;
    GO
    create clustered index IXC_SalesOrderDetail_UnitPrice on dbo.SalesOrderDetail(UnitPrice)
    ON Sch_partionTableTestDB([UnitPrice])
    --在 rowguid 和 ModifiedDate 上面添加约束
    ALTER TABLE [SalesOrderDetail] ADD    CONSTRAINT [DF_SalesOrderDetail_rowguid]
DEFAULT (newid()) FOR [rowguid]
    GO
    ALTER TABLE [SalesOrderDetail] ADD    CONSTRAINT [DF_SalesOrderDetail_ModifiedDate]
DEFAULT (getdate()) FOR [ModifiedDate]
```

在上面语句中，创建主键约束的时候使用的是 nonclustered index，如果不指明的话那么默认创建的是聚集索引。但是一张表只能有一个聚集索引，而分区列上又必须有聚集索引，所以这里要显式声明 primary key 为 nonclustered index。然后在 UnitPrice 列上面创建聚集索引，并且指明分区方案，也就是 ON Sch_partionTableTestDB([UnitPrice])。

在创建好表结构以后，我们往里面插入数据。

```
    --插入数据
    declare @i int
    declare @maxValue int
    set @i=90
    set @maxValue=600
    while @i <= @maxValue
    begin
        insert into dbo.SalesOrderDetail(
        [CarrierTrackingNumber] ,
        [OrderQty],
        [ProductID] ,
        [SpecialOfferID],
        [UnitPrice] ,
        [UnitPriceDiscount],
        [ModifiedDate]) values(@i-4,1,2,3,@i,0.1,SYSDATETIME())
        set @i = @i + 10
    end
```

(6) 查看分区表的每个非空分区的数据情况(数据行数，最大最小 UnitPrice 值)

执行如下查询命令：

```
select partition = $partition.fn_Partition(UnitPrice)
       ,rows         = count(*)
       ,minval       = min(UnitPrice)
       ,maxval       = max(UnitPrice)
   from dbo.SalesOrderDetail
  group by $partition.fn_Partition(UnitPrice)
  order by partition
```

其中，fn_Partition(UnitPrice)是分区函数，UnitPrice 是列名。

(7) 查看 partition 状态的 4 个视图

查看 partition 的 4 个视图的脚本如下：

```
select * from sys.partition_functions--查看分区函数
select * from sys.partition_parameters
select * from sys.partition_range_values--查看分区函数对应的分区范围
select * from sys.partition_schemes--查看分区方案
--返回分区表或索引的一个分区的所有行
--以下代码将返回表 SalesOrderDetail 第 5 分区的所有行
 SELECT * FROM dbo.SalesOrderDetail
WHERE $PARTITION.fn_Partition(UnitPrice) = 5 ;
```

参 考 文 献

[1] Robin Dewson 著. 董明等译. SQL Server 2008 基础教程. 北京：人民邮电出版社，2009

[2] 郑阿奇等. SQL Server 实用教程. 北京：电子工业出版社，2005

[3] 周峰编著. SQL Server 2005 中文版关系数据库基础与实践教程. 北京：电子工业出版社，2006

[4] 程云志等. 数据库原理与 SQL Server 2005 应用教程. 北京：机械工业出版社，2006

[5] Paul Turley 等. SQL Server 2005 Transact-SQL 编程入门经典. 北京：清华大学出版社，2007

[6] 康会光.SQL Server 2008 中文版标准教程. 北京：清华大学出版社，2009

[7] (美)Leonard. 精通 SQL Server 2008 程序设计. 北京：清华大学出版社，2009

[8] 王浩. 零基础学 SQL Server 2008. 北京：机械工业出版社，2009

[9] 王征. SQL Server 2008 中文版关系数据库基础与实践教程，2009

[10] 金雪云著. ASP.NET 简明教程(C#篇). 北京：清华大学出版社，2006

[11] 张俊玲主编. 数据库原理与应用. 北京：清华大学出版社，2005

[12] 张树亮 李超著. ASP.NET 2.0+SQL Server 网络应用系统开发案例详解. 北京：清华大学出版社，2006